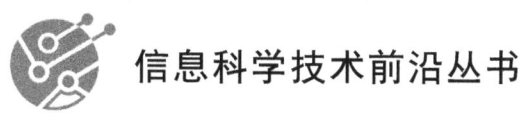

信息科学技术前沿丛书

群的幂图及其相关图类

马傿龙　翟亮亮　著

北京邮电大学出版社
www.buptpress.com

内 容 简 介

本书主要讲述定义在有限群上的幂图及其相关图类（如增大幂图、简化幂图以及交换图等）的研究进展，是"十三五"科学技术专著丛书《有限群的幂图与Cayley图》的延续。第1章是综述部分，主要介绍了一些背景知识、预备知识以及主要结果。第2章介绍了有限群的（真）交幂图的相关知识。第3章和第4章分别介绍了群的（真）简化幂图与群的增大幂图。第5章研究了群上的阶图及阶除图。第6章介绍了群的交换图，解决了对称群上交换图的完备码问题。

本书是关于群的元素特性及图结构的一本专著，适合研究群与图方向的在读研究生及科研工作者阅读。

图书在版编目（CIP）数据

群的幂图及其相关图类 / 马儇龙，翟亮亮著.
北京：北京邮电大学出版社，2025. -- ISBN 978-7-5635-7534-3
I. O152
中国国家版本馆 CIP 数据核字第 20257634ES 号

策划编辑：刘纳新　　责任编辑：耿 欢　　责任校对：张会良　　封面设计：七星博纳

出版发行：	北京邮电大学出版社
社　　址：	北京市海淀区西土城路10号
邮政编码：	100876
发 行 部：	电话：010-62282185　传真：010-62283578
E-mail：	publish@bupt.edu.cn
经　　销：	各地新华书店
印　　刷：	保定市中画美凯印刷有限公司
开　　本：	720 mm×1 000 mm　1/16
印　　张：	14.25
字　　数：	252 千字
版　　次：	2025年5月第1版
印　　次：	2025年5月第1次印刷

ISBN 978-7-5635-7534-3　　　　　　　　　　　定价：69.00元

· 如有印装质量问题，请与北京邮电大学出版社发行部联系 ·

前　言

字或序列上的组合问题在数学的各个领域中都扮演着重要的角色, 使用组合性质, 可以解决一些困难的数学问题.

1955 年, 著名群论学家 Brauer 和 Fowler 在著名期刊 *Annals of Mathematics* 上发表了影响深远的论文, 首次介绍了群的交换图, 该图在有限单群的分类中扮演了重要的角色. 根据著名群论学家 Neumann 在他的论文中的记载, 在 1975 年召开的第十五届澳大利亚数学会夏季研讨会上, 由沃尔夫奖得主 Erdős 提出的一个公开问题就已经涉及了群的非交换图. 如果一个群的每一个无限子集都包含一对交换元素, 则称这个群为 Erdős 群. 1976 年, 著名的群论学家 Neumann 证明一个群是 Erdős 群当且仅当这个群的中心在群中的指数是有限的, 这也解决了 Erdős 在 1975 年提出的一个公开问题. 自此以后, 学者们开始研究群和半群的子集 (包含一些特殊元素) 的组合性质.

对于某个代数结构 (例如群或环), 可以首先在该代数结构上构造一类图, 然后借助于图论知识研究该代数结构的代数性质. 例如, 为了建立图论与交换环之间的联系, 促进数学的这两个分支之间的相互应用, 实现交换环上染色的思想, Beck 首次引入了环的零因子图. 著名的凯莱 (Cayley) 图具有悠久的研究历史, 也被称为凯莱着色图, 是定义在代数结构群上的一类图, 也是组合群论与几何群论的中心工具. 众所周知, 关于凯莱图, 已经有非常丰富的研究成果, 这类图在大型网络的构造、互连网络的设计、数据挖掘、组合优化等领域都有广泛的应用. 从研究信息论开始, 完备码就成了编码理论中重要的研究对象. 大体来说, 如果一个码具有最大可能的纠错能力, 则称该码为一个完备码. 在编码论中, 许多学者研究了在 Hamming 或 Lee 度量之下的完备码问题. 例如, 在 20 世纪 70 年代, 学者们证明了著名的猜想: 在 Hamming 度量之下, Hamming 码和 Golay 码是仅存的非平凡线性完备码. 从数学的角度出发, 在任意有限的度量空间中都可以定义完备码.

前 言

1999 年, 澳大利亚学者 Kelarev 和 Quinn 引入了群的幂图, 之后近十年的时间, 国内外学者对幂图的研究十分活跃. 本书是关于群的幂图及其相关图类的一本专著, 是作者在这个领域内的一些最新研究结果. 主要研究工作包括下面四部分内容.

第一部分研究有限群的 (真) 交幂图. 首先, 完全刻画了交幂图的独立数, 分类了有限群, 使得它们的交幂图是可控图、余图、弦图、分裂图及阈图. 其次, 研究了交幂图与幂图、增大幂图、交换图的关系, 刻画了两者相等的充分必要条件. 再次, 研究了真交幂图的完备码问题. 最后, 研究了交幂图的度量维数与强度量维数, 分类了交幂图具有亏格 2 时的有限群.

第二部分主要研究了有限群的 (真) 简化幂图. 具体来说, 首先, 刻画了简化幂图的强度量维数, 给出了简化幂图度量维数的好的上下界. 作为应用, 计算了循环群、二面体群、广义四元数群及奇数阶群的简化幂图的度量维数. 其次, 刻画了简化幂图的真连通数, 作为推论, 得到了幂图的真连通数. 再次, 研究了真简化幂图的完备码和完全完备码. 最后, 研究了简化幂图的被禁子图, 分类了有限群, 使得它们的简化幂图是余图、弦图及分裂图.

第三部分研究了有限群的增大幂图. 首先, 刻画了有限群, 使得它们的增大幂图是余图、弦图、分裂图和阈图. 其次, 完整刻画了增大幂图的度量维数和强度量维数. 作为应用, 计算了循环群、二面体群、广义四元数群的增大幂图的 (强) 度量维数. 最后, 研究了增大幂图的补图, 完整地回答了由英国著名组合学家 Cameron 提出的关于 (增大) 幂图补图的两个问题.

第四部分研究有限群的阶 (除) 图和交换图. 具体地, 首先, 刻画了群阶图的强度量维数, 分类了有限群, 使得它们的阶除图是可控的、平面的. 其次, 刻画了群交换图的强度量维数, 给出了交换图的度量维数好的上下界. 作为应用, 计算了循环群、二面体群、半二面体群及广义四元数群的交换图的度量维数. 最后, 研究了对称群和交错群上交换图的完备码问题.

本书的大部分内容已经以论文的形式正式发表在《数学学报 (中文版)》、*Journal of Algebraic Combinatorics*、*ARS Mathematica Contemporanea*、*Algebra Colloquium*、*Communications in Algebra*、*Journal of Algebra and Its Applications*、*Taiwanese Journal of Mathematics*、*Applicable Algebra in Engineering, Communication and Computing* 等国内外著名期刊上.

本书的第 1 章至第 3 章由马偳龙著，共计 16 万字。本书的第 4 章至第 6 章由翟亮亮著，共计 9 万字。

本书的出版得到国家自然科学基金项目 (项目编号: 11801441、12326333)、陕西数理基础科学研究项目 (项目编号: 22JSQ024) 及陕西高校"优秀青年人才支持计划"的资助，特此表示感谢。

本书从开始整理到最终出版经历过多次修改。回想写书的整个过程，虽有不易，却让我们学会了静下心来思考，进一步加大、加深了对群的幂图及其相关图类这个领域的兴趣以及理解。由此，我们倍感珍惜，但求以后的科研道路不会停滞!

马偳龙　翟亮亮

2024 年 12 月

目　　录

第 1 章　综述 ··· 1
1.1　背景介绍 ··· 1
1.1.1　群的幂图 ·· 1
1.1.2　群的交幂图、简化幂图及增大幂图 ······························ 4
1.1.3　群的阶图和交换图 ··· 5
1.1.4　图的 (强) 度量维数 ··· 6
1.1.5　图的完备码 ·· 7
1.1.6　图的真连通数 ··· 8
1.2　预备知识 ··· 9
1.2.1　群 ··· 9
1.2.2　图 ··· 11
1.3　主要结果和结构安排 ··· 13

第 2 章　有限群的 (真) 交幂图 ··· 15
2.1　独立数 ··· 16
2.2　控制性 ··· 19
2.3　完备码 ··· 21
2.3.1　幂零群 ··· 25
2.3.2　非幂零群 ·· 27
2.4　交幂图与幂图的关系 ··· 29
2.5　交幂图与增大幂图的关系 ··· 32
2.6　交幂图与交换图的关系 ·· 34
2.7　交幂图与阶超图的关系 ·· 36
2.8　被禁子图 ··· 37

		2.8.1 余图 · 41
		2.8.2 弦图 · 44
		2.8.3 分裂图 · 47
		2.8.4 阈图 · 49

2.9 维数 · 53
    2.9.1 强度量维数 · 53
    2.9.2 度量维数 · 59

2.10 亏格为 1 的交幂图 · 66
    2.10.1 预备引理 · 67
    2.10.2 主要定理的证明 · 80

第 3 章 群的 (真) 简化幂图 · 82

3.1 度量维数 · 83
3.2 强度量维数 · 94
3.3 真连通数 · 97
3.4 真简化幂图的完备码 · 110
    3.4.1 完备码 · 111
    3.4.2 全完备码 · 113
3.5 被禁子图 · 119
    3.5.1 分裂图 · 119
    3.5.2 弦图 · 122
    3.5.3 余图 · 123

第 4 章 群的增大幂图 · 127

4.1 被禁子图 · 127
    4.1.1 分裂图和阈图 · 128
    4.1.2 弦图和余图 · 129
    4.1.3 幂图为余图时的有限群 · 141
4.2 度量维数 · 150
    4.2.1 预备引理 · 150
    4.2.2 主要结果的证明 · 158
4.3 强度量维数 · 161

4.4 增大幂图的补 ··· 164
　　　　4.4.1 主要结果 ··· 165
　　　　4.4.2 主要定理的证明 ··· 167
第 5 章 群的阶 (除) 图 ··· 173
　5.1 阶图的强度量维数 ·· 173
　5.2 阶除图 ·· 177
　　　　5.2.1 可控的阶除图 ··· 178
　　　　5.2.2 真阶除图的 (完全) 完备码 ··· 179
　　　　5.2.3 平面的阶除图 ··· 183
第 6 章 群的交换图 ··· 186
　6.1 强度量维数 ·· 188
　6.2 度量维数 ·· 191
　6.3 对称群上交换图的完备码 ·· 198
　　　　6.3.1 预备知识 ·· 200
　　　　6.3.2 主要定理的证明 ··· 201
参考文献 ··· 210

第 1 章 综 述

本章将首先介绍与本书相关的一些背景知识, 其次给出一些关于群与图的预备知识, 最后介绍本书的主要结果和结构安排。

1.1 背景介绍

本节将介绍一些背景知识。具体地, 我们将依次介绍群的幂图、交幂图、简化幂图、增大幂图、阶图、交换图以及图的 (强) 度量维数、完备码、真连通数。

1.1.1 群的幂图

给定某个代数结构 S, 在 S 上构造一个图, 然后利用这个图的图论性质来研究这个代数结构的代数性质是近些年来的一个新的研究方向。迄今为止, 结合一个图到代数结构环或群上并根据图论性质研究代数性质的论文已经有很多。环论与图论是数学中的两个非常重要的分支, 它们不仅内涵丰富, 而且在许多其他数学分支 (如组合数学、几何学、自动机理论以及编码理论等) 中也有重要作用。著名的环的零因子图主要是使用图的性质研究代数系统的代数性质, 它提供了一种研究数学问题的新方法[1-3]。定义在代数结构群上, 有著名的群的共轭类图[4]。当然群的 Cayley 图具有非常悠久的历史。凯莱图也被称为凯莱着色图, 是定义在代数结构群上的一类图, 也是组合群论与几何群论的中心工具。众所周知, 凯莱图具有丰富的研究成果, 且在大型网络的构造、互连网络的设计、数据挖掘、组合优化等领域有广泛的应用。

1999 年, Kelarev 和 Quinn[5] 首次介绍了群的有向幂图, 他们研究了群的一些组合性质。在接下来的几年里, Kelarev 等[6-8] 也引入了半群的有向幂图, 用来研究半群的一些组合性质, 这推广了群的有向幂图的概念。2009 年, 学者 Chakrabarty、Ghosh 和 Sen[9] 首次介绍了半群和群的无向幂图。具体来说, 关于群 G 的幂图 $\mathcal{P}(G)$ 的定义如下:

$$V(\mathcal{P}(G)) = G,$$

$$E(\mathcal{P}(G)) = \{\{x,y\} : x = y^m \text{ 或者 } y = x^m, \text{ 其中} m \text{ 是一个正整数}\}.$$

例如, 在文献 [9] 中, Chakrabarty、Ghosh 和 Sen 刻画了其无向幂图是不连通的半群, 证明了一个有限群的无向幂图是完全的当且仅当这个群是素数方幂阶的循环群。特别地, 他们在文献 [9] 中还证明: 对于任一阶大于 2 的循环群, 这个循环群的无向幂图都是哈密顿的。

为了方便, 自从 2009 年以后, 学者们用术语 "幂图" 代替了 "有向幂图", 这可参考 Abawajy、Kelarev 和 Chowdhury 在 2013 年发表的关于群的幂图的论文, 见文献 [10]。在近 20 年之内, 学者们对群幂图的研究是十分活跃的, 关于群幂图的研究主要体现在以下两个方面。

首先是研究有限群幂图的性质。Chakrabarty 等[9] 给出了群幂图的边数的计算公式并且研究了幂图的哈密顿性。Doostabadi、Erfanian 和 Jafarzadeh[11] 证明了群的幂图是完美的并且他们计算了一类特殊的循环群的幂图的全自同构群, 特别地, 他们猜测了循环群幂图的全自同构群的形式。冯敏、马儃龙和王恺顺[12] 证明了文献 [11] 中关于循环群幂图的全自同构群的猜想是正确的, 并且也独立地证明了群的幂图是完美图。特别地, 在文献 [12] 中, 冯敏、马儃龙、王凯顺得到了任一群幂图的全自同构群的形式, 给出了任一群的幂图的结构, 并且刻画了任一群的幂图的度量维数。具体地, 循环群、二面体群以及广义四元数群的幂图的度量维数被确定。

Mirzargar 等[13] 研究了幂图的团数和色数并且给出了循环群、二面体群以及半二面体群的幂图的团数的计算公式。此外, 他们还研究了群幂图的连通度。在文献 [13] 中, Mirzargar 等给出了群幂图的色数的一个猜想。后来, 这个猜想被马儃龙和冯敏在文献 [14] 中否定了。特别地, Mirzargar 等也猜想在所有顶点数为 n 的群幂图中, 循环群的幂图具有最多的边数。2014 年, Curtin 和 Pourgholi[15] 证明了这个猜想。Chelvam 和 Sattanathan[16] 研究了交换群幂图的独立数并且得到了一些特殊群的幂图的结构。此外, 他们还研究了群幂图的欧拉性。Chattopadhyay 和 Panigrahi[17] 研究了循环群、二面体群以及双循环群的幂图的顶点连通度和平面性，并且他们在文献 [18] 中研究了循环群和二面体群上幂图的拉普拉斯谱，特别地，他们确定了这两类群幂图的代数连通度。Pourgholi 等[19] 研究了群幂图的哈密顿性，特别地，他们用一些反例否定了文献 [9] 中关于哈密顿圈的一个猜想。2018 年，马偲龙等[20] 研究了幂图的独立数，给出了其独立数的好的上下界且刻画了达到界的有限群，计算了循环群、二面体群及广义四元数群的幂图的独立数。2019 年，马偲龙、王恺顺及 Walls[21] 分类了幂图亏格为 2 的所有有限群。2021 年，马偲龙[22] 研究了幂图的真连通数。2024 年，马偲龙、王恺顺及 Doostabadi[23] 给出了幂图的补图的直径，这也回答了由 Cameron 在文献 [24] 中提出的一个问题。

其次是刻画或分类具有某种性质的幂图所对应的有限群。Chakrabarty 等[9] 分类了幂图是完全图的有限群。此外，Cameron 和 Ghosh[25] 证明了满足等式 $\text{Aut}(G) = \text{Aut}(\Gamma_G)$ 的有限群 G 只能是克莱因四元群。此外，Cameron[26] 分类了这样的有限群，使得在它们的幂图中，除了单位元以外，还存在一个顶点与其他所有的顶点相邻。Mirzargar 等[13] 分类了幂图是二部图的所有有限群并且刻画了幂图是平面图的所有有限群。Doostabadi 等[27] 分类了幂图不存在以完全二部图 $K_{1,3}$ 和 $K_{1,4}$ 为其诱导子图的有限群，并且刻画了幂图不存在以完全二部图 $K_{2,2}$ 为其诱导子图的有限群。马偲龙和冯敏[14] 分类了幂图是单圈图或唯一可染图的有限群，并且刻画了有限群，使得它们的幂图是分裂的或者具有色数 3。Pourgholi 等[19] 完整分类了幂图是一些完全图共用单位元的并的有限群并且刻画了幂图是 2-连通的 p-群。

对于两个不同构的有限群，它们的幂图或者有向幂图可以是同构的。例如，初等交换 3-群 $\mathbb{Z}_3 \times \mathbb{Z}_3 \times \mathbb{Z}_3$ 与非交换的且指数为 3 的 27 阶群的幂图是同构的。Cameron 和 Ghosh[25] 证明了如果存在两个有限交换群使得它们的幂图是同构的，则这两个群是同构的。他们也证明了如果存在两个有限交换群使得它们的有向幂图是同构的，对于某个给定元素的阶，则这两个群有相同数量的元素具有这个阶数。他们猜想对于幂图这个结论也是正确的。后来，Cameron[26] 证明了这个猜想。伊朗学者 Moghaddamfar、Rahbariyan 和我国著名群论学家施武杰在文献 [28] 中证明：如果一个群的幂图与某个有限单群的幂图同构，那么这个群同构于这个有限单群，并且对于循环群、二面体群、n 次对称群以及广义四元数群，这个结构也是正确的。

2013 年, Abawajy、Kelarev 和 Chowdhury[10] 发表了关于群幂图的第一篇文章, 该文章包含群幂图几乎所有的已知结果和公开问题。2021 年, Selvaganesh 等[29] 发表了群幂图方面的第二篇文章, 该文章收录了继 2013 年以后, 关于幂图方面的大部分结果和一些公开问题。2022 年, Cameron 独立完成了另外一篇文章, 见文献 [24], 该文章涵盖了包括幂图在内的其他 (如交图、交换图、增大幂图等) 定义在群上的图之间的一些联系。同时, Cameron 也在文献 [24] 中提出了二十多个公开问题, 时至今日, 一些问题已经被解决。

1.1.2 群的交幂图、简化幂图及增大幂图

在历史上, 群幂图的定义已经被推广到各种形式。例如, Singh 和 Manilal[30] 介绍了有限群的强幂图并且研究了它的图论性质, 比如连通性、欧拉性以及平面性等。Bhuniya 和 Bera[31] 继续研究了群的强幂图, 他们分类了强幂图是线图的有限群并且得到了强幂图的顶点连通度和色数, 特别地, 他们刻画了强幂图的拉普拉斯谱。2019 年, 付瑞琴和马儇龙[32] 刻画了群的强幂图的距离谱和邻接谱。注意到在幂图中, 群的单位元跟其他任一顶点均是相邻的, 因此往往研究幂图中除去单位元与其相关联的所有边后得到的那个图的一些性质, 这类图被称为真幂图。Curtin 等[33] 证明群的真幂图有直径最多为 2 的充分必要条件是这个群是个幂零群且它的每一个 Sylow 子群要么是一个循环群, 要么是一个广义四元数 2-群。Moghaddamfar 等[28] 给出了群的真幂图是强正则的、二部图或者平面图的充分必要条件。

Bera[34] 首次引入了群 G 的交幂图。设 G 是个有限群, G 上的交幂图被记作 $\mathcal{P}_I(G)$, 其中 $\mathcal{P}_I(G)$ 的顶点集为 G, 且 G 中两个不同的元素 x 和 y 相邻当且仅当要么 x 和 y 中有一个为单位元 e, 要么 $|\langle x \rangle \cap \langle y \rangle| > 1$。2021 年, 李花妮等[35] 分类了交幂图的亏格为 1 时所对应的全部有限群。2024 年, 马儇龙[36] 研究了交幂图的完备码问题。

一般地, 群幂图中边数繁多且复杂, 为了减少群幂图中的边数, Rajkumar 和 Anitha[37] 首次引入了群 G 的简化幂图, 记作 $\mathcal{P}_R(G)$, 是一个以 G 为顶点的无向简单图, 并且两个不同的顶点 x, y 是相邻的, 如果 $\langle x \rangle \subset \langle y \rangle$ 或者 $\langle y \rangle \subset \langle x \rangle$。换句话说, $\mathcal{P}_R(G)$ 是幂图 $\mathcal{P}(G)$ 的一个生成子图, 该生成子图是通过删除这样的边

$\{x, y\}$ 使得 $\langle x \rangle = \langle y \rangle$, 其中 x 和 y 是 G 中的不同元素。文献 [37] 研究了群的代数性质与它的简化幂图之间的相互影响。Anitha 和 Rajkumar[38] 刻画了具有平面的、环形的和射影平面的简化幂图所对应的有限群。在文献 [39] 中, Rajkumar 和 Anitha 也确定了有限群简化幂图的拉普拉斯谱。

设 G 是一个有限群, G 的增大幂图被记作 $\mathcal{P}_e(G)$, 是一个简单无向图具有顶点集合 G 且两个不同的顶点 x 和 y 相邻当且仅当 $\langle x$ 和 $y \rangle$ 是 G 的一个循环子群。"增大幂图" 这个术语是首次被 Aalipour 等[40] 引入的。在他们的论文中, 他们为了度量群的无向幂图跟交换图之间有多 "近", 而引入了群的增大幂图。2020 年, Zahirović、Bošnjak 和 Madarász[41] 刻画了增大幂图为完美图的所有幂零群。之后, 他们也刻画了增大幂图是完美的所有对称群和交错群[42]。2022 年, 马偐龙等[43] 发表了关于群的增大幂图的一篇文章, 该文章涵盖了关于群的增大幂图的大量结论和一些公开问题。

1.1.3 群的阶图和交换图

一般地, 如果图的边数比较多, 该图可能具有较好的对称性。设 G 是一个有限群, 在群 G 上定义阶图 $\mathcal{S}(G)$, 该图是一个以 G 为顶点集的简单图, 且两个不同的顶点 a 与 b 在图 $\mathcal{S}(G)$ 中邻接当且仅当 $o(a) \mid o(b)$ 或 $o(b) \mid o(a)$, 其中 $o(a)$ 和 $o(b)$ 分别为 a 和 b 在群 G 中的阶。因此, 幂图 $\mathcal{P}(G)$ 是 $\mathcal{S}(G)$ 的一个生成子图。群的阶图首次出现在文献 [44] 中 (事实上, 在此文献中, 该图被称为幂图的超图), Hamzeh 和 Ashrafi 刻画了 $\mathcal{S}(G)$ 的全自同构群, 这是对幂图的自同构群的一种推广。接下来, 在文献 [45] 中, Hamzeh 和 Ashrafi 研究了 $\mathcal{S}(G)$ 的谱问题, 刻画了几类特殊群的阶图的谱。在文献 [46] 中, Hamzeh 和 Ashrafi 研究了阶图的各种参数, 包括团数、色数及独立数。特别地, 他们还在文献 [46] 中提出了完全刻画群阶图的独立数问题。该问题在文献 [47] 中, 被马偐龙和苏华东解决了。

类似于群的简化幂图与幂图的关系, 设 G 是有限群, 在群 G 上可定义阶除图 $\mathcal{O}_G$, 即一个以 G 为顶点集合的简单图, 且两个不同的顶点 a 与 b 邻接当且仅当 $o(a) \neq o(b)$, 且 $o(a) \mid o(b)$ 或者 $o(b) \mid o(a)$。在 $\mathcal{O}_G$ 中删除单位元所得到的图称为真阶除图, 记为 $\mathcal{O}_G^*$。显然, 对于某个群 G, $\mathcal{O}_G$ 是 $\mathcal{S}(G)$ 的一个生成子图。事实上, $\mathcal{O}_G$ 是在 $\mathcal{S}(G)$ 中删除所有满足 $o(x) = o(y)$ 的边 $\{x, y\}$ 所得到的子图, 其中 x

和 y 为 $\mathcal{S}(G)$ 中不同的顶点。从上面的定义可以看出，简化幂图是阶除图的一个生成子图，也是幂图的一个生成子图。2018 年，Rehman 等[48] 引入了有限群的阶除图的概念，他们研究了阶除图为星图的群，得出了一些循环群的阶除图的结构。刘秀和马儇龙[49] 推广了文献 [48] 中的一些结果，刻画了阶除图等于其简化幂图或幂图的有限群。

设 G 是有限群且 G' 为 G 的某个子集。一般地，我们可以在 G' 上定义交换图，即一个以 G' 为顶点集合的简单图，其中两个不同的顶点 a 与 b 邻接当且仅当 a 与 b 可在群 G 中交换，即 $ab = ba$。如果我们取 $G' = G$，定义群 G 上的交换图 $\Gamma(G)$ 具有顶点集 G，且两个不同的顶点 $x, y \in G$ 相邻当且仅当 $xy = yx$。显然 $\Gamma(G)$ 是一个简单图，即一个没有重边和自环的无向图。因此，幂图 $\mathcal{P}(G)$ 是交换图 $\Gamma(G)$ 的一个生成子图。设 G 是一个有限群，用 $Z(G)$ 表示群 G 的中心，即

$$Z(G) = \{x \in G : gx = xg, \forall g \in G\}。$$

有时候我们考虑的交换图需要去掉群中心里面的元素，因此，群中心里面的元素与其他任何元素均可交换，而在交换图上，群中心里面的顶点与其他任何顶点均相邻。

1955 年，著名数学家 Brauer 和 Fowler[50] 为了证明仅有有限个偶数阶群具有规定的 Centraliser，首次引入了群的交换图。从群与图的研究历史上看，交换图在群论中有非常重要的应用。例如：Jerrum[51] 利用交换图研究了在阶数非常大的群中找到非常小的共轭类的表示方法；在文献 [52] 和 [53] 中，学者们利用交换图研究了群中随机选择两个不同的元素使得它们交换的概率，即群的交换率；Abdollahi 等[54] 利用交换图识别有限非交换单群。

1.1.4 图的 (强) 度量维数

假设 Γ 是一个图且 $x, y \in V(\Gamma)$。在图 Γ 中，x 和 y 之间的距离被记作 $d_\Gamma(x, y)$(或简单记作 $d(x, y)$)，是指从 x 到 y 的最短路的长度。顶点 x 在图 Γ 中的邻域被记作 $N_\Gamma(x)$，是指集合 $\{y \in V(\Gamma) : d(y, x) = 1\}$。特别地，顶点 x 在图 Γ 中的闭邻域被记作 $N_\Gamma[x]$，是指集合 $N_\Gamma(x) \cup \{x\}$。如果上下文的情况是明确的，我们简单地用 $N(x)$ 表示 $N_\Gamma(x)$，且用 $N[x]$ 表示 $N_\Gamma[x]$。令 $z \in V(\Gamma)$，如果 $d(x, z) \neq d(y, z)$，我们说 z 可解顶点 x 和 y。设 S 是 $V(\Gamma)$ 的子集，如果在 $V(\Gamma)$

中的任意两个不同的元素都能被 S 中的某个顶点可解, 则 S 被称为 Γ 的一个可解集合。Γ 的所有可解集的最小基数称为图 Γ 的度量维数且被记作 $\dim(\Gamma)$。此外, 如果 Γ 要么存在一条从 z 到 x 的最短路包含 y, 要么存在一条从 z 到 y 的最短路包含 x, 则我们称 z 强可解 x 和 y 这对顶点。如果 Γ 的每两个不同的顶点都能被 $V(\Gamma)$ 的子集 S 中的某个元素强可解, 则 S 被称为 Γ 的强可解集。Γ 的所有强可解集的最小基数称为图 Γ 的强度量维数且被记作 $\mathrm{sdim}(\Gamma)$。

20 世纪 70 年代, 著名数学家 Harary 和 Melter[55] 引入了图的度量维数的概念。与此同时, 数学家 Slater[56] 也独立地给出了图的这个参数的定义。自此以后, 该参数引起了许多学者的关注, 若想了解更多关于该参数的信息, 读者可参考文献 [57] 和 [58]。

2004 年, Sebő 和 Tannier[59] 引入了图的强度量维数且给出了强可解集在组合数学方面的一些应用。Corona 积图、Rooted 积图和强积图的强度量维数分别在文献 [60]~[62] 中被研究了。根据文献 [62], 计算图的强度量维数是 NP 困难问题。此外, 读者也可以在文献 [63] 和 [64] 中找到关于图的强度量维数的一些基本性质、计算方法及最新的研究进展。

1.1.5 图的完备码

从研究信息论开始, 完备码就成了编码理论中重要的研究对象。大体来说, 如果一个码具有最大可能的纠错能力, 则称该码为一个完备码。在编码论中, 许多学者研究了在 Hamming 或 Lee 度量之下的完备码问题。例如, 在 20 世纪 70 年代, 学者们证明了著名的猜想: 在 Hamming 度量之下, Hamming 码和 Golay 码是仅存的非平凡线性完备码。从数学的角度出发, 在任意有限的度量空间中都可以定义完备码。特别地, 因为在通常的图距离之下, 任何图都能被看成一个度量空间, 因此在图中可以很自然地定义完备码, 参考文献 [65]。

令 Γ 是一个图, 用 $V(\Gamma)$ 和 $E(\Gamma)$ 分别表示 Γ 的顶点集和边集。如果对于 $V(\Gamma)$ 的一个子集, 该子集中的任意两个顶点之间均没有边, 则称该子集是 Γ 的一个独立集。设 C 是 $V(\Gamma)$ 的一个子集, 如果 C 是一个独立集且对集合 $V(\Gamma) \setminus C$ 中的任意一个顶点, 在 C 中恰好存在一个顶点与之相邻, 则称 C 是 Γ 的一个完美码。显然, 如果 C 是 Γ 的一个完美码, 则 $|C|$ 是 Γ 的独立数, 即 Γ 中最大独立

集的大小. 此外, 由于图的一个完备码也是该图的一个控制集, 因此在图论中, 完备码也被称为有效控制集[66] 或独立完备控制集[67]。

图的完备码问题主要包括: 判断图是否具有完备码; 如果图具有完备码, 如何找到它的完备码。由于研究定义在群上图的完备码问题与编码理论、群论及图论有密切的联系, 因此该问题近十几年来受到了国内外学者的广泛关注。

因为 Hamming 图 $H(n,q)$ 是 $(\mathbb{Z}/q\mathbb{Z})^n$ 上关于某个子集的 Cayley 图, 所以 Cayley 图的完备码是完备码在经典集合论中的一种推广。最近几年, 许多学者已经研究了 Cayley 图的完美码问题, 可参考文献 [68]~[70]。

1.1.6 图的真连通数

令 $\varGamma$ 是图, 则 $\varGamma$ 的顶点集与边集分别被记作 $V(\varGamma)$ 和 $E(\varGamma)$。$\varGamma$ 的一个边染色是指给 $E(\varGamma)$ 中的任一元素都安排一种颜色。如果把 n 种颜色构成的集合看成数集 $\{1,2,\cdots,n\}$, 则 $\varGamma$ 的边染色是指从 $E(\varGamma)$ 到 $\{1,2,\cdots,n\}$ 的一个映射。如果 $\varGamma$ 的某个边染色满足条件: 给任意两条相邻的边染了不同的颜色, 则这个边染色被称为一个真染色。Chartrand 等[71] 首次介绍了图 $\varGamma$ 的 (强) 彩虹连通数的概念并且完全确定了一些特殊图类的 (强) 彩虹连通数, 例如, 长度为 n 的圈、轮图以及完全多部图; 特别地, 他们证明存在一个连通图使得它的彩虹连通数是 a 且强彩虹连通数是 b, 其中 $a \geqslant 4$ 且 $b \geqslant (5a-6)/3$。如果连通图 $\varGamma$ 的某个边染色满足条件: 每一对不同的顶点, 存在一条路使得该路上没有两条边被染成同一颜色, 则这个边染色被称为一个彩虹染色[71]。受真染色和彩虹染色的启发, Borozan 等[72] 引入了真路染色的概念。在连通图 $\varGamma$ 中, 定义一个边染色如下:

$$\zeta : E(\varGamma) \longrightarrow \{1,2,\cdots,k\}, \quad k \in \mathbb{N},$$

其中相邻的边可以被染成相同的颜色。设 P 是 $\varGamma$ 中的一条路, 如果在染色 ζ 之下, P 中没有两条相邻边被染成同一颜色, 则路 P 被称为 $\varGamma$ 的一条真路。如果 $\varGamma$ 在染色 ζ 之下, 每一对不同的顶点之间均存在一条真路, 则 ζ 被称为 $\varGamma$ 的真路染色。如果 ζ 为 $\varGamma$ 的真路染色, 则一般指的是真路 k-染色, 其中 k 是指该染色中用到的颜色数。在图 $\varGamma$ 中, 存在真路 k-染色的最小的 k 被称为 $\varGamma$ 的真连通数, 被记作 $\mathrm{pc}(\varGamma)$。近些年, 真路染色得到了广泛的关注, 文献 [73] 是一篇关于真路染色的综述论文。

1.2 预备知识

本节将介绍一些有关群和图的基本定义、常用结果、符号以及结论。

1.2.1 群

本小节我们介绍一些与群有关的基本概念、常用符号及结论。

设 G 是群, $x \in G$ 且 $M \subseteq G$。G 的自同构群记为 $\text{Aut}(G)$。若集合 G 是有限的, 则称 G 为有限群。本书所涉及的群均为有限群。群 G 中元素的个数称为 G 的阶, 记作 $|G|$ 或者 $o(G)$。如果 m 是使得 $x^m = e$ 成立的最小正整数, 则称 m 为 x 的阶, 记作 $|x| = m$ 或者 $o(x)$。元素 x 称为 G 的一个对合, 如果 $o(x) = 2$。一个对合 x 称为极大的, 在 G 中, 如果包含 x 的 G 的循环子群是唯一的且为 $\langle x \rangle$。此外, 记所有包含 M 的 G 的子群的交为 $\langle M \rangle$, 称其为由 M 生成的 G 的子群。一个有限群被称为一个 p-群, 如果这个群的阶是 p 的一个方幂, 其中 p 是一个素数。

例 1.2.1 (四元数群) 哈密尔顿四元数单位 $\pm 1, \pm i, \pm j, \pm k$ 在乘法之下构成一个 8 阶群, 称为四元数群, 记作 Q_8, 即

$$Q_8 = \langle i, j, k \rangle, \quad i^2 = j^2 = k^2 = -1, \quad ij = k = -ji。$$

例 1.2.2 (二面体群) 记一个正 n 边形 $(n \geqslant 3)$ 绕它的中心沿逆时针方向旋转 $\dfrac{2\pi}{n}$ 的变换为 a, 沿某条指定的对称轴 l 作的反射变换为 b。于是由 a 和 b 可构成一个阶为 $2n$ 的群, 此群由这个正 n 边形所有的对称组成, 称为二面体群, 记作 D_{2n}, 即

$$D_{2n} = \langle a, b \rangle, \quad a^n = b^2 = e, \quad b^{-1}ab = a^{-1}。$$

例 1.2.3 (广义四元数群) 设 $n \geqslant 2$, 下面定义的群是四元数群的推广, 称为广义四元数群, 记作 Q_{4n}, 即

$$Q_{4n} = \langle a, b \rangle, \quad a^{2n} = e, \quad b^2 = a^n, \quad b^{-1}ab = a^{-1}。$$

例 1.2.4 (半二面体群) 设 $n \geqslant 2$ 是整数, 半二面体群 SD_{8n} 是 $8n$ 阶的群, 如下所示:

$$SD_{8n} = \langle a, b : a^{4n} = b^2 = e, bab = a^{2n-1} \rangle。$$

阶为 n 的循环群记为 $\mathbb{Z}_n$。n 元集合上所有的置换在映射的合成之下构成一个群，称为 n 次对称群，记为 S_n；n 元集合上所有的偶置换构成 S_n 的一个子群，称为 n 次交错群，记作 A_n。显然，$o(S_n) = n!$ 并且 $o(A_n) = \dfrac{n!}{2}$。注意对于任意 $n \geqslant 5$，A_n 都是单群。给定一个有限群 G，它的所有元素的阶的最小公倍数称为群 G 的指数，记作 $\exp(G)$。群 G 的中心被记为 $Z(G)$，是群 G 中能与任意元素交换的元素构成的集合，即

$$Z(G) = \{z \in G: 对所有的 g \in G,\ zg = gz\}。$$

如果 K 是 G 的一个真子群或正规子群，则记 $K \leqslant G (K < G$ 或 $K \trianglelefteq G)$。设 H 是群 G 的一个子集，记 G 中能正规化 H 的所有元素组成的集合为

$$N_G(H) = \{g \in G : H^g = H\},$$

称为 H 在 G 中的正规化子。记 G 中能中心化 H 的所有元素组成的集合为

$$C_G(H) = \{g \in G : 对所有 h \in H,\ h^g = h\},$$

称为 H 在 G 中的中心化子。根据上述定义，显然 $Z(G) = C_G(G)$。

定义 1.2.1 (幂零群) 如果一个群 G 有一个群列

$$G = G_0 \leqslant G_1 \leqslant G_2 \leqslant \cdots \leqslant G_n = 1,$$

其中 $G_i \trianglelefteq G$ 且 $G_i/G_{i+1} \leqslant Z(G/G_{i+1})$，则称 G 是一个幂零群。

注意对于有限群 G 来说，G 是幂零的当且仅当 G 可以写成它的 Sylow 子群的直积，当且仅当 G 的每一个 Sylow 子群都是正规的 (唯一的)，当且仅当 G 中任意两个阶互素的元素交换。下面我们叙述群论中著名的 "N/C 定理"。

定理 1.2.1 (N/C 定理) 设 H 是群 G 的一个子群，则 $N_G(H)/C_G(H)$ 同构于 $\mathrm{Aut}(H)$ 的一个子群。

下面的定理是群论方面的一个初等结果，在本书中被多次使用。

定理 1.2.2 ([74, 定理 5.4.10 (ii)]) 设 P 是具有唯一 p-阶子群的有限 p-群，则 P 要么是循环群，要么是广义四元数 2-群。

对于群 G 中的两个元素 a,b,

$$[a,b] := a^{-1}b^{-1}ab$$

被称为这两个元素的换位子, 显然 $[a,b]=e$ 当且仅当 a 和 b 必须交换。如果一个有限群的每一个元素的阶都是素数幂, 则该有限群被称为一个 CP-群。例如, 对于任意素数 p, 任意一个 p-群都是 CP-群。如果一个有限群的每一个非平凡元素的阶都是某个素数, 则该有限群被称为一个 P-群。例如, 对于任意素数 p, 任意一个初等交换 p-群 $\mathbb{Z}_p^k$ 都是 P-群, 其中 k 是一个正整数。关于 CP-群和 P-群的结果, 读者可参考文献 [75] 和 [76]。若想了解其他关于群论的基础知识, 可参考我国著名群论学家徐明曜教授出版的书, 见文献 [77]。

1.2.2 图

这一小节介绍一些图论的基本知识。

一个无向图 $\varGamma$ 是一个二元序对 $(V(\varGamma),E(\varGamma))$, 其中 $V(\varGamma)$ 是一个非空的有限集合, 其中的元素称作图 $\varGamma$ 的顶点; $E(\varGamma)$ 是由 $V(\varGamma)$ 中的某两个元素组成的没有顺序的对子, 代表这两个顶点之间有一条边, 因此 $E(\varGamma)$ 中的元素称为 $\varGamma$ 的边。称图 $\varGamma$ 的两个顶点 a 和 b 是相邻的, 如果 $\{a,b\} \in E(\varGamma)$。点 a 在 $\varGamma$ 中的开邻域记作 $N_\varGamma(a)$, 即

$$N_\varGamma(a) = \{b \in V(\varGamma) : \{a,b\} \in E(\varGamma)\}。$$

a 在 $\varGamma$ 中的闭邻域定义为 $N_\varGamma[a] = \{a\} \cup N_\varGamma(a)$。如果情况是清楚的, 这两个符号我们简单记作 $N(a)$ 和 $N[a]$。顶点 a 的点度是集合 $N_\varGamma(a)$ 的大小。设 $a_0,\cdots,a_r \in V(\varGamma)$, 一个顶点序列 $(a_0,\cdots,a_r)$ 称为 $\varGamma$ 中的一条 $x-y$ 路具有长度 r, 如果 $a_i \neq a_j, a_0 = x, a_r = y$, 且 $a_i, a_j \in E(\varGamma)$。一般地, 我们用符号 $a_0 \sim a_1 \sim \cdots \sim a_r$ 表示这条 $a_0 - a_r$ 路。两个顶点 a,b 称为连通的, 如果 $\varGamma$ 存在一条路连接这两个顶点。一个图称为一个连通图, 如果对于这个图中的任意两个顶点都存在一条连接它们的路; 反之称这个图是非连通的。对于一个图 $\varGamma$, 它的色数, 记作 $\chi(\varGamma)$, 是使得 $\varGamma$ 具有顶点染色 (相邻的顶点具有不同的颜色) 的最少颜色数。图 $\varGamma$ 的团数 $\omega(\varGamma)$ 是 $\varGamma$ 的所有团中最大的某个团的顶点数。图 $\varGamma$ 的一个独立集是 $V(\varGamma)$ 的一个子集使得它不包含两个相邻的顶点。图 $\varGamma$ 的独立数 $\alpha(\varGamma)$ 是 $\varGamma$ 的所有独立

集中最大的基数。给定一个连通图 Γ, 设 $V(\Gamma) = \{v_1, v_2, \cdots, v_n\}$。两个顶点 v_i 和 v_j 之间的距离, 记作 $d_\Gamma(v_i, v_j)$, 是它们之间最短路的长度。图 Γ 的直径, 记作 $\mathrm{diam}(\Gamma)$, 是 Γ 的任意两个顶点之间距离的最大值。

图 Γ 的一条边有时候也被简单地记作 ab, 其中 $a, b \in V(\Gamma)$。如果 $V' \subseteq V(\Gamma)$, 我们定义 $\Gamma - V'$ 是 Γ 的子图得到的通过删除这些在 V' 中的顶点和所有跟这些点相关联的边。如果 $E' \subseteq E(\Gamma)$, 那么 $\Gamma - E'$ 是 Γ 的子图得到的通过删除这些在 E' 中的边。对于两个顶点不交的图 Γ 和 Δ, 用 $\Gamma \cup \Delta$ 表示以 $V(\Gamma) \cup V(\Delta)$ 为顶点集并且边集为 $E(\Gamma) \cup E(\Delta)$ 的图, 于是 $\Gamma + \Delta$ 指的是恰由 $\Gamma \cup \Delta$ 和所有连接 Γ 的点和 Δ 的点的边构成的图。阶为 n 的完全图和完全二部图分别记作 K_n 和 $K_{m,n}$。

在 Γ 上定义一个染色 $\zeta: E(\Gamma) \to \{1, 2, \cdots, k\}$, $k \in \mathbb{N}$, 其中相邻的边可以被染成相同的颜色。一条路 P 被称为彩虹的, 如果这条路上的任意两条边被染的颜色都不同。Γ 在染色 ζ 之下, 如果对于 Γ 的任意两个顶点 u 和 v, 都有一条彩虹路从 u 到 v, 则 Γ 在染色 ζ 之下被称为彩虹连通的, 并且 ζ 被称为 Γ 的一个彩虹 k-染色。对于 Γ 的两个顶点 u 和 v, 在 Γ 中, 一条彩虹 $u-v$ 测地线是一条长度为 $d(u, v)$ 的彩虹 $u-v$ 路, 其中 $d(u, v)$ 是顶点 u 和 v 之间的距离, 即在 Γ 中最短的一条 $u-v$ 路的长度。

如果图 Γ 能被画在一个平面上使得任意两条边都不相交, 则 Γ 被称为一个平面图。这时, 我们也说这个图 Γ 能被嵌入到某个平面内。在某个环面上挖一个开圆盘, 或者说在某个环面上挖去一个洞, 我们把所得的空间称为一个手柄。在球面上挖一个洞并且在洞口粘一条 Möbius 带后所形成的曲面被称为一个交叉帽。显然, 任意一个图都能被嵌入在某个由球面添加一些手柄或交叉帽的表面。在一个球面上安装 k 个手柄或交叉帽所形成的曲面被分别记作 $\mathbb{S}_k$ 或 $\mathbb{N}_k$。于是 $\mathbb{S}_0$ 或 $\mathbb{N}_0$ 表示的是这个球面本身, 即一个平面本身。$\mathbb{S}_1$ 和 $\mathbb{N}_1$ 分别是一个环面和射影平面。最小的非负整数 k 使得一个图 Γ 能被嵌入在 $\mathbb{S}_k$ 被称为图 Γ 的定向亏格或亏格, 记作 $\gamma(\Gamma)$。图 Γ 的非定向亏格记作 $\bar{\gamma}(\Gamma)$, 是指最小的非负整数 k 使得 Γ 能被嵌入在 $\mathbb{N}_k$。因此, 图 Γ 是平面的当且仅当 $\gamma(\Gamma) = 0$ 或 $\bar{\gamma}(\Gamma) = 0$。对于一个最小点度至少为 3 的图 Γ, 如果 Γ 不能嵌入在某个表面, 但是 $\Gamma - e$ 可以被嵌入到这个表面, 其中 e 是 Γ 的任意一条边, 那么这个图 Γ 被称为一个拓扑阻碍物。

一个偏序 P 是一个有序对 $(V(P), \leqslant_P)$, 其中 $V(P)$ 是一个有限集合, 称为 P

的顶点集, 并且 $\leqslant_P$ 是一个定义在 $V(P)$ 上具有自反性、反对称性和传递性的二元关系。对于 $V(P)$ 的两个元素 x 和 y, 若 $x \leqslant_P y$ 或者 $y \leqslant_P x$, 则称它们是可比较的; 否则称 x 和 y 是不可比较的。在偏序 P 中, 满足任两个元素是两两可比较的 (或不可比较的) $V(P)$ 的子集称为一个链 (或反链)。对于偏序 P 的某个反链 C, 若对任一元素 $y \in V(P) \setminus C$, 至少存在一个元素 $x \in C$ 使得 y 和 x 是可比较的, 则称 C 为一条极大反链。

1.3　主要结果和结构安排

本节将介绍本书的主要结果和结构安排。

第 1 章主要介绍本书所涉及的研究内容的背景, 以及关于群和图的基本知识、常见结论和符号。

第 2 章主要研究的是有限群的 (真) 交幂图。具体地, 首先, 完全刻画了交幂图的独立数, 分类了有限群, 使得它们的交幂图是可控图、余图、弦图、分裂图、阈图。其次, 研究了交幂图与幂图、增大幂图、交换图的关系, 刻画了两者相等的充分必要条件。再次, 研究了真交幂图的完备码问题: 对于幂零群的情况, 完全给出了真交幂图具有完备码的充分必要条件; 对于非幂零群的情况, 给出了几类非幂零群存在完备码的充分必要条件。最后, 我们研究了交幂图的度量维数与强度量维数, 分类了交幂图具有亏格 2 时的有限群。

第 3 章主要研究有限群的 (真) 简化幂图。具体来说, 首先, 刻画了简化幂图的强度量维数, 给出了简化幂图度量维数的好的上下界。作为应用, 计算了循环群、二面体群、广义四元数群及奇数阶群的简化幂图的度量维数。其次, 我们刻画了简化幂图的真连通数, 作为推论, 得到了幂图的真连通数。再次, 研究了真简化幂图的完备码和完全完备码。最后, 我们研究了简化幂图的被禁子图, 分类了有限群, 使得它们的简化幂图是余图、弦图及分裂图。

第 4 章研究了有限群的增大幂图。首先, 我们刻画了有限群, 使得它们的增大幂图是余图、弦图、分裂图和阈图。其次, 我们完整刻画了增大幂图的度量维数和强度量维数, 作为应用, 我们计算了循环群、二面体群、广义四元数群的增大幂图的 (强) 度量维数。最后, 我们研究了增大幂图的补图并回答了 Cameron 提出的下面两个问题。Cameron[24] 研究了定义在群上的各种形式的图 (图的边能反映代数结构的性质), 如幂图、增大幂图、交换图、子群交图等。

问题 1.3.1 ([24, 问题 19])　群幂图补图的非平凡连通分支的直径的最好的上界是多少？哪些群能达到这个上界？

问题 1.3.2 ([24, 问题 20])　除孤立点以外, 群增大幂图的补图恰好有一个连通分支吗？

第 5 章研究有限群的阶 (除) 图。具体地, 我们刻画了群阶图的强度量维数, 分类了有限群, 使得它们的阶除图是可控的、平面的。特别地, 还研究了阶除图的 (完全) 完备码问题。

第 6 章研究群的交换图。我们刻画了群交换图的强度量维数, 给出了交换图的度量维数的好的上下界, 作为应用, 我们计算了循环群、二面体群、半二面体图及广义四元数群的交换图的度量维数。另外, 我们还研究了对称群和交错群上交换图的完备码问题, 主要证明了下面两个定理。

定理 1.3.1　设 $n \geqslant 3$, 则 $\Gamma(S_n)$ 存在完备码当且仅当 $n=3$ 或 5。

定理 1.3.2　设 $n \geqslant 4$, 则 $\Gamma(A_n)$ 存在完备码当且仅当 $n \leqslant 6$。

此外, 在对称群及交错群上交换图有完备码的情况下, 本章也确定了这些交换图的所有完备码。

第 2 章 有限群的 (真) 交幂图

给定群 G, Bera[34] 首次引入了群 G 的交幂图, 定义如下。

定义 2.0.1 设 G 是个有限群, G 上的交幂图 (Intersection Power Graph) 被记作 $\mathcal{P}_I(G)$, 其中 $\mathcal{P}_I(G)$ 的顶点集为 G, 且 G 中两个不同的元素 x 和 y 相邻当且仅当要么 x 和 y 中有一个为单位元 e, 要么 $|\langle x \rangle \cap \langle y \rangle| > 1$。

从上面的定义容易看出, 单位元 e 总是跟 $\mathcal{P}_I(G)$ 中的其他任意一个顶点相邻。因此, 有时候我们需要考虑在交幂图中删除顶点单位元。例如, 当考虑交幂图的完备码时, 由于单位元的特殊性, 容易看出 $\mathcal{P}_I(G)$ 总是存在完备码 $\{e\}$, 且不存在大小超过 2 的完备码。事实上, 可易知 $\mathcal{P}_I(G)$ 的完备码只能是 $\{a\}$, 其中 a 在 $\mathcal{P}_I(G)$ 中的闭邻域是 G。因此, 当考虑交幂图的完备码时, 我们总是要删除单位元, 即我们要考虑下面的图。

定义 2.0.2 设 G 是个有限群, G 上的真交幂图 (Proper Intersection Power Graph) 被记作 $\mathcal{P}_I^*(G)$, 其中 $\mathcal{P}_I^*(G)$ 的顶点集为 $G \setminus \{e\}$, 且 G 中两个不同的元素 x 和 y 相邻当且仅当 $|\langle x \rangle \cap \langle y \rangle| > 1$。

对于给定的有限群 G, 现在令

$$\mathcal{M}(G) = \{M_1, M_2, \cdots, M_t\}。$$

我们然后在 $\mathcal{M}(G)$ 上定义一个二元运算, 如下:

$$M_i \approx M_j \Leftrightarrow M_i \cap M_j \neq \{e\}, \quad i,j \in \{1, 2, \cdots, t\}。$$

显然关系 "$\approx$" 不是一个等价关系 (因为这个关系不是传递的)。接下来, 在 $\mathcal{M}(G)$ 上, 我们定义另外一个二元关系:

$$M_i \equiv M_j \Leftrightarrow 存在 M_{i1}, \cdots, M_{il} 使得 M_i \approx M_{i1} \approx \cdots \approx M_{il} \approx M_j \text{ 或 } M_i \approx M_j,$$

其中 l 是一个正整数, $i,j \in \{1,2,\cdots,t\}$ 且 $M_{i1}, M_{i2}, \cdots, M_{il} \in \mathcal{M}(G)$。很容易看出关系 "≡" 是一个在集合 $\mathcal{M}(G)$ 上的等价关系。现在用 $\widehat{M_i}$ 表示包含 M_i 的 ≡-类, 且令

$$\widetilde{M_i} = \bigcup_{M \in \widehat{M_i}} (M \setminus \{e\})。$$

根据等价关系 "≡" 的定义, 我们有下面的结果。

观察 2.0.1 如果 x 是 G 的一个素数阶元素且满足 $\langle x \rangle \in \mathcal{M}(G)$, 则 $\widehat{\langle x \rangle} = \{\langle x \rangle\}$。特别地, 我们有 $\widetilde{\langle x \rangle} = \langle x \rangle \setminus \{e\}$。

2.1 独 立 数

设 Γ 是一个图, 如果 Γ 的一个顶点子集中的任两个不同顶点之间均没有边, 则称该子集为 Γ 的一个独立集。图 Γ 的独立数被记作 $\alpha(\Gamma)$, 被定义为 Γ 的最大的独立集的基数 (大小)。此外, 在 Γ 中, 一个独立集被称为极大的, 如果在不能在该独立集中添加任何一个顶点以后, 其仍然还是独立集。Γ 的某个顶点被称为一个控制点, 如果该点跟 Γ 的其他任一顶点相连。注意在 $\mathcal{P}_I(G)$ 中, e 跟其他任一顶点均相连。因此, e 是 $\mathcal{P}_I(G)$ 的一个控制点。如果 G 有一个非平凡 (非单位元) 的可控点, 则交幂图 $\mathcal{P}_I(G)$ 被称为可控的。

在本节, 我们将刻画任一群的交幂图的独立数, 我们的主要结果是定理 2.1.1, 此定理蕴涵了文献 [78] 中的定理 4.1 和定理 4.2。

定理 2.1.1 $\alpha(\mathcal{P}_I(G))$ 是群 G 的所有素数阶子群构成的集合的基数。

证明 令 $\mathcal{N}_G$ 是 G 的所有素数阶子群构成的集合, 且记

$$\mathcal{N}_G = \{\langle u_1 \rangle, \langle u_2 \rangle, \cdots, \langle u_t \rangle\}。 \tag{2.1.1}$$

设 S 是 $\mathcal{P}_I(G)$ 的一个独立集合, S 的每一个元素都是素数阶的。我们首先声明 $|S| \leqslant t$。反证, 假设 $|S| > t$, 则根据式 (2.1.1) 可知存在不同的 $x, y \in S$ 使得 $\langle x \rangle = \langle y \rangle$。于是 $\langle x \rangle \cap \langle y \rangle \neq \{e\}$。因此, 在图 $\mathcal{P}_I(G)$ 中, x 和 y 是相邻的, 这与 S 是独立集相矛盾。因此, 上面的结论是成立的。

现在设 $X = \{x_1, x_2, \cdots, x_k\}$ 是独立集, 满足 $\alpha(\mathcal{P}_I(G)) = k$. 下面我们将证明 $k \leqslant t$. 如果对每一 $i \in \{1, 2, \cdots, k\}$, $o(x_i)$ 是素数, 则上面的结论蕴涵 $k \leqslant t$, 证毕. 因此, 我们可以假设存在 $x_j \in X$ 使得 $o(x_j)$ 不是素数. 下面证明 $o(x_j)$ 是一个素数幂. 反证, 假设 $o(x_j)$ 有两个不同的素因子 p, q, 令 $u, v \in \langle x_j \rangle$ 满足 $o(u) = p$ 且 $o(v) = q$. 注意 X 是独立集. 显然, $u, v \notin X$. 如果在 $X \setminus \{x_j\}$ 中存在顶点使得该顶点与 u 或 v 相邻, 则这个顶点必须与 x_j 相连, 这是一个矛盾. 于是 $\{u, v\} \cup (X \setminus \{x_j\})$ 是一个大小为 $k+1$ 的独立集, 这与 $\alpha(\mathcal{P}_I(G)) = k$ 矛盾. 因此, 我们可知 X 中任意一个元素的阶要么是素数, 要么是一个素数幂. 不失一般性, 现在令

$$\{x_1, x_2, \cdots, x_l\}$$

是 X 的所有非素数阶元素构成的集合, 其中 $l \leqslant k$. 对于任一 i, $1 \leqslant i \leqslant l$, 取 $y_i \in \langle x_i \rangle$ 使得 $o(y_i)$ 是素数. 于是, 容易看出

$$Y = \{y_1, y_2, \cdots, y_l, x_{l+1}, \cdots, x_k\}$$

是大小为 k 的一个独立集合. 注意 Y 的每一个元素都有素数阶. 因此, 上面的结论可推出 $k \leqslant t$. 于是, 我们可知 $\alpha(\mathcal{P}_I(G)) \leqslant t$.

令 $N = \{u_1, u_2, \cdots, u_t\}$, 则显然 N 是 $\mathcal{P}_I(G)$ 的一个独立集. 于是

$$\alpha(\mathcal{P}_I(G)) \geqslant t,$$

这也意味着 $\alpha(\mathcal{P}_I(G)) = t = |\mathcal{N}_G|$. □

设 n 是大于或等于 3 的正整数, 阶为 $2n$ 的二面体群被记作 D_{2n}, 有下面的表示:

$$D_{2n} = \langle a, b : a^n = b^2 = e, bab = a^{-1} \rangle. \tag{2.1.2}$$

令 m 是一个大于或等于 2 的正整数, 则阶为 $4m$ 的广义四元数群被记作 Q_{4m}, 该概念是被 Johnson[79] 首次引入的. Q_{4m} 的表达式如下:

$$Q_{4m} = \langle x, y : x^m = y^2, x^{2m} = e, y^{-1}xy = x^{-1} \rangle. \tag{2.1.3}$$

容易看出

$$D_{2n} = \langle a \rangle \cup \{b, ab, a^2b, \cdots, a^{n-1}b\}, \quad o(a^ib) = 2 \text{对任意 } i \leqslant 1 \leqslant n, \tag{2.1.4}$$

$$\mathcal{M}_{D_{2n}} = \{\langle a\rangle, \langle ab\rangle, \langle a^2 b\rangle, \cdots, \langle a^n b\rangle\}, \tag{2.1.5}$$

且

$$Z(D_{2n}) = \begin{cases} \{e\}, & n\text{是奇数}; \\ \{e, a^{n/2}\}, & n\text{是偶数}, \end{cases} \tag{2.1.6}$$

其中 $Z(D_{2n})$ 是 D_{2n} 的中心。对于广义四元数群，有

$$o(x^m) = 2, \quad o(x^i y) = 4 \text{对任意 } i \leqslant 1 \leqslant m \tag{2.1.7}$$

且

$$\mathcal{M}_{Q_{4m}} = \{\langle x\rangle, \langle xy\rangle, \langle x^2 y\rangle, \cdots, \langle x^m y\rangle\}, \quad x^m \in \bigcap_{M \in \mathcal{M}_{Q_{4m}}} M\text{。} \tag{2.1.8}$$

显然，我们有 $x^m \in Z(Q_{4m})$。

对于给定的正整数 n，它的所有素因子组成的集合被记作 $\pi(n)$。此外，我们用 $\mathbb{Z}_p^k$ 表示阶为 p^k 的初等交换 p-群，其中 p 是素数。注意 $\mathbb{Z}_p^k$ 有 $\dfrac{p^k-1}{p-1}$ 个极大循环子群且它的每一个极大循环子群都同构于 $\mathbb{Z}_p$。

结合式 (2.1.4)、式 (2.1.5)、式 (2.1.7)、式 (2.1.8) 及定理 2.1.1，下面的结论成立。

例 2.1.1 下面的结论成立:
(i) 设 $n \geqslant 2$，则 $\alpha(\mathcal{P}_I(\mathbb{Z}_n)) = \pi(n)$;
(ii) 设 $k \geqslant 2$ 且 p 是素数，则 $\alpha(\mathcal{P}_I(\mathbb{Z}_p^k)) = \dfrac{p^k-1}{p-1}$;
(iii) $\alpha(\mathcal{P}_I(D_{2n})) = \pi(n) + n$;
(iv) $\alpha(\mathcal{P}_I(Q_{4m})) = \pi(2m)$。

现在我们回忆下面的初等结果。

引理 2.1.1 ([74, 定理 5.4.10 (ii)]) 有一个唯一的 p 阶循环子群的 p-群要么是循环群，要么是广义四元素群。

注意到 $\mathcal{P}_I(G)$ 是完全图当且仅当 $\alpha(\mathcal{P}_I(G)) = 1$。下面，我们分类交幂图为完全图时所对应的所有有限群。采用不同的方法，Bera 也得到了下面的结论 (见文献 [34] 中的定理 3.1)。

推论 2.1.1 $\mathcal{P}_I(G)$ 是完全图的充分必要条件是 G 要么是循环 p-群, 要么是广义四元数 2-群。

证明 显然, 任意一个循环 p-群或者广义四元数 2-群都具有一个唯一的素数阶子群, 于是根据定理 2.1.1, 它们的交幂图有独立数 1。对于逆命题, 假设 $\alpha(\mathcal{P}_I(G))=1$, 则定理 2.1.1 意味着 G 有一个唯一的素数阶子群。于是, G 必定是一个 p-群。现在通过引理 2.1.1, 可知结论成立。 $\square$

2.2 控 制 性

本节将刻画交幂图可控时所对应的所有有限群 (见定理 2.2.1), 这也推广了文献 [34] 中的定理 4.1 和定理 4.3。

在本节中, 用 Ψ 表示满足下面两个条件的有限群 G 组成的集合:

(i) 对 $|G|$ 的任一素因子 p, G 有一个唯一的 p 阶子群;

(ii) 如果 $p_1, p_2, \cdots, p_t$ 是 $|G|$ 的所有素因子, 则 G 有一个阶为 $\prod_{i=1}^{t} p_i$ 的循环子群。

例 2.2.1 对于 Ψ 中的群, 下面的结论成立:

(i) 任意一个循环群均属于 Ψ;

(ii) 设 $m \geqslant 2$, 则广义四元数群 Q_{4m} 属于 Ψ;

(iii) 如果 G 是 $\mathbb{Z}_5$ 和 $\mathbb{Z}_8$ 的半直积 (通过平凡映射), 即

$$G = \langle a, b : a^5 = b^8 = e, bab^{-1} = a^2 \rangle,$$

则 $G \in \Psi$;

(iv) 如果 G 是 $\mathbb{Z}_5$ 和 $\mathbb{Z}_{16}$ 的半直积 (通过逆映射), 即

$$G = \langle a, b : a^5 = b^{16} = e, bab^{-1} = a^{-1} \rangle,$$

则 $G \in \Psi$。

下面我们证明本节的主要定理。

定理 2.2.1　$\mathcal{P}_I(G)$ 可控的充分必要条件是 $G \in \Psi$。

证明　我们首先证明充分性，假设 $G \in \Psi$。令 $p_1, p_2, \cdots, p_t$ 是 $|G|$ 的所有素因子，则 G 有一个阶为 $\prod_{i=1}^{t} p_i$ 的循环子群，设为 $\langle x \rangle$。令 $y \in G \setminus \{x, e\}$，取 $\langle z \rangle \subseteq \langle y \rangle$ 使得 $o(z) = p_i$ (对任一 $1 \leqslant i \leqslant t$)。于是根据 Ψ 的定义中的 (i)，我们有 $\langle z \rangle \subseteq \langle x \rangle \cap \langle y \rangle$。因此，在 $\mathcal{P}_I(G)$ 中，x 和 y 是相邻的。因为在 $\mathcal{P}_I(G)$ 中，x 和 e 相邻，故 x 是一个控制点，这意味着 $\mathcal{P}_I(G)$ 是可控的，证毕。

接下来我们证明必要性，假设 $\mathcal{P}_I(G)$ 是可控的。假设 a 是 $\mathcal{P}_I(G)$ 的一个控制点，且设 $p_1, p_2, \cdots, p_t$ 是 $|G|$ 的所有素因子。反证，假设 G 有两个不同的阶为 p_i 的子群，其中 $1 \leqslant i \leqslant t$，我们把这两个子群设为 $\langle b \rangle$ 和 $\langle c \rangle$。因为 $o(b) = o(c) = p_i$，其中 p_i 是素数，故有 $\langle b \rangle, \langle c \rangle \leqslant \langle a \rangle$，这与 $\langle b \rangle \neq \langle c \rangle$ 相矛盾。于是，对每一个 $1 \leqslant i \leqslant t$，$G$ 有唯一一个阶为 p_i 的循环子群。

现在对每一个 $1 \leqslant i \leqslant t$，令 $\langle b_i \rangle$ 是唯一的阶为 p_i 的循环子群。如果 $t = 1$，则显然，G 有一个阶为 p_1 的循环子群 $\langle b_1 \rangle$，这意味着 $G \in \Psi$，证毕。因此，我们下面可以假设 $t \geqslant 2$。注意对任一 $1 \leqslant i \leqslant t$，$b_i$ 与 a 是相邻的。于是对每个 $1 \leqslant i \leqslant t$，$\langle b_i \rangle \cap \langle a \rangle = \langle b_i \rangle$ 且 $b_i \in \langle a \rangle$。故 $p_1, p_2, \cdots, p_t$ 中的任意一个数都是 $|\langle a \rangle|$ 的一个素因子，即 $\langle a \rangle$ 有一个阶为 $\prod_{i=1}^{t} p_i$ 的循环子群。因此，我们可知 $G \in \Psi$，证毕。 □

推论 2.2.1　假设 G 是一个群，使得 $\mathcal{G}_I(G)$ 是可控的，且设 a 是 G 的一个非平凡元素，则 a 在 $\mathcal{P}_I(G)$ 中的闭邻域是 G 的充分必要条件是 $o(a)$ 被 $|G|$ 的每一个素因子所整除。

注意一个有限幂零群能写成它的 Sylow 子群的直积。结合定理 2.2.1 和引理 2.1.1，我们可得下面的推论，其中推论 2.2.2(i) 扩展了文献 [34] 中的定理 4.1 和定理 4.3。

推论 2.2.2　下面的结论成立:

(i) 令 G 是幂零群，则 $\mathcal{P}_I(G)$ 是可控的当且仅当 G 要么同构于循环群，要么同构于 $Q_{2^n} \times \langle g \rangle$，其中 $n \geqslant 3$ 且 $o(g)$ 为奇数;

(ii) 设 $m \geqslant 2$，则 Q_{4m} 是可控的;

(iii) 设 $n \geqslant 3$, 则 D_{2n} 是可控的。

2.3 完 备 码

我们用下面的集合表示所有 $\equiv$-类所构成的集合:

$$\{\widehat{M_{l_1}}, \widehat{M_{l_2}}, \cdots, \widehat{M_{l_k}}\}, \tag{2.3.1}$$

其中 k 是一个正整数。接下来, 给出 $\mathcal{P}_I^*(G)$ 的所有连通分支。

引理 2.3.1 参考式 (2.3.1), $\mathcal{P}_I^*(G)$ 的所有连通分支构成的集合为

$$\{\mathcal{P}_I^*(G)_{[\widehat{M_{l_1}}]}, \mathcal{P}_I^*(G)_{[\widehat{M_{l_2}}]}, \cdots, \mathcal{P}_I^*(G)_{[\widehat{M_{l_k}}]}\}。 \tag{2.3.2}$$

证明 由 $\{\widehat{M_{l_1}}, \widehat{M_{l_2}}, \cdots, \widehat{M_{l_k}}\}$ 是 $\mathcal{M}(G)$ 的一个划分, 可知在 $\mathcal{P}_I^*(G)$ 中的每一个顶点都必须落在 $\widehat{M_{l_i}}$ 中。因此, 只需要证明, 对任意 $1 \leqslant i \leqslant k$, $\mathcal{P}_I^*(G)_{[\widehat{M_{l_i}}]}$ 是一个连通分支即可。

我们首先证明 $\mathcal{P}_I^*(G)_{[\widehat{M_{l_i}}]}$ 是连通的。取不同的 $x, y \in \widehat{M_{l_i}}$。如果 $x, y \in \langle g \rangle$ 对某个 $\langle g \rangle \in \mathcal{M}(G)$, 则要么 $x \sim y$ 要么 $x \sim g \sim y$。因此, 下面我们可以假设 $x \in \langle g \rangle$ 和 $y \in \langle h \rangle$, 其中 $\langle g \rangle$ 和 $\langle h \rangle$ 是两个不同的极大循环子群, 均属于 $\widehat{M_{l_i}}$。于是, $\langle g \rangle \approx \langle h \rangle$ 或者存在 $\langle g_1 \rangle, \cdots, \langle g_m \rangle \in \mathcal{M}(G)$ 使得 $\langle g \rangle \approx \langle g_1 \rangle \approx \cdots \approx \langle g_m \rangle \approx \langle h \rangle$。如果 $\langle g \rangle \approx \langle h \rangle$, 令 $a \in (\langle g \rangle \cap \langle h \rangle) \setminus \{e\}$, 则 $x \sim g \sim a \sim h \sim y$。类似地, 如果后者发生, 则在图 $\mathcal{P}_I^*(G)$ 中, 我们也能获得一条从 x 到 y 的路。于是, $\mathcal{P}_I^*(G)_{[\widehat{M_{l_i}}]}$ 是连通的。

我们接下来证明 $\mathcal{P}_I^*(G)_{[\widehat{M_{l_i}}]}$ 是一个连通分支。通过反证法, 假设存在 $e \neq w \in G \setminus \widehat{M_{l_i}}$ 使得 w 与某个顶点 $u \in \widehat{M_{l_i}}$ 相邻。令 $w \in \langle w' \rangle$ 且 $u \in \langle u' \rangle$, 其中 $\langle u' \rangle \in \widehat{M_{l_i}}$ 且 $\langle w' \rangle \in \mathcal{M}(G) \setminus \widehat{M_{l_i}}$。因此 $\langle w' \rangle \cap \langle u' \rangle \neq \{e\}$, 并且我们可知 $\langle w' \rangle \approx \langle u' \rangle$, 这意味着 $\langle w' \rangle \in \widehat{M_{l_i}}$, 得出矛盾。因此, $\mathcal{P}_I^*(G)_{[\widehat{M_{l_i}}]}$ 是一个连通分支。 □

作为引理 2.3.1 的一个推论, 推论 2.3.1 给出了图 $\mathcal{P}_I^*(G)$ 连通的一个充分必要条件。

推论 2.3.1 $\mathcal{P}_I^*(G)$ 连通的充分必要条件是对于任意 $M_i, M_j \in \mathcal{M}(G)$, 都有 $M_i \equiv M_j$。

现在我们用下面的例子解释推论 2.3.1。

例 2.3.1 (i) 令 $G = \mathbb{Z}_4 \times \mathbb{Z}_4$, 则
$$\mathcal{M}(G) = \{\langle(0,1)\rangle, \langle(2,1)\rangle, \langle(1,1)\rangle, \langle(1,3)\rangle, \langle(1,2)\rangle, \langle(1,0)\rangle\}。$$
容易看出在集合 $\mathcal{M}(G)$ 上, 存在三个两两不同的等价 $\equiv$-类, 即
$$\widehat{\langle(0,1)\rangle} = \{\langle(0,1)\rangle, \langle(2,1)\rangle\}, \widehat{\langle(1,1)\rangle} = \{\langle(1,1)\rangle, \langle(1,3)\rangle\},$$
$$\widehat{\langle(1,0)\rangle} = \{\langle(1,0)\rangle, \langle(1,2)\rangle\}。$$
因此, 根据引理 2.3.1, $\mathcal{P}_I^*(G)$ 有三个连通分支。特别地, $\mathcal{P}_I^*(G)$ 的每一个连通分支均同构于 K_5。

(ii) 令 $G = \mathbb{Z}_2 \times \mathbb{Z}_6$, 则 $\mathcal{M}(G) = \{\langle(1,1)\rangle, \langle(1,2)\rangle, \langle(0,1)\rangle\}$。注意到每两个不同的极大循环子群都有非平凡的交 $\langle(0,3)\rangle$, 即唯一的三阶循环子群。因此, 对于任意的 $M_i, M_j \in \mathcal{M}(G)$, 都有 $M_i \equiv M_j$。因此, 推论 2.3.1 意味着 $\mathcal{P}_I^*(G)$ 是连通的。

取 $S \subseteq G$, 集合 S 中所有元素的阶构成的集合被记作 $\pi_e(S)$。令
$$\pi(S) = \{p \in \pi_e(S) : p \text{ 为素数}\},$$
即 $\pi(S)$ 是 S 中所有素数阶的元素所对应的阶的集合。现设 $\pi(S) = \{p_1, p_2, \cdots, p_d\}$, 对于任一 $p_i \in \pi(S)$, 如果 S 中包含一个唯一的阶为 p_i 的子群, 则 S 被称为完美可控的。特别地, 如果对任一 $p \in \pi(G)$, G 有一个唯一的 p 阶子群, 则 G 被称为一个完美可控群。例如, 每一个循环群都是完美可控群。此外, 如果 G 是 $\mathbb{Z}_5$ 和 $\mathbb{Z}_8$ 的半直积 (通过平方映射), 即
$$G = \langle a, b : a^5 = b^8 = e, bab^{-1} = a^2\rangle,$$
则 G 是完美可控群。如果 G 是 $\mathbb{Z}_5$ 和 $\mathbb{Z}_{16}$ 的半直积 (通过逆映射), 即
$$G = \langle a, b : a^5 = b^{16} = e, bab^{-1} = a^{-1}\rangle,$$
则 G 是完美可控群。注意在 G 中, 如果 S 是完美可控的, 则在 S 中存在一个元素具有阶 $\prod_{i=1}^d p_i$。特别地, 如果 G 是完美可控的, 则 G 有一个元素 x 使得
$$o(x) = \prod_{p \in \pi(G)} p。$$

参考式 (2.3.2)，我们下面讨论 $\mathcal{P}_I^*(G)$ 的任意一个连通分支 $\mathcal{P}_I^*(G)_{[\widetilde{M_{l_i}}]}$ 的完备码，其中 $1 \leqslant i \leqslant k$。不失一般性，令

$$\widetilde{M_{l_i}} = \{M_1, M_2, \cdots, M_s\} \subseteq \mathcal{M}(G)。 \tag{2.3.3}$$

引理 2.3.2 $\mathcal{P}_I^*(G)_{[\widetilde{M_{l_i}}]}$ 拥有一个完备码当且仅当 $\widetilde{M_{l_i}}$ 是完美可控的。

证明 令 $\pi(\widetilde{M_{l_i}}) = \{p_1, p_2, \cdots, p_d\}$，我们首先证明充分性。假设 $\widetilde{M_{l_i}}$ 是完美可控的。因此，$\widetilde{M_{l_i}}$ 有一个阶为 $\prod_{i=1}^{d} p_i$ 的元素，设为 x。现在取任意的元素 $y \in \widetilde{M_{l_i}}$，使得 $y \neq x$。于是 $\langle y \rangle$ 有一个素数阶的子群，设为 $\langle y_0 \rangle$。注意 $o(y_0) \in \pi(\widetilde{M_{l_i}})$。于是可知 $\langle x \rangle$ 有一个阶为 $o(y_0)$ 的循环子群。因为 $\widetilde{M_{l_i}}$ 有一个阶为 $o(y_0)$ 的唯一的子群，我们有 $\langle y_0 \rangle \subseteq \langle y \rangle \cap \langle x \rangle$，这意味着在 $\mathcal{P}_I^*(G)_{[\widetilde{M_{l_i}}]}$ 中，x 和 y 是相邻的。于是，$\{x\}$ 是 $\mathcal{P}_I^*(G)_{[\widetilde{M_{l_i}}]}$ 的一个完备码，正是所需要的。

我们接下来证明必要性。假设 $\mathcal{P}_I^*(G)_{[\widetilde{M_{l_i}}]}$ 具有一个完备码，设为 C。参考式 (2.3.3)，如果 $s=1$，则 $\widetilde{M_{l_i}} = M_1 \setminus \{e\}$，因此显然有 $\widetilde{M_{l_i}}$ 是完美可控的。下面，令 $s \geqslant 2$。根据等价关系 "$\equiv$" 的定义可知，在 $\widetilde{M_{l_i}}$ 中存在两个极大循环子群，设为 $\langle a \rangle$ 和 $\langle b \rangle$，使得 $\langle a \rangle \cap \langle b \rangle \neq \{e\}$。现在观察 2.0.1 蕴涵 $o(a)$ 和 $o(b)$ 都是非素数。注意到 C 是一个独立集。于是在 a 和 a^{-1} 中至少有一个不属于 C。类似地，对于 b 和 b^{-1}，这个结论也是成立的。不失一般性，令 $a, b \notin C$。

因为 C 是一个完美码，我们可以假设存在一个元素 $x \in C$ 使得 a 和 x 是相邻的。假设存在一个元素 $a_0 \in \langle a \rangle$ 使得 $a_0 \neq x$ 且 $o(a_0)$ 是一个素数。注意 $\langle a_0 \rangle \subset \langle a \rangle$。于是 $a_0 \notin C$，因为 a 跟 a_0 相邻。于是，在 C 中，存在一个元素 (设为 x_0) 使得 $\{a_0, x_0\} \in E(\mathcal{P}_I^*(G)_{[\widetilde{M_{l_i}}]})$。也就是 $\langle a_0 \rangle \subseteq \langle x_0 \rangle$，这意味着 $\{a, x_0\} \in E(\mathcal{P}_I^*(G)_{[\widetilde{M_{l_i}}]})$。因为 a 跟 x 相邻，所以必须有 $x = x_0$。于是我们可知 $\langle a_0 \rangle \subseteq \langle x \rangle$。另外，如果不存在 $a_0 \in \langle a \rangle$ 使得 $a_0 \neq x$ 且 $o(a_0)$ 是一个素数，则 $o(a)$ 是 2 的方幂，且 x 是 $\langle a \rangle$ 的唯一对合。因此，我们可知 $\langle a \rangle$ 的每一个素数阶子群均包含于 $\langle x \rangle$。特别地，我们有

$$\pi(\langle a \rangle) \subseteq \pi(\langle x \rangle), \quad \langle a \rangle \setminus \{e, x\} \subseteq N(x)。 \tag{2.3.4}$$

类似地，考虑极大循环子群 $\langle b \rangle$，我们可知存在 $y \in C$ 使得

$$\pi(\langle b \rangle) \subseteq \pi(\langle y \rangle), \quad \langle b \rangle \setminus \{e, y\} \subseteq N(y)。 \tag{2.3.5}$$

下面我们证明 $x = y$。通过反证法，假设 $x \neq y$。选择 $w \in \langle a \rangle \cap \langle b \rangle$ 使得 $o(w)$ 是一个素数。如果 $w \notin \{x, y\}$，则式 (2.3.4) 和式 (2.3.5) 蕴涵 $w \in N(x) \cap N(y)$，根据完备码的定义，这是不可能的。于是 $w \in \{x, y\}$，不失一般性，设 $w = x$。因此，x 和 y 是相邻的，矛盾。于是我们有 $x = y$。因此，从式 (2.3.4) 和式 (2.3.5)，我们可知

$$(\pi(\langle a \rangle) \cup \pi(\langle b \rangle)) \subseteq \pi(\langle x \rangle), \quad (\langle a \rangle \cup \langle b \rangle) \setminus \{e, x\} \subseteq N(x). \tag{2.3.6}$$

特别地，$\langle a \rangle \cup \langle b \rangle$ 中的每一个素数阶子群均包含于 $\langle x \rangle$。现在，如果 $s = 2$，则 $x \in \widetilde{M_{l_i}}$，于是 $\widetilde{M_{l_i}}$ 是完美可控的，正是需要的。如果 $s \geqslant 3$，则一定存在 $\langle c \rangle \in \widetilde{M_{l_i}}$ 使得 $\langle a \rangle \cap \langle c \rangle \neq \{e\}$ 或 $\langle b \rangle \cap \langle c \rangle \neq \{e\}$。不失一般性，设 $\langle b \rangle \cap \langle c \rangle \neq \{e\}$。注意 x 是 C 中唯一使得 $\langle b \rangle \setminus \{e, x\} \subseteq N(x)$ 的顶点。下面我们考虑 $\langle b \rangle$ 和 $\langle c \rangle$。类似于考虑 $\langle a \rangle$ 和 $\langle b \rangle$ 的情况，可知

$$\pi(\langle c \rangle) \subseteq \pi(\langle x \rangle), \quad \langle c \rangle \setminus \{e, x\} \subseteq N(x).$$

于是，通过对 s 进行数学归纳，可知存在 $x \in \widetilde{M_{l_i}}$ 使得

$$\bigcup_{i=1}^{s}(\pi(M_i)) \subseteq \pi(\langle x \rangle), \quad \widetilde{M_{l_i}} \setminus \{x\} \subseteq N(x).$$

因此，我们有 $\widetilde{M_{l_i}}$ 是完美可控的。 □

根据引理 2.3.2 的证明，下面的结论成立。

推论 2.3.2 设 $\pi(\widetilde{M_{l_i}}) = \{p_1, p_2, \cdots, p_d\}$，如果 $\mathcal{P}_I^*(G)_{[\widetilde{M_{l_i}}]}$ 有一个完备码 C，则 $C = \{x\}$，其中 $\prod_{i=1}^{d} p_i \mid o(x)$。

下面我们可以得到本节的主要结论，该结论给出了图 $\mathcal{P}_I^*(G)$ 具有完备码的充分必要条件。

定理 2.3.1 参考式 (2.3.2)，$\mathcal{P}_I^*(G)$ 具有完备码的充分必要条件是对于任一 $1 \leqslant i \leqslant k$，$\widetilde{M_{l_i}}$ 都是完美可控的。

证明 根据引理 2.3.1 和引理 2.3.2，需要的结论得证。 □

下面的结果是定理 2.3.1 的直接推论。

推论 2.3.3　$\mathcal{P}_I^*(G)$ 有大小为 1 的完备码的充分必要条件是 G 是完美可控群。

下面的结论给出了 $\mathcal{P}_I^*(G)$ 没有完备码的充分条件。

推论 2.3.4　如果存在不同的 $M_1, M_2 \in \mathcal{M}(G)$ 使得 $M_1 \cap M_2 \neq \{e\}$ 且 $M_1 \cup M_2$ 有两个不同的阶为 p 的循环子群, 其中 p 是一个素数, 则 $\mathcal{P}_I^*(G)$ 没有完备码。

证明　反证, 假设 $\mathcal{P}_I^*(G)$ 有完备码。由 $M_1 \cap M_2 \neq \{e\}$, 可知 $M_1 \equiv M_2$, 于是 $M_2 \in \widehat{M_1}$。现在定理 2.3.1 蕴涵 $\widetilde{M_1} \cup \{e\}$ 是完美可控的。因此, $\widetilde{M_1} \cup \{e\}$ 有一个唯一的 q 阶子群, 其中 $q \in \pi(\widetilde{M_1})$。然而, $p \in \pi(\widetilde{M_1})$ 且 $(M_1 \cup M_2) \subseteq \widetilde{M_1} \cup \{e\}$ 有两个不同的 p 阶子群, 矛盾。　□

最后我们用下面的例子说明推论 2.3.4 的应用。

例 2.3.2　令 $G = \mathbb{Z}_2^m \times \mathbb{Z}_{2d}$, 其中 m 是一个正整数且 d 是一个大于或等于 3 的奇数。于是 G 拥有两个阶为 $2d$ 的不同极大循环子群, 设为 M_1 和 M_2。由 G 有一个唯一的循环子群 $\langle x \rangle$ 具有阶 d, 可知 $M_1 \cap M_2 = \langle x \rangle$。于是 $M_1 \cup M_2$ 有两个不同的对合。因此, 根据推论 2.3.4, 可知 $\mathcal{P}_I^*(G)$ 没有完备码。

2.3.1　幂零群

本小节将分类拥有完备码的真交幂图所对应的所有有限幂零群 (见定理 2.3.2)。

命题 2.3.1　设 G 是一个 CP-群, 则 $\mathcal{P}_I^*(G)$ 有完备码。此外, 如果

$$\{\langle g_1 \rangle, \langle g_2 \rangle, \cdots, \langle g_t \rangle\}$$

是 G 的所有素数阶子群组成的集合, 则 $\mathcal{P}_I^*(G)$ 的每一个完备码都具有下面的形式:

$$\{x_1, x_2, \cdots, x_t\},$$

其中对于所有的 $1 \leqslant i \leqslant t$, 有 $\langle g_i \rangle \subseteq \langle x_i \rangle$。

证明　注意到 $\{\langle g_1 \rangle, \langle g_2 \rangle, \cdots, \langle g_t \rangle\}$ 是 G 的所有素数阶子群组成的集合。对任一 $M \in \mathcal{M}(G)$, 则 $\widehat{M}$ 一定由若干个循环的 p-子群组成, 其中 p 是素数。因此,

对某个 $1 \leqslant i \leqslant t$,

$$\langle g_i \rangle \subseteq \bigcap_{M \in \widetilde{M}} M_\circ$$

于是 $\widetilde{M}$ 是完美可控的,且 $\mathcal{P}_I^*(G)$ 的由 $\widetilde{M}$ 所诱导的诱导子图是完全的。此外,注意 $\mathcal{P}_I^*(G)$ 恰好有 t 个连通分支。因此根据推论 2.3.2 和定理 2.3.1,需要的结论可得。 □

命题 2.3.1 的一个直接推论如下。

推论 2.3.5 (i) 令 G 是一个 p-群,其中 p 是一个素数,且令 $\{\langle a_1 \rangle, \langle a_2 \rangle, \cdots, \langle a_t \rangle\}$ 是 G 的所有 p 阶子群组成的集合,则 $\mathcal{P}_I^*(G)$ 的每一个完备码都具有以下形式:

$$\{x_1, x_2, \cdots, x_t\},$$

其中对于所有 $1 \leqslant i \leqslant t$,有 $\langle a_i \rangle \subseteq \langle x_i \rangle$。

(ii) 令 G 是一个 P-群且令 $\{\langle b_1 \rangle, \langle b_2 \rangle, \cdots, \langle b_k \rangle\}$ 是 G 的所有素数阶子群组成的集合,则 $\mathcal{P}_I^*(G)$ 的每一个完备码都具有以下形式:

$$\{y_1, y_2, \cdots, y_k\},$$

其中对于所有 $1 \leqslant i \leqslant k$,有 $y_i \in \langle b_i \rangle \setminus \{e\}$。

显然,如果 G 同构于循环群或者 $Q_{4 \cdot 2^n} \times \langle g \rangle$,其中 $n \geqslant 1$ 且 $o(g)$ 是奇数,则 G 是完美可控群。因此,推论 2.3.3 蕴涵下面的结果。

命题 2.3.2 如果 G 同构于循环群或者 $Q_{4 \cdot 2^n} \times \langle g \rangle$,其中 $n \geqslant 1$ 且 $o(g)$ 是奇数,则 $\mathcal{P}_I^*(G)$ 拥有一个大小为 1 的完备码。

众所周知,一个有限群是幂零群的等价条件是这个群可以写成它的 Sylow 子群的直积。特别地,在幂零群中,两个不同素数阶的元素可以交换。最后,我们分类具有完备码的所有真交幂图所对应的有限幂零群。

定理 2.3.2 设 G 是幂零群,则 $\mathcal{P}_I^*(G)$ 具有完备码的充分必要条件是下面的其中一种情况发生:

(a) G 是一个 p-群,其中 p 是素数;

(b) G 是循环的;

(c) $G \cong Q_{4 \cdot 2^n} \times \langle g \rangle$,其中 $n \geqslant 1$ 且 $o(g)$ 是奇数。

证明 根据推论 2.3.5 和命题 2.3.2, 充分性得证。下面我们证明必要性, 假设 $\mathcal{P}_I^*(G)$ 具有完备码。下面我们可以假设 G 不是 p-群且不是循环的。只需要证明 G 同构于 $Q_{4\cdot 2^n} \times \langle g \rangle$, 其中 $n \geqslant 1$ 且 $o(g)$ 是奇数。

我们先声明, 对于任一 $p \in \pi(G)$, G 有一个唯一的 p 阶子群。反证, 假设 G 有两个不同的 p 阶子群, 不妨设为 $\langle x_1 \rangle$ 和 $\langle x_2 \rangle$。取 $q \in \pi(G)$ 使得 $q \neq p$, 且令 $\langle y \rangle$ 是一个 G 的 q 阶子群。由 G 是幂零的, 可知 $\langle x_1 y \rangle$ 和 $\langle x_2 y \rangle$ 是两个阶为 pq 的不同循环子群。显然, $\langle y \rangle \subseteq \langle x_1 y \rangle \cap \langle x_2 y \rangle$。现在令 $M_1, M_2 \in \mathcal{M}(G)$ 使得 $\langle x_1 y \rangle \subseteq M_1$ 且 $\langle x_2 y \rangle \subseteq M_2$。于是 $M_1 \neq M_2$ 且 $M_1 \cap M_2 \neq \{e\}$。注意 $\langle x_1 \rangle \subseteq M_1 \subseteq \widetilde{M_1} \cup \{e\}$ 且 $\langle x_2 \rangle \subseteq M_2 \subseteq \widetilde{M_1} \cup \{e\}$。因此, 推论 2.3.4 蕴涵 $\mathcal{P}_I^*(G)$ 没有完备码, 这与我们的假设相矛盾。因此, 我们的声明是成立的, 即对任一 $p \in \pi(G)$, G 有一个唯一的 p 阶子群。

现在假设 $2 \notin \pi(G)$, 则根据引理 2.1.1, 易知 G 是循环的, 这是不可能的。因此, 必须有 $2 \in \pi(G)$。令 P 是 G 的一个 Sylow 2-子群, 则引理 2.1.1 蕴涵要么 P 是循环群, 要么 P 是广义四元数群 $Q_{4\cdot 2^n}$, 其中 $n \geqslant 1$ 是正整数。因为 G 不是 2-群, 所以 $G \cong Q_{4\cdot 2^n} \times \langle g \rangle$, 其中 g 是奇数阶的。 $\square$

2.3.2 非幂零群

在本小节, 我们分类几类有限非幂零群, 使得它们的真交幂图拥有完备码。具体来说, 我们考虑了二面体群 (命题 2.3.3)、广义四元素群 (命题 2.3.4)、对称群 (命题 2.3.5) 和交错群 (命题 2.3.6)。

注意对于 $n \geqslant 3$, 二面体群 D_{2n} 是非交换的, 且

$$D_{2n} = \langle a \rangle \cup \{ab, a^2 b, \cdots, a^{n-1}b, b\}, \tag{2.3.7}$$

其中对任一 $0 \leqslant i \leqslant n-1$, $a^i b$ 是对合。标注

$$\mathcal{M}(D_{2n}) = \{\langle a \rangle, \langle ab \rangle, \langle a^2 b \rangle, \cdots, \langle b \rangle\}。\tag{2.3.8}$$

回忆一下, 二面体群是幂零的当且仅当二面体群是 2-群。根据式 (2.3.7)、式 (2.3.8) 和引理 2.3.1, 可知 $\mathcal{P}_I^*(D_{2n})$ 有 $n+1$ 个连通分支。此外, 对于任一 $M \in \mathcal{M}(D_{2n})$, 我们有 $\widehat{M} = \{M\}$ 是 $\mathcal{P}_I^*(D_{2n})$ 的一个连通分支, 因此 $\widetilde{M} \cup \{e\}$ 是完美可控的。现在从推论 2.3.2 和定理 2.3.1 可知, 我们有下面的结论。

命题 2.3.3 设 D_{2n} 是正如式 (2.1.2) 表示的二面体群,则 $\mathcal{P}_I^*(D_{2n})$ 存在完备码。特别地,$\mathcal{P}_I^*(D_{2n})$ 的每一个完备码都有下面的形式:

$$\{x, ab, a^2b, \cdots, a^{n-1}b, b\},$$

其中 $x \in \langle a \rangle$ 满足 $\pi(\langle x \rangle) = \pi(\langle a \rangle)$。

注意对于 $n \geqslant 2$,广义四元数群 Q_{4m} 是非交换的,且 Q_{4m} 是幂零的当且仅当 m 是 2 的方幂。此外,容易得到 Q_{4m} 有一个唯一的对合 $x^m = y^2$。标注

$$Q_{4m} = \langle x \rangle \cup \{x^i y : 1 \leqslant i \leqslant 2m\}, \quad o(x^i y) = 4 \text{ 对任一 } 1 \leqslant i \leqslant 2m, \quad (2.3.9)$$

且

$$\mathcal{M}(Q_{4m}) = \{\langle x \rangle, \langle xy \rangle, \langle x^2 y \rangle, \cdots, \langle x^m y \rangle\}, \quad x^m \in \bigcap_{M \in \mathcal{M}(Q_{4m})} M。 \quad (2.3.10)$$

通过式 (2.3.9) 和式 (2.3.10),容易看出 Q_{4m} 是完美可控的。因此,命题 2.3.3 蕴涵下面的结论。

命题 2.3.4 设 Q_{4m} 是正如式 (2.1.3) 表示的广义四元数群,则 $\mathcal{P}_I^*(Q_{4m})$ 有完备码且每一个完备码的形式均为 $\{a\}$,其中 $a \in \langle x \rangle$ 满足 $\pi(\langle a \rangle) = \pi(\langle x \rangle)$。

用 S_n 表示 n 次对称群,即 S_n 是 n 元集合上所有置换构成的集合。S_n 是非幂零的当且仅当 $n \geqslant 3$。

命题 2.3.5 $\mathcal{P}_I^*(S_n)$ 存在完备码当且仅当 $n \leqslant 5$。

证明 我们首先声明,如果 $n \geqslant 6$,则 $\mathcal{P}_I^*(S_n)$ 没有完备码。现在假设 $n \geqslant 6$,则 $\langle (12)(345) \rangle$ 和 $\langle (12)(346) \rangle$ 是阶为 6 的两个不同的循环子群。令 $M_1, M_2 \in \mathcal{M}(S_n)$ 使得 $\langle (12)(345) \rangle \subseteq M_1$ 且 $\langle (12)(346) \rangle \subseteq M_2$。于是 $\langle (12) \rangle \subseteq M_1 \cap M_2$ 且 $M_1 \cup M_2$ 包含两个阶为 3 的不同子群,即 $\langle (346) \rangle$ 和 $\langle (345) \rangle$。现在推论 2.3.4 蕴涵 $\mathcal{P}_I^*(S_n)$ 不存在完备码。因此,上面的声明是成立的。

现在我们考虑 $n \leqslant 5$。显然,如果 $n \leqslant 4$,则根据命题 2.3.1,S_n 是一个 CP-群,于是 $\mathcal{P}_I^*(S_n)$ 存在完备码。因此,只需要证明 $\mathcal{P}_I^*(S_5)$ 存在完备码。观察得知,S_5 的任意极大循环子群有阶 4、5 或 6,且 S_5 的每两个不同的极大循环子群有平凡交。于是,对任一 $M \in \mathcal{M}(S_5)$,我们有 $\widehat{M} = \{M\}$。因此,$\widetilde{M} \cup \{e\}$ 是完美可控的。现在定理 2.3.1 蕴涵 $\mathcal{P}_I^*(S_5)$ 有完备码。 □

度为 n 的交错群被记作 A_n, 是 n 元集合上所有偶置换构成的集合。众所周知, A_n 是单群, 如果 $n \geqslant 5$。注意对任一 $n \geqslant 4$, A_n 都是非幂零的。

命题 2.3.6 $\mathcal{P}_I^*(A_n)$ 存在完备码当且仅当 $n \leqslant 6$。

证明 对任意 $n \leqslant 6$, 容易验证 A_n 是一个 CP-群。因此, 命题 2.3.1 蕴涵对任一 $n \leqslant 6$, $\mathcal{P}_I^*(A_n)$ 存在完备码。现在令 $n \geqslant 7$, 只需要证明 $\mathcal{P}_I^*(A_n)$ 不存在完备码即可。假设 $M_1, M_2 \in \mathcal{M}(G)$ 使得 $\langle(123)(45)(67)\rangle \subseteq M_1$ 且 $\langle(123)(46)(57)\rangle \subseteq M_2$。于是 $\langle(123)\rangle \subseteq M_1 \cap M_2$, 且 $M_1 \cup M_2$ 有两个阶为 2 的不同的循环子群, 即 $\langle(45)(67)\rangle$ 和 $\langle(46)(57)\rangle$。因此, 根据推论 2.3.4, 我们可知 $\mathcal{P}_I^*(S_n)$ 没有完备码。 $\square$

2.4 交幂图与幂图的关系

下面的结果可以根据交幂图与幂图的定义直接得到。

观察 2.4.1 给定群 G, G 的交幂图等于它的幂图当且仅当 G 满足如下性质: 对任意的 $x, y \in G$, 条件 $\langle x \rangle \cap \langle y \rangle \neq \{e\}$ 必定蕴涵 $\langle x \rangle \subseteq \langle y \rangle$ 或者 $\langle y \rangle \subseteq \langle x \rangle$。

例 2.4.1 如果 G 是一个 P-群, 则 G 的交幂图和幂图相等。

观察 2.4.1 蕴涵下面的推论, 该推论给出了 $\mathcal{P}_I(G) = \mathcal{P}(G)$ 的一个必要条件。

推论 2.4.1 如果 $\mathcal{P}_I(G) = \mathcal{P}(G)$, 则 G 的任意两个不同的极大循环子群都具有平凡交。

我们标注推论 2.4.1 的逆命题是假命题。事实上, 根据式 (2.1.5), 容易看出 D_{24} 和 D_{60} 是两个反例。

引理 2.4.1 假设 G 是满足 $\mathcal{P}_I(G) = \mathcal{P}(G)$ 的群, 则

(i) G 没有子群 $\mathbb{Z}_p \times \mathbb{Z}_{pq}$, 其中 p 和 q 是素数;

(ii) G 没有阶为 $p^2 q$ 的元素, 其中 p 和 q 是不同的素数;

(iii) G 没有阶为 pqr 的元素, 其中 p, q 和 r 是两两不同的素数;

(iv) G 没有同构于广义四元数群的子群。

证明 (i) 反证, 假设 $\mathbb{Z}_p \times \mathbb{Z}_{pq}$ 是 G 的一个子群, 其中 p 和 q 是素数。于是

$(0,p) \in \langle(1,1)\rangle \cap \langle(0,1)\rangle$。然而，$o((1,1)) = o((0,1)) = pq$，$\langle(1,1)\rangle \not\subseteq \langle(0,1)\rangle$ 且 $\langle(0,1)\rangle \not\subseteq \langle(1,1)\rangle$，这与观察 2.4.1 相矛盾。

(ii) 反证，假设 G 有阶为 p^2q 的元素 x，其中 p 和 q 是不同的素数。于是在 $\langle x \rangle$ 中，我们有 $x^{pq} \in \langle x^p \rangle \cap \langle x^q \rangle$。因为 $o(x^p) = pq$ 和 $o(x^q) = p^2$，所以 $\langle x^p \rangle \not\subseteq \langle x^q \rangle$ 且 $\langle x^q \rangle \not\subseteq \langle x^p \rangle$，这与观察 2.4.1 相矛盾。

(iii) 反证，假设 G 有一个阶为 pqr 的元素 x，其中 p, q 和 r 是两两不同的素数，则我们可知 $x^{pq} \in \langle x^p \rangle \cap \langle x^q \rangle$。注意到 $o(x^p) = qr$ 且 $o(x^q) = pr$。我们有 $\langle x^p \rangle \not\subseteq \langle x^q \rangle$ 且 $\langle x^q \rangle \not\subseteq \langle x^p \rangle$，这与观察 2.4.1 相矛盾。

(iv) 反证，假设 G 有一个子群 H 同构于一个广义四元数群。根据式 (2.1.7) 和式 (2.1.8)，在 H 中，存在两个不同的阶为 4 的循环子群使得它们的交具有大小 2，这与观察 2.4.1 相矛盾。 □

在本节，我们用 Φ 表示满足下面两个条件的所有有限群 G 组成的集合：

(i) G 是一个非循环的 p-群，其中 p 是素数；

(ii) G 有一个极大循环子群 $\langle x \rangle$，且每一个在集合 $G \setminus \langle x \rangle$ 中的元素的阶都是 p。

换句话说，如果 G 有一个阶至少为 p^2 的极大循环子群，则 G 恰好有一个阶至少为 p^2 的极大循环子群。

注 2.4.1 若 G 是下面的某个群，则 $G \in \Phi$：

(i) 初等交换 p-群 $\mathbb{Z}_p^m$，其中 p 是素数且 m 是正整数；

(ii) 对任一奇素数 q，$\mathrm{UT}(3,q)$ 表示定义在素域 $\mathbb{F}_q$ 上的度为 3 的单位上三角矩阵群，具体来说，

$$\mathrm{UT}(3,p) = \left\{ \begin{pmatrix} 0 & a_{12} & a_{13} \\ 0 & 1 & a_{23} \\ 0 & 0 & 1 \end{pmatrix} : a_{12}, a_{13}, a_{23} \in \mathbb{F}_q \right\}$$

且它的运算是矩阵的普通乘法，事实上，$\mathrm{UT}(3,q)$ 是阶为 q^3、指数为 q 的唯一的非交换群；

(iii) 二面体群 $D_{2 \cdot 2^m}$，其中 $m \geq 2$ 是某个正整数。

引理 2.4.2　([9, 定理 2.12]) $\mathcal{P}(G)$ 是完全图当且仅当 G 是素数幂阶的循环群。

2.4 交幂图与幂图的关系

在下面的定理中,我们将刻画交幂图等于幂图的所有幂零群。

定理 2.4.1 令 G 是幂零群,则 $\mathcal{P}_I(G) = \mathcal{P}(G)$ 当且仅当 G 是下面的某个群:

(i) G 是循环 p-群;

(ii) G 是阶为 pq 的循环群,其中 p 和 q 是两个不同的素数;

(iii) $G \in \Phi$。

证明 我们首先证明充分性。如果 G 是循环 p-群,则根据推论 2.1.1 和引理 2.4.2,我们可知 $\mathcal{P}_I(G) = \mathcal{P}(G)$,正如期望的那样。如果 G 是 (ii) 和 (iii) 中的某个群,则根据观察 2.4.1,易知 $\mathcal{P}_I(G) = \mathcal{P}(G)$。

接下来我们证明必要性。假设 $\mathcal{P}_I(G) = \mathcal{P}(G)$。首先假设 G 不是一个 p-群。注意有限幂零群是它的 Sylow 子群的直积。根据引理 2.4.1 (iii),我们可知 $|G|$ 恰好有两个不同的素因子,设为 p 和 q 且满足 $p<q$。现在令 $\langle x \rangle$ 和 $\langle y \rangle$ 是阶分别为 p 和 q 的两个循环子群。如果 G 有一个阶为 q 的循环子群 $\langle z \rangle$ 满足 $\langle z \rangle \neq \langle y \rangle$,则 $\langle xy \rangle \cap \langle xz \rangle = \langle x \rangle$ 且 $o(xy) = o(xz) = pq$,这与观察 2.4.1 相矛盾。因此,我们可得 G 有唯一一个阶为 q 的循环子群 $\langle y \rangle$。类似地,我们可知 G 有唯一一个阶为 p 的循环子群 $\langle x \rangle$。如果 $p>2$,则根据引理 2.1.1,G 的每一个 Sylow 子群都是循环的,因此由引理 2.4.1 (ii),可知 G 是一个阶为 pq 的循环群,正是期望的那样。类似地,如果 $p=2$,由引理 2.1.1、引理 2.4.1 (ii) 和引理 2.4.1 (iv) 可知 G 是阶为 pq 的循环群。

现在假设 G 是一个 p-群。假设 G 不是循环群,只需要证明 $G \in \Phi$ 即可。因为一个 p-群的中心是非平凡的,我们可以假设 $\langle a \rangle$ 是阶为 p 的循环群且包含于 G 的中心。如果 G 是指数为 p 的群,即 G 的每一个元素的阶为 p,则显然 G 满足情况 (iii)。因此,我们可以取一个阶至少为 p^2 的极大循环子群 $\langle b \rangle$。反证,假设 $a \notin \langle b \rangle$,则 $\langle a \rangle \langle b \rangle = \langle a, b \rangle$ 是 G 的一个交换子群。于是 $\langle b \rangle$ 在 $\langle a \rangle \langle b \rangle$ 中是正规的。因为 $\langle a \rangle$ 在 $\langle a \rangle \langle b \rangle$ 中是正规的且 $\langle a \rangle \cap \langle b \rangle = \{e\}$,所以我们有

$$\langle a \rangle \langle b \rangle = \langle a \rangle \times \langle b \rangle \cong \mathbb{Z}_p \times \mathbb{Z}_{p^m},$$

其中对某个 $m \geq 2$,$|\langle b \rangle| = p^m$。于是 G 存在一个同构于 $\mathbb{Z}_p \times \mathbb{Z}_{p^2}$ 的子群,这与引理 2.4.1 (i) 相矛盾。因此,我们可得 $a \in \langle b \rangle$。

现在根据反证法, 假设 G 有一个阶至少为 p^2 的极大循环子群 $\langle c \rangle$ 满足 $\langle c \rangle \neq \langle b \rangle$。类似地, 我们可知 $a \in \langle c \rangle$。从观察 2.4.1, 我们可知 $\langle c \rangle \subseteq \langle b \rangle$ 和 $\langle b \rangle \subseteq \langle c \rangle$ 中的一种情况必定发生。因此, 根据 $\langle b \rangle$ 和 $\langle c \rangle$ 都是极大循环的, 我们可知 $\langle c \rangle = \langle b \rangle$, 这是一个矛盾。因此, $G \in \Phi$。 □

鉴于引理 2.4.1, 把定理 2.4.1 应用到交换群, 我们有下面的结论。

推论 2.4.2 设 G 是交换群, 则 $\mathcal{P}_I(G) = \mathcal{P}(G)$ 当且仅当 G 同构于

$$\mathbb{Z}_{p^m}, \quad \mathbb{Z}_p^m, \quad \mathbb{Z}_{pq},$$

其中 p, q 是不同的素数且 m 是正整数。

现在根据式 (2.1.4)~式 (2.1.8), 下面的结论成立。

推论 2.4.3 下面的结论成立:

(i) 令 $n \geqslant 3$, 则 $\mathcal{P}_I(D_{2n}) = \mathcal{P}(D_{2n})$ 当且仅当 n 要么是一个素数幂, 要么是两个不同素数的乘积;

(ii) 令 $m \geqslant 2$, 则 $\mathcal{P}_I(Q_{4m}) \neq \mathcal{P}(Q_{4m})$。

2.5 交幂图与增大幂图的关系

若一个有限群的每一个元素的阶都是素数幂, 则该有限群被称为一个 CP-群。例如, 对于任意素数 p, 任意一个 p-群都是 CP-群。

定理 2.5.1 对于有限群 G, 下面的条件是等价的:

(a) $\mathcal{P}_I(G) = \mathcal{P}_E(G)$;

(b) 对任意两个 $x, y \in G \setminus \{e\}$, $\langle x \rangle \cap \langle y \rangle \neq \{e\}$ 等价于 $\langle x, y \rangle$ 是循环的;

(c) $\mathcal{P}^*(G)$ 是若干个完全图的不交并, 即 $\mathcal{P}^*(G)$ 的每一个连通分支都是完全的;

(d) G 是一个 CP-群, 使得它的每两个不同的极大循环子群都有平凡交。

证明 根据交幂图和增大幂图的定义, 显然 (a) 和 (b) 是等价的。下面我们首先证明 (b) 蕴涵 (d)。假设 (b) 成立。通过反证法, 假设 G 有一个阶为 pq 的元

素 x, 其中 p 和 q 是不同的素数, 则 $o(x^p) = q$, $o(x^q) = p$ 且 $\langle x^p, x^q \rangle \subseteq \langle x \rangle$ 是循环的。因此, 根据 (b), 我们可知 $\langle x^p \rangle \cap \langle x^q \rangle \neq \{e\}$, 这是一个矛盾。于是, G 的每一个元素都具有素数幂阶, 因此 G 是一个 CP-群。接下来我们证明 G 的每两个不同的极大循环子群都有平凡交。否则, 假设 $\langle x_1 \rangle$ 和 $\langle x_2 \rangle$ 是 G 的两个不同的极大循环子群使得 $|\langle x_1 \rangle \cap \langle x_2 \rangle| > 1$。于是, $o(x_1)$ 和 $o(x_2)$ 都是同一个素数的幂, 该素数设为 p。于是从 (b) 可知 $\langle x_1, x_2 \rangle$ 是循环的。由 $\langle x_1 \rangle$ 和 $\langle x_2 \rangle$ 都是极大循环的, 我们可知 $\langle x_1, x_2 \rangle = \langle x_1 \rangle = \langle x_2 \rangle$, 这是一个矛盾。由于 $\langle x_1 \rangle \neq \langle x_2 \rangle$, 因此 (d) 成立。

现在我们证明 (d) 蕴涵 (c)。假设 (d) 成立, 且对某个正整数 t, 令

$$\mathcal{M}_G = \{P_1, P_2, \cdots, P_t\}。$$

注意对任一 $1 \leqslant i \leqslant t$, $|P_i|$ 是素数幂。根据引理 2.4.2, $\mathcal{P}^*(G)$ 的被 $P_i \setminus \{e\}$ 所诱导的子图 $\mathcal{P}^*(P_i)$ 是完全的。此外, 对所有满足 $1 \leqslant j \leqslant t$ 和 $j \neq i$ 的数, 由于 $|P_i \cap P_j| = 1$, 所以 $\mathcal{P}^*(G)$ 是完全图 $\mathcal{P}^*(P_1), \mathcal{P}^*(P_2), \cdots, \mathcal{P}^*(P_t)$ 的不交并, 这证明了 (c)。

最后, 我们证明 (c) 蕴涵 (b)。假设 (c) 成立, 取 $x, y \in G \setminus \{e\}$。首先假设 $\langle x, y \rangle = \langle z \rangle$, 下面我们证明 $\langle x \rangle \cap \langle y \rangle \neq \{e\}$。令 Γ 是 $\mathcal{P}^*(G)$ 的一个包含顶点 z 的连通分支。由于在图 $\mathcal{P}(G)$ 中, z 与 $\langle z \rangle$ 中的每个其他元素相邻, 于是 $x, y \in V(\Gamma)$。注意在图 $\mathcal{P}(G)$ 中, 阶为 q 的元素和阶为 r 的元素是非相邻的, 其中 $q \neq r$ 是素数。因为 Γ 是完全的, 所以 $o(z)$ 是某个素数的方幂, 该素数设为 p。这也意味着 $o(x)$ 和 $o(y)$ 都是 p 的方幂。因此, $\langle x \rangle \subseteq \langle y \rangle$ 或者 $\langle y \rangle \subseteq \langle x \rangle$, 即 $\langle x \rangle \cap \langle y \rangle \neq \{e\}$。

现在假设 $\langle x \rangle \cap \langle y \rangle \neq \{e\}$, 只需要证明 $\langle x, y \rangle$ 是循环群即可。对某个素数 p, 令 $w \in \langle x \rangle \cap \langle y \rangle$ 使得 $o(w) = p$。因此, 如果 $w \neq x$(或 $w \neq y$), 则在图 $\mathcal{P}(G)$ 中, w 与 x(或 y) 相邻。于是, x, y 均属于 $\mathcal{P}^*(G)$ 的某个连通分支, 不妨设该连通分支为 Δ。由 Δ 是完全的, 我们可知 $\langle x \rangle \subseteq \langle y \rangle$ 或 $\langle y \rangle \subseteq \langle x \rangle$, 因此 $\langle x, y \rangle = \langle x \rangle$ 或者 $\langle y \rangle$, 即 $\langle x, y \rangle$ 是循环的。 □

下面的结论刻画了群幂图等于增大幂图的有限群。

引理 2.5.1 ([40, 定理 28]) 对于有限群 G, $\mathcal{P}_E(G) = \mathcal{P}(G)$ 当且仅当 G 的每一个循环子群都有素数幂阶。

现在结合定理 2.4.1、定理 2.5.1 和引理 2.5.1, 我们可得下面的推论。

推论 2.5.1 对于某个幂零群 G, $\mathcal{P}_I(G) = \mathcal{P}_E(G)$ 当且仅当 G 要么是循环的 p-群, 要么 $G \in \Phi$。

注意到如果 G 是交换 p-群且指数至少为 p^2, 则 G 有一个子群同构于 $\mathbb{Z}_p \times \mathbb{Z}_{p^2}$, 因此 $G \notin \Phi$。于是 $G \in \Phi$ 是交换的 p-群当且仅当 G 有指数 p。现在根据推论 2.5.1 和式 (2.1.4)~式 (2.1.8), 下面的结论成立。

推论 2.5.2 下面的结论成立:
(i) 令 G 是交换群, 则 $\mathcal{P}_I(G) = \mathcal{P}_E(G)$ 当且仅当 G 要么是循环的 p-群, 要么是初等交换 p-群;
(ii) 令 $n \geqslant 3$, 则 $\mathcal{P}_I(D_{2n}) = \mathcal{P}_E(D_{2n})$ 当且仅当 n 是素数;
(iii) 令 $m \geqslant 2$, 则 $\mathcal{P}_I(Q_{4m}) \neq \mathcal{P}_E(Q_{4m})$。

2.6 交幂图与交换图的关系

注意群 G 的交换图 $\mathcal{C}(G)$ 是完全的当且仅当 G 是交换群。下面的观察可由交幂图和交换图的定义直接得到。

观察 2.6.1 对于给定的群 G, 它的交幂图等于其交换图的充分必要条件是 G 满足如下性质: 对任意 $x, y \in G \setminus \{e\}$, $\langle x \rangle \cap \langle y \rangle \neq \{e\}$ 等价于 $xy = yx$。

定理 2.6.1 对于给定的群 G, $\mathcal{P}_I(G) = \mathcal{C}(G)$ 当且仅当 G 满足下面的条件:
(i) G 是 CP-群;
(ii) G 没有同构于 $\mathbb{Z}_p \times \mathbb{Z}_p$ 的子群, 其中 p 是素数;
(iii) G 的每两个不同的极大循环子群都有平凡交。

证明 我们首先证明必要性。假设 $\mathcal{P}_I(G) = \mathcal{C}(G)$。如果 G 有阶为 pq 的元素 a, 其中 p, q 是不同的素数, 则 $a^p a^q = a^q a^p$ 且 $\langle a^p \rangle \cap \langle a^q \rangle = \{e\}$, 这与观察 2.6.1相矛盾。于是我们可知 G 是一个 CP-群, 因此 (i) 成立。现在根据反证法, 假设 $\mathbb{Z}_p \times \mathbb{Z}_p$ 是 G 的一个子群, 其中 p 是素数, 则在 $\mathbb{Z}_p \times \mathbb{Z}_p$ 中, G 至少有两个阶为 p 的不同的循环子群, 设为 $\langle x \rangle$ 和 $\langle y \rangle$。显然, $xy = yx$ 且 $\langle x \rangle \cap \langle y \rangle = \{e\}$, 这与观察 2.6.1相矛盾。于是可知 (ii) 成立。现在我们只需要证明 (iii) 成立即可。运用反证

法，假设 G 存在两个不同的极大循环子群，设为 $\langle x \rangle$ 和 $\langle y \rangle$，使得 $\langle x \rangle \cap \langle y \rangle \neq \{e\}$。由 G 是 CP-群，我们可知 $o(x)$ 和 $o(x)$ 都是某个素数的方幂，令该素数为 p。现在观察 2.6.1 蕴含 $xy = yx$，于是 $\langle x, y \rangle$ 是交换的，因此它是若干个循环群的直积，其中每一个循环群有阶 $p^m (m \geq 1)$。注意 G 没有子群同构于 $\mathbb{Z}_p \times \mathbb{Z}_p$。于是 $\langle x, y \rangle$ 是一个循环 p-群，因此，我们可知 $\langle x, y \rangle = \langle x \rangle = \langle y \rangle$，这是一个矛盾。于是 (iii) 成立。

我们接下来证明充分性。假设 G 满足条件 (i)、(ii)、(iii)，取 $x, y \in G \setminus \{e\}$ 使得 $\langle x \rangle \cap \langle y \rangle \neq \{e\}$。于是根据 (i)，我们可知 $o(x)$ 和 $o(y)$ 都是某一素数的方幂，设该素数为 p。此外，根据 (iii)，可知 $\langle x \rangle$ 和 $\langle x \rangle$ 都必须包含于 G 的同一个极大循环子群，这意味着 $xy = yx$。另外，对不同的 $a, b \in G \setminus \{e\}$，假设 $ab = ba$。鉴于观察 2.6.1，只需要证明 $\langle a \rangle \cap \langle b \rangle \neq \{e\}$ 即可。注意 $\langle x, y \rangle$ 是交换的。我们可知 $\langle x, y \rangle$ 是两个循环群的直积，设为 $\mathbb{Z}_m \times \mathbb{Z}_n$。考虑到条件 (ii)，我们可知 m 和 n 是互素的。再次利用条件 (i)，我们可知 $\langle x, y \rangle$ 是一个素数幂阶的循环群。不失一般性，假设 $o(x) \leq o(y)$，于是，我们有 $\langle x \rangle \cap \langle y \rangle = \langle x \rangle$。 $\square$

下面我们考虑幂零群。

推论 2.6.1 给定幂零群 G，$\mathcal{P}_I(G) = \mathcal{C}(G)$ 当且仅当 G 是循环 p-群。

证明 如果 G 是循环 p-群，则推论 2.1.1 蕴含 $\mathcal{P}_I(G)$ 是完全图，因此，$\mathcal{P}_I(G) = \mathcal{C}(G)$。反过来，现在假设 $\mathcal{P}_I(G) = \mathcal{C}(G)$。根据定理 2.6.1，$G$ 是一个 CP-群。于是，考虑到 G 是幂零群，可知对某个素数 p，G 是个 p-群。因为 p-群的中心是非平凡的，于是我们可以在 G 的中心里面选取一个阶为 p 的子群，设该子群为 $\langle x \rangle$。如果 G 有另外一个阶为 p 的子群 $\langle y \rangle$，则 $\langle x, y \rangle \cong \mathbb{Z}_p \times \mathbb{Z}_p$，这与定理 2.6.1 相矛盾。于是 G 有一个唯一的阶为 p 的子群。于是由引理 2.1.1 可知，G 要么是循环群，要么是广义四元素群。如果 G 是一个广义四元数群 2-群，则式 (2.1.8) 蕴含 G 存在两个不同的极大循环子群使得它们的交有大小 2，根据定理 2.6.1，这是不可能的。于是，我们可知 G 是循环 p-群。 $\square$

下面我们考虑二面体群和广义四元数群。

推论 2.6.2 对于二面体群和广义四元数群，下面的结论成立：

(i) 令 $n \geq 3$，则 $\mathcal{P}_I(D_{2n}) = \mathcal{C}(D_{2n})$ 当且仅当 n 是一个奇素数的方幂；

(ii) 令 $m \geq 2$，则 $\mathcal{P}_I(Q_{4m}) \neq \mathcal{C}(Q_{4m})$。

证明 首先证明 (i)。假设 $\mathcal{P}_I(D_{2n}) = \mathcal{C}(D_{2n})$，根据定理 2.6.1，可知 D_{2n}

是一个 CP-群, 于是 n 是一个素数幂。如果 n 是偶数, 则根据式 (2.1.6), 可知 $Z(D_{2n})$ 有一个对合, 这时因为 D_{2n} 恰好有 $n+1$ 个对合, 所以 D_{2n} 有一个同构于 $\mathbb{Z}_2 \times \mathbb{Z}_2$ 的子群, 这与定理 2.6.1相矛盾。于是 n 是一个奇素数的方幂, 正是期望的。另外, 根据式 (2.1.4) 和式 (2.1.5), 容易看到, 如果 n 是一个奇素数的方幂, 则 $\mathcal{P}_I(D_{2n}) = \mathcal{C}(D_{2n})$。

然后证明 (ii)。由定理 2.6.1、式 (2.1.7) 和式 (2.1.8), 可知该结论成立。 □

2.7 交幂图与阶超图的关系

在本节, 我们完整地分类交幂图等于阶超图时所对应的有限群。

引理 2.7.1 设 G 是一个满足 $\mathcal{P}_I(G) = \mathcal{S}(G)$ 的群, 则下面的结论成立:
(i) G 没有阶为 pqr 或者 p^2q 的元素, 其中 p, q, r 是两两不同的素数;
(ii) 如果 p 是一个整除 $|G|$ 的素数, 则 G 恰好有一个阶为 p 的子群。

证明 首先证明 (i)。根据反证法, 假设 G 有一个阶为 pqr 的元素 x, 其中 p, q, r 是两两不同的素数, 则在 $\mathcal{P}_I(G)$ 中, x^p 与 x^q 是相邻的, 由于 $x^{pq} \in \langle x^p \rangle \cap \langle x^q \rangle$。然而, 在 $\mathcal{S}(G)$ 中, 因为 $o(x^p) = qr$ 且 $o(x^q) = pr$, 于是 x^p 跟 x^q 是非相邻的, 这矛盾于 $\mathcal{P}_I(G) = \mathcal{S}(G)$。类似地, 我们也能得到 G 没有阶为 p^2q 的元素, 其中 p, q 是不同的素数。

然后证明 (ii)。反证, 假设 G 有两个阶为 p 的不同的子群, 设为 $\langle x \rangle$ 和 $\langle y \rangle$, 则在 $\mathcal{S}(G)$ 中, x 与 y 相邻。但是在 $\mathcal{P}_I(G)$ 中, x 与 y 却不相邻, 因为 $\langle x \rangle \cap \langle y \rangle = \{e\}$, 这是一个矛盾。 □

下面我们给出本节的主要定理, 该定理完整地分类了交幂图等于阶超图时所对应的有限群。

定理 2.7.1 对于给定的群 G, 它的交幂图等于它的阶超图当且仅当 G 同构于下面的一个群:
(a) $\mathbb{Z}_{pq}$, 其中 p 和 q 是不同的素数;
(b) $\mathbb{Z}_{p^n}$, 其中 p 是素数且 n 是正整数;
(c) $Q_{4 \cdot 2^k}$, 其中 k 是正整数。

证明 显然，对于不同的素数 p,q，有 $\mathcal{P}_I(\mathbb{Z}_{pq}) = \mathcal{S}(\mathbb{Z}_{pq})$。此外，根据推论 2.1.1，如果 G 是循环 p-群或者广义四元素 2-群，则 $\mathcal{P}_I(G)$ 是完全的。进一步，显然，如果 G 是一个 p-群，则 $\mathcal{S}(G)$ 是完全的。因此，充分性得证，下面我们将证明必要性。

假设 $\mathcal{P}_I(G) = \mathcal{S}(G)$，且根据反证法，假设 $|G|$ 有三个两两不同的素因子，设为 p,q,r。令 $\langle x \rangle, \langle y \rangle, \langle z \rangle$ 分别是三个阶为 p,q,r 的子群。根据引理 2.7.1 (ii)，我们可知 $\langle x \rangle, \langle y \rangle, \langle z \rangle$ 中的任何一个子群都是 G 的正规子群。于是 $\langle x, y, z \rangle \cong \mathbb{Z}_{pqr}$，这与引理 2.7.1 (i) 相矛盾。于是 $|G|$ 最多有两个素因子。

情况 1 $|G| = p^m q^n$，其中 p,q 是两个不同的素数且 m,n 是两个正整数。

令 $\langle x \rangle, \langle y \rangle$ 分别是阶为 p,q 的子群，则引理 2.7.1 (ii) 蕴涵 $\langle x \rangle$ 和 $\langle y \rangle$ 是 G 中阶分别为 p,q 的唯一的子群。因此，$\langle x \rangle$ 和 $\langle y \rangle$ 都是正规子群，这意味着 x 和 y 必须交换。于是 xy 的阶为 pq 且 $x, y \in \langle xy \rangle$。我们现在声明 G 没有阶为 p^2 或 q^2 的元素。事实上，如果 G 有一个阶为 p^2 的元素，设为 a，则 $x \in \langle a \rangle$，因子 $x \in \langle a \rangle \cap \langle xy \rangle$，这是一个矛盾，由于 $o(xy) = pq$ 且 $o(a) = p^2$。类似地，我们可知 G 没有阶为 q^2 的元素。因此，上面的声明是成立的。现在令 P 和 Q 分别是 G 的 Sylow p-子群和 Sylow q-子群，则 P 和 Q 分别是初等交换 p-群和初等交换 q-群。考虑到引理 2.7.1 (ii)，我们可知 $P \cong \mathbb{Z}_p$ 和 $Q \cong \mathbb{Z}_q$。作为一个结果，$G \cong \mathbb{Z}_{pq}$。

情况 2 $|G| = p^m$，其中 p 是素数且 m 是正整数。

结合引理 2.7.1 (ii) 和引理 2.1.1，我们可知 G 要么是循环群，要么是广义四元数 2-群。 □

2.8 被禁子图

群 G 的阶为 2 的元素被称为对合。如果 u 是一个对合且包含 u 的循环子群是唯一的 (即为 $\langle u \rangle$)，则 u 被称为一个极大对合。群 G 的所有极大对合组成的集合被记作 $\mathbf{M}(G)$。例如，$\mathbf{M}(\mathbb{Z}_8) = \varnothing$，$\mathbf{M}(S_3) = \{(1,2),(1,3),(2,3)\}$。群 G 的一个循环子群被称为一个极大循环子群，条件是该循环子群不是 G 的某个循环子群的

真子群。群 G 的所有极大循环子群组成的集合被记作 $\mathcal{M}(G)$。标注 $|\mathcal{M}(G)| = 1$ 当且仅当 G 是循环的。

回忆二面体的定义，设 n 是大于或等于 3 的正整数，阶为 $2n$ 的二面体群被记作 D_{2n}，表示如下：

$$D_{2n} = \langle a, b : a^n = b^2 = e, bab = a^{-1} \rangle。$$

容易看出二面体群 D_{2n} 是交换的当且仅当 $n = 1$ 或 2，且 $D_4 \cong \mathbb{Z}_2 \times \mathbb{Z}_2$。进一步，我们有

$$D_{2n} = \langle a \rangle \cup \{ab, a^2b, \cdots, a^{n-1}b, b\}, \quad o(a^ib) = 2 \text{ 对任意 } 0 \leqslant i \leqslant n-1。$$

对于 $n \geqslant 3$，我们有

$$Z(D_{2n}) = \begin{cases} \{e\}, & \text{如果 } n \text{ 是奇数}; \\ \{e, a^t\}, & \text{如果 } n = 2t, \text{ 其中 } t \text{ 是正整数}。 \end{cases} \tag{2.8.1}$$

标注

$$\mathcal{M}(D_{2n}) = \{\langle a \rangle, \langle ab \rangle, \langle a^2b \rangle, \cdots, \langle b \rangle\}$$

且

$$\mathbf{M}(D_{2n}) = \begin{cases} \{b\}, & \text{如果 } n = 1; \\ \{a, b, ab\}, & \text{如果 } n = 2; \\ \{b, ab, a^2b, \cdots, a^{n-1}b\}, & \text{如果 } n \geqslant 3。 \end{cases} \tag{2.8.2}$$

回忆广义四元数的定义，令 m 是一个大于或等于 2 的正整数，则阶为 $4m$ 的广义四元数群被记作 Q_{4m}。Q_{4m} 有一个表达式：

$$Q_{4m} = \langle x, y : x^m = y^2, x^{2m} = e, y^{-1}xy = x^{-1} \rangle。$$

注意 Q_{4m} 是交换的当且仅当 $m = 1$，且 $Q_4 \cong \mathbb{Z}_4$。此外，用 Q_8 表示通常的 8 阶四元数群。进一步，容易检查 Q_{4m} 有一个唯一的对合 $x^m = y^2$，且 $\mathbf{M}(Q_{4m}) = \varnothing$。

标注

$$Q_{4m} = \langle x \rangle \cup \{x^iy : 1 \leqslant i \leqslant 2m\}, \quad o(x^iy) = 4 \text{ 对任一 } 1 \leqslant i \leqslant 2m, \tag{2.8.3}$$

且

$$\mathcal{M}(Q_{4m}) = \{\langle x \rangle, \langle xy \rangle, \langle x^2 y \rangle, \cdots, \langle x^m y \rangle\}, \qquad x^m \in \bigcap_{M \in \mathcal{M}(Q_{4m})} M_{\circ} \qquad (2.8.4)$$

在本节, 我们用 Ψ 表示满足条件 "$G \setminus \mathbf{M}(G)$ 有最多一个对合" 的所有有限 2-群 G 组成的集合. 如果有限群 G 属于集合 Ψ, 则 G 被称为一个 Ψ-群. 更为具体地说, 一个有限群被称为一个 Ψ-群, 如果下面的条件成立:

(a) $|G| = 2^m$, 其中 m 是一个正整数;

(b) $G \setminus \mathbf{M}(G)$ 最多有一个对合.

例如, 对任一 $m \geqslant 1$, $\mathbb{Z}_{2^m} \in \Psi$. 特别地, 具有唯一对合的每个 2-群都是 Ψ-群. 此外, 对任意 $m \geqslant 1$, 由于 $\mathbf{M}(\mathbb{Z}_2^m) = \mathbb{Z}_2^m \setminus \{e\}$, 所以初等交换 2-群 $\mathbb{Z}_2^m$ 是 Ψ-群.

观察 2.8.1 下面的结论成立:

(a) 令 G 是交换群, 则 $G \in \Psi$ 当且仅当 G 同构于 $\mathbb{Z}_{2^m}$ 或 $\mathbb{Z}_2^m \times \mathbb{Z}_{2^n}$, 其中 $m \geqslant 1, n \geqslant 0$;

(b) $D_{2n} \in \Psi$ 当且仅当 $n = 2^t$, 其中 t 是一个非负整数;

(c) $Q_{4m} \in \Psi$ 当且仅当 $m = 2^t$, 其中 t 是一个非负整数.

下面的例子说明存在既不是二面体群, 也不是广义四元数群的 Ψ-群.

例 2.8.1 令 M_{16} 是阶为 16 的 Modular 群, 即

$$M_{16} = \langle a, x : a^8 = x^2 = e, xax = a^5 \rangle,$$

则 M_{16} 是一个 Ψ-群.

证明 容易验证 $M_{16} = \langle a \rangle \cup \{ax, a^2x, \cdots, a^7x, x\}$ 且 M_{16} 恰好有三个对合, 即 x, a^4, a^4x. 此外, $o(ax) = 8$ 且 $\langle ax \rangle = \langle a^3x \rangle = \langle a^5x \rangle = \langle a^7x \rangle$. 进一步, 我们有 $o(a^2x) = 4$ 且 $\langle a^2x \rangle = \langle a^6x \rangle$. 注意 $(ax)^4 = (a^2x)^2 = a^4$. 于是 $x, a^4x \in \mathbf{M}(M_{16})$ 且 $a^4 \notin \mathbf{M}(M_{16})$, 因此 M_{16} 是一个 Ψ-群. □

下面我们用 Φ 表示所有满足下面条件的有限群 G 组成的集合:

(a) $|G| = 2^m p^n$, 其中 p 是奇素数且 $m, n \geqslant 1$;

(b) G 的 Sylow 2-子群同构于 $\mathbb{Z}_2^m$;

(c) G 有阶为 p 的唯一子群.

如果有限群 G 属于集合 Φ, 则 G 被称为一个 Φ-群。根据式 (2.3.7), 容易得到, 对任一奇素数 p 和非负整数 m,n, 可知 $\mathbb{Z}_2^m \times D_{2p^n}$ 是一个 Φ-群。特别地, 二面体群 D_{2p^n} 也是 Φ-群。此外, 容易验证 SmallGroup$(36,3) = (\mathbb{Z}_2 \times \mathbb{Z}_2) \rtimes \mathbb{Z}_9$ 是 Φ-群。

观察 2.8.2 令 G 是交换群, 则 $G \in \Phi$ 当且仅当 G 同构于 $\mathbb{Z}_2^m \times \mathbb{Z}_{p^n}$, 其中 p 是一个奇素数且 $m,n \geqslant 1$。

接下来, 我们用 Ω 表示满足下面条件的有限群 G 组成的集合:

(a) $|G| = p^m q^n$, 其中 p,q 是不同的素数且 $m,n \geqslant 1$;

(b) $Z(G) \neq \{e\}$;

(c) G 有阶为 pq 的唯一循环子群。

如果有限群 G 属于 Ω, 则 G 被称为一个 Ω-群。对于 Ω-群, 我们有下面的例子。

例 2.8.2 下面的结论成立:

(1) SmallGroup$(63,1) \cong \mathbb{Z}_9 \rtimes \mathbb{Z}_7$ 是一个 Ω-群;

(2) SmallGroup$(40,1) \cong \mathbb{Z}_8 \rtimes \mathbb{Z}_5$ 是一个 Ω-群, 其中 $Z(\text{SmallGroup}(40,1)) \cong \mathbb{Z}_4$;

(3) SmallGroup$(40,3) \cong \mathbb{Z}_8 \rtimes \mathbb{Z}_5$ 是一个 Ω-群, 其中 $Z(\text{SmallGroup}(40,3)) \cong \mathbb{Z}_2$;

(4) 根据式 (2.3.7)~式(2.3.8), 对任一奇素数 q 和 $n \geqslant 1$, 易知 $D_{2 \cdot 2q^n}$ 是一个 Ω-群;

(5) 对于 $m \geqslant 2$, 显然 $|Z(Q_{4m})| = 2$。另外, 根据式 (2.3.9) 和式 (2.3.10), 对任一奇素数 q 和 $n \geqslant 1$, 我们可知 Q_{4q^n} 是一个 Ω-群;

(6) 对任一奇素数 q, 整数 $m \geqslant 3, n \geqslant 1$, 我们有 $Q_{2^m} \times \mathbb{Z}_{q^n}$ 是一个 Ω-群;

(7) 对不同的素数 p,q, 整数 $m,n \geqslant 1$, 我们有 $\mathbb{Z}_{p^m q^n}$ 是一个 Ω-群。

注意在图 $\mathcal{P}_I(G)$ 中, 对 G 的任一极大对合 u 来说, 单位元 e 是唯一与 u 相邻的顶点。下面的结论成立。

观察 2.8.3 假设 $\mathcal{P}_I(G)$ 有一个诱导子图 Δ 同构于 P_4, 则 $V(\Delta) \cap (\mathbf{M}(G) \cup \{e\}) = \varnothing$。

2.8.1 余图

如果一个图不包含 P_4 作为诱导子图, 则该图被称为一个余图。余图构成了包含 1-顶点图且在不交并和补两种运算之下封闭的最小的图类。此外, 余图包含阈图且包含于可比图。当然, 余图也是完美图的一类。

本小节将刻画交幂图是余图所对应的有限群 (见定理 2.8.1)。作为应用, 我们将给出群 G 满足 $Z(G) \neq \{e\}$ 且所对应的交幂图 $\mathcal{P}_I(G)$ 是余图的分类 (见定理 2.8.2), 并且给出交幂图是余图时所对应的有限幂零群的分类 (见推论 2.8.2)。

观察 2.8.4 令 G 是一个阶至少为 3 的循环群且令 $a, b \in G \setminus \{e\}$ 满足 $a \neq b$, 则 $\{a, b\} \in E(\mathcal{P}_I(G))$ 当且仅当 $(o(a), o(b)) \neq 1$。

引理 2.8.1 如果 $\mathcal{P}_I(G)$ 是余图, 则对任意 $g \in G$, $o(g)$ 最多有两个素因子。

证明 反证, 假设 G 有一个阶为 pqr 的元素 x, 其中 p, q, r 是三个两两不同的素数, 则根据观察 2.8.4, 容易看到子集 $\{x^{qr}, x^q, x^p, x^{pr}\}$ 将诱导一个同构于 P_4 的子图。 $\square$

引理 2.8.2 假设 $\mathcal{P}_I(G)$ 包含一个同构于 P_4 的诱导子图 $x \sim y \sim z \sim w$, 其中 $\{x, y\}, \{y, z\}, \{z, w\} \in E(\mathcal{P}_I(G))$, 则 $|\pi(\langle y \rangle)| \geqslant 2$ 且 $|\pi(\langle z \rangle)| \geqslant 2$。

证明 注意, 观察 2.8.3 蕴涵 $e \notin \{x, y, z, w\}$。我们接下来证明 $|\pi(\langle y \rangle)| \geqslant 2$。通过反证法, 对某个素数 p 和正整数 m, 假设 $o(y) = p^m$, 则我们可知 $|\langle x \rangle \cap \langle y \rangle|$ 和 $|\langle z \rangle \cap \langle y \rangle|$ 都是 p 的方幂。令 $a \in \langle y \rangle$ 满足 $o(a) = p$, 则我们有

$$a \in \langle x \rangle \cap \langle y \rangle \cap \langle z \rangle.$$

因此在交幂图 $\mathcal{P}_I(G)$ 中, x 和 z 是相邻的, 这是一个矛盾。类似地, 我们也能得到 $|\pi(\langle z \rangle)| \geqslant 2$。 $\square$

下面我们将刻画交幂图是余图的有限群。

定理 2.8.1 $\mathcal{P}_I(G)$ 是余图当且仅当 G 满足下面的条件:

(I) 对任意 $g \in G$, $|\pi(\langle g \rangle)| \leqslant 2$;

(II) 对两个不同的 $x, y \in G$, 如果 $|\pi(\langle x \rangle)| = |\pi(\langle y \rangle)| = 2$, 则要么 $\langle x \rangle \cap \langle y \rangle = \{e\}$, 要么 $|\pi(\langle x \rangle \cap \langle y \rangle)| = 2$。

证明 我们首先证明必要性。假设 $\mathcal{P}_I(G)$ 是一个余图，则由引理 2.8.1，可知条件 (I) 成立。现在我们证明 (II) 成立。假设存在不同的 $x,y \in G$ 使得 $|\pi(\langle x \rangle)| = |\pi(\langle y \rangle)| = 2$。根据反证法，假设对某个素数 p 和正整数 l，有 $|\langle x \rangle \cap \langle y \rangle| = p^l$。令

$$o(x) = p^{m_1}q^{n_1}, \quad o(y) = p^{m_2}r^{n_2},$$

其中 p,q,r 是素数满足条件 $p \neq q$ 且 $p \neq r$，且 m_1, m_2, n_1, n_2 是正整数。因此，我们可以假设

$$\langle x \rangle = \langle x_1 \rangle \langle x_2 \rangle, \quad \langle y \rangle = \langle y_1 \rangle \langle y_2 \rangle,$$

其中 $\langle x_1 \rangle$ 和 $\langle x_2 \rangle$ 分别是 $\langle x \rangle$ 的 Sylow p-子群和 Sylow q-子群，且 $\langle y_1 \rangle$ 和 $\langle y_2 \rangle$ 分别是 $\langle y \rangle$ 的 Sylow p-子群和 Sylow q-子群。取 $a \in \langle x_2 \rangle \cap \langle y \rangle$，则显然，对某个非负整数 t，$o(a) = q^t$。此外，由 $a \in \langle x \rangle \cap \langle y \rangle$，我们可知 $o(a)$ 是 p 的一个方幂。注意 $p \neq q$，我们可知 $a = e$，因此 $\langle x_2 \rangle \cap \langle y \rangle = \{e\}$。即 x_2 和 y 是非相邻的。类似地，我们也能得到 y_2 和 x 是非相邻的。接下来我们选择 $b \in \langle x_2 \rangle \cap \langle y_2 \rangle$。如果 $b \neq e$，则由 $b \in \langle x \rangle \cap \langle y \rangle$，我们可知 $p = q = r$，这是不可能的。于是，我们可知 $\langle x_2 \rangle \cap \langle y_2 \rangle = \{e\}$，因此 y_2 和 x_2 是非相邻的。于是，集合 $\{x_2, x, y, y_2\}$ 可以诱导一个同构于 P_4 的子图，这与事实 $\mathcal{P}_I(G)$ 是余图相矛盾。因此，条件 (II) 成立。

我们然后证明充分性，假设条件 (I) 和 (II) 都成立。通过反证法，假设 $\mathcal{P}_I(G)$ 存在一个诱导子图，设为 $x \sim y \sim z \sim w$，该子图同构于 P_4，其中 $\{x,y\}, \{y,z\}, \{z,w\} \in E(\mathcal{P}_I(G))$。考虑引理 2.8.2，我们可知 $|\pi(\langle y \rangle)| \geq 2$ 和 $|\pi(\langle z \rangle)| \geq 2$。此外，由于 (I) 成立，因此 $|\pi(\langle y \rangle)| = |\pi(\langle z \rangle)| = 2$。注意 $\{y,z\} \in E(\mathcal{P}_I(G))$，根据条件 (II)，我们可知 $|\pi(\langle y \rangle \cap \langle z \rangle)| = 2$，即 $\pi(\langle y \rangle) = \pi(\langle z \rangle)$。进一步，根据观察 2.8.3 可知 $e \notin \{x,y,z,w\}$。因此，$\langle x \rangle \cap \langle y \rangle$ 有一个素数阶元素 a。于是 $a \in \langle y \rangle \cap \langle z \rangle$，这蕴涵 $a \in \langle x \rangle \cap \langle z \rangle$。因此，在图 $\mathcal{P}_I(G)$ 中，x 和 z 是相邻的，这矛盾于我们的假设：被 $\{x,y,z,w\}$ 诱导的子图同构于 P_4。 □

定理 2.8.1 的直接推论如下。

推论 2.8.1 对任一 CP-群 G，$\mathcal{P}_I(G)$ 是一个余图。

引理 2.8.3 设 G 是一个 Ω-群，则 $\mathcal{P}_I(G)$ 是一个余图。

证明 根据 Ω-群的定义，如果存在两个不同的元素 $x,y \in G$ 使得 $|\pi(\langle x \rangle)| = |\pi(\langle y \rangle)| = 2$，由于 G 有一个唯一的阶为 pq 的循环子群，设为 $\langle a \rangle$，于是 $a \in$

$\langle x\rangle \cap \langle y\rangle$,因此,$|\pi(\langle x\rangle \cap \langle y\rangle)|=2$。根据定理 2.8.1,我们可以得到该结论。 □

为了应用定理 2.8.1,我们将刻画所有具有非平凡中心的有限群,使得它们的交幂图是余图。

定理 2.8.2 设 G 是满足条件 $Z(G) \neq \{e\}$ 的群,则 $\mathcal{P}_I(G)$ 是余图当且仅当 G 同构于一个 p-群或者一个 Ω-群,其中 p 是某个素数。

证明 如果 G 同构于一个 p-群或者一个 Ω-群,其中 p 是某个素数,则分别由定理 2.8.1 和引理 2.8.3 可知,$\mathcal{P}_I(G)$ 均是余图。

对于逆命题,假设 $\mathcal{P}_I(G)$ 是一个余图。由于 $Z(G) \neq \{e\}$,在 $Z(G)$ 中,我们可以选择一个阶为 p 的元素 a,其中 p 是素数。现在我们只需要证明:如果 G 不是一个 p-群,则 G 是一个 Ω-群。因此,下面我们假设 G 不是 p-群。令 q 是 $|G|$ 的素因子,其中 $q \neq p$。如果存在 $|G|$ 的一个素因子 r 使得 $r \neq p$ 且 $r \neq q$,则 G 有元素 x, y 满足 $o(x) = pq$ 和 $o(y) = pr$,以及 $\langle x\rangle \cap \langle y\rangle = \langle a\rangle$,这与定理 2.8.1 的 (II) 相矛盾。于是 $\pi(G) = \{p, q\}$。类似地,根据定理 2.8.1,我们可知 G 有一个阶为 q 的唯一子群,设为 $\langle b\rangle$。我们下面声明:G 有一个唯一的阶为 pq 的循环子群,即为 $\langle ab\rangle$。通过反证法,假设 G 有一个阶为 pq 的循环子群 $\langle w\rangle$ 满足 $\langle w\rangle \neq \langle ab\rangle$。因为在 G 中 $\langle b\rangle$ 是一个阶为 q 的唯一的循环子群,所以 $b \in \langle w\rangle$。由于 $\langle w\rangle \neq \langle ab\rangle$,这意味着 $a \notin \langle w\rangle$,因此,我们可知 $\langle w\rangle \cap \langle ab\rangle = \langle b\rangle$,根据定理 2.8.1 的条件 (II),这是不可能的。因此,我们的声明成立,于是 G 是一个 Ω-群。 □

众所周知,阶至少为 2 的有限幂零群具有非平凡的中心。特别地,在有限幂零群中,两个具有不同素数阶的元素可以交换。现在,为了应用定理 2.8.2,我们分类交幂图为余图时的所有有限幂零群。

推论 2.8.2 令 G 是一个幂零群,则 $\mathcal{P}_I(G)$ 是一个余图当且仅当 G 同构于下面的一个群:

(a) 一个 p-群,其中 p 是一个素数;

(b) $\mathbb{Z}_{p^m q^n}$,其中 p, q 是不同的素数且 $m, n \geqslant 1$;

(c) $Q_{2^m} \times \mathbb{Z}_{q^n}$,其中 q 是一个奇素数,$m \geqslant 3$ 且 $n \geqslant 1$。

证明 由定理 2.8.2 可知该结论的充分性成立,下面我们证明必要性。假设 $\mathcal{P}_I(G)$ 是一个余图。定理 2.8.2 蕴涵 G 要么同构于一个 p-群,要么同构于一个 Ω-群。现在只需要证明:如果 G 是一个 Ω-群,则 G 是 (b) 和 (c) 中的某个群。假

设 G 是一个 Ω-群, 满足 $\pi(G) = \{p,q\}$。因为 G 有一个阶为 pq 的唯一的循环子群, 于是 G 有唯一的阶为 p 的循环子群和唯一的阶为 q 的循环子群。因此, 根据引理 2.1.1, 可知任意一个 Sylow 子群要么是循环群, 要么是广义四元数 2-群。这意味着 G 同构于 (b) 和 (c) 中的某个群。 □

最后, 我们通过下面的例子说明存在一些非幂零群, 使得它们的交幂图是余图。回忆一下, 二面体群是幂零的当且仅当二面体群是 2-群; 广义四元数群是幂零的当且仅当广义四元数群是 2-群。根据式 (2.3.7)~式(2.3.10) 及定理 2.8.1, 下面的例子成立。

例 2.8.3 令 D_{2n} 是正如式 (2.1.2) 表示的二面体群且 Q_{4m} 是正如式 (2.1.3) 表示的广义四元数群, 则 $\mathcal{P}_I(D_{2n})$ 是余图当且仅当对不同的素数 p,q 和整数 $l,t \geqslant 0$, $n = p^l q^t$; $\mathcal{P}_I(Q_{4m})$ 是余图当且仅当对某一奇素数 q 和整数 $l,t \geqslant 0$, $m = 2^l q^t$。

2.8.2 弦图

如果图 Γ 没有同构于长度大于或等于 4 的圈作为诱导子图, 则 Γ 被称为一个弦图。因此, 如果弦图有一个长度至少为 4 的圈 C 作为子图, 则 C 一定有弦。在历史上, 弦图有不同的意义, 如弦图可以看成树的子图的交图或具有完美消除的图。当然, 弦图包含分裂图且包含在完美图类中。

在本节, 我们将分类交幂图是弦图时的有限幂零群, 也给出了一些类的有限非幂零图, 使得它们的交幂图是弦图。我们的主要结论是下面的定理。

定理 2.8.3 令 G 是幂零群, 则 $\mathcal{P}_I(G)$ 是弦图当且仅当 G 同构于下面的某个群:

(a) 一个 p-群, 其中 p 是素数;

(b) 一个循环群 H, 满足 $|\pi(H)| \leqslant 3$;

(c) $Q_{2^k} \times \mathbb{Z}_{p^m q^n}$, 其中 p,q 是不同的奇素数, 整数 $k \geqslant 3$ 且 $m,n \geqslant 1$;

(d) $\mathbb{Z}_{p^m} \times Q$, 其中 Q 是一个 q-群, p,q 是不同的素数且 $m \geqslant 1$;

(e) $Q_{2^k} \times Q$, 其中 Q 是一个 q-群, q 是一个奇素数且整数 $k \geqslant 3$。

容易看出, 任意一个群的幂图都没有长度大于或等于 5 的奇圈作为诱导子图。然而, 对任意正整数 $n \geqslant 3$, 存在有限群使得它的交幂图包含一个长度大于或等于 n 的诱导圈。

2.8 被禁子图

注 2.8.1 令 n 是一个正整数且令 $p_1, p_2, \cdots, p_n$ 是 n 个两两不同的素数, 取有限群 G, 使得 G 有一个阶为 $p_1 p_2 \cdots p_n$ 的元素 x, 则取 $x_1, x_2, \cdots, x_n \in \langle x \rangle$ 使得

$$o(x_n) = p_n p_1, \quad o(x_i) = p_i p_{i+1}, \quad 1 \leqslant i \leqslant n-1,$$

我们可知 $\mathcal{P}_I(G)$ 的被 $\{x_i : 1 \leqslant i \leqslant n\}$ 诱导的子图同构于 C_n。

类似于引理 2.8.2 的证明, 下面的结论成立。

引理 2.8.4 假设 $\mathcal{P}_I(G)$ 包含一个同构于 C_n 的诱导子图 Γ, 其中 $n \geqslant 4$, 则对图 Γ 的任一顶点 a, 可知 $o(a)$ 不是一个素数。

推论 2.8.3 对任一 CP-群 G, $\mathcal{P}_I(G)$ 都是一个弦图。

显然, 如果 H 是群 G 的子群, 则 $\mathcal{P}_I(H)$ 是 $\mathcal{P}_I(G)$ 的一个诱导子图。因此, 如果 $\mathcal{P}_I(G)$ 是弦图, 则对于 G 的任一子群 H, $\mathcal{P}_I(G)$ 也是弦图。

引理 2.8.5 令 G 是循环群, 则 $\mathcal{P}_I(G)$ 是弦图当且仅当 $|\pi(G)| \leqslant 3$。

证明 通过注 2.8.1, 必要性成立。为了证明充分性, 假设 $|\pi(G)| \leqslant 3$。事实上, 只需要证明: 如果 $|\pi(G)| = 3$, 则 $\mathcal{P}_I(G)$ 是弦图。因此, 下面我们可以假设 $\pi(G) = \{p, q, r\}$, 其中 p, q, r 是三个两两不同的素数。反证, 假设 $\mathcal{P}_I(G)$ 不是弦图, 则 $\mathcal{P}_I(G)$ 有一个同构于 C_n 的诱导子图 Γ, 其中 $n \geqslant 4$。取两两不同的元素 $x_1, x_2, x_3, x_4 \in V(\Gamma)$, 则由引理 2.8.4 可知, 对任意 $1 \leqslant i \leqslant 4$, $o(x_i)$ 不是一个素数幂。注意阶有三个素因子的元素与其他任一顶点均相连。因此, 我们可知 $o(x_i)$ 恰好有两个素因子。注意 $\pi(G) = \{p, q, r\}$。现在, 通过观察 2.8.4 和抽屉原理, 我们可知被 $\{x_1, x_2, x_3, x_4\}$ 诱导的子图有一个大小为 3 的团, 矛盾。□

结合引理 2.8.5 的证明、引理 2.8.4 和抽屉原理, 可得下面的引理。

引理 2.8.6 令 G 是定理 2.8.3 (c)~(e) 中的某个群, 则 $\mathcal{P}_I(G)$ 是弦图。

引理 2.8.7 设 p, q, r 是两两不同的素数, 如果 G 有一个子群同构于

$$\mathbb{Z}_p \times \mathbb{Z}_p \times \mathbb{Z}_q \times \mathbb{Z}_q, \quad \mathbb{Z}_p \times \mathbb{Z}_q \times \mathbb{Z}_r \times \mathbb{Z}_r,$$

则 $\mathcal{P}_I(G)$ 有一个同构于 C_4 的诱导子图。

证明 首先, 令 $H \cong \mathbb{Z}_p \times \mathbb{Z}_p \times \mathbb{Z}_q \times \mathbb{Z}_q$ 是 G 的一个子群, 则 H 有两个阶为 p 的不同子群, 设为 $\langle x_1 \rangle$ 和 $\langle x_2 \rangle$。此外, H 也有两个阶为 q 的不同子群, 设

为 $\langle y_1 \rangle$ 和 $\langle y_2 \rangle$。注意对所有的 $1 \leqslant i, j \leqslant 2$, $x_i y_j = y_j x_i$ 和 $\langle x_i y_j \rangle = \langle x_i \rangle \langle y_j \rangle$, 都有阶 pq, 则图 $\mathcal{P}_I(H)$ 的被 $\{x_1 y_1, x_1 y_2, x_2 y_2, x_2 y_1\}$ 诱导的子图同构于 C_4, 这也是 $\mathcal{P}_I(G)$ 的一个诱导子图。

然后,我们假设 $H \cong \mathbb{Z}_p \times \mathbb{Z}_q \times \mathbb{Z}_r \times \mathbb{Z}_r$ 是 G 的一个子群,令 $\langle x \rangle$ 和 $\langle y \rangle$ 分别是阶为 p 和 q 的两个子群。此外,我们知道 H 有两个阶为 r 的不同子群,设为 $\langle z \rangle$ 和 $\langle w \rangle$。于是 $\mathcal{P}_I(H)$ 的被 $\{xz, yz, yw, xw\}$ 诱导的子图同构于 C_4, 这也是 $\mathcal{P}_I(G)$ 的一个诱导子图。 □

我们接下来证明本小节的主要结论。

定理 2.8.3 的证明 通过引理 2.8.4、引理 2.8.5 和引理 2.8.6, 定理的充分性得证。接下来我们证明定理的必要性。假设 $\mathcal{P}_I(G)$ 是一个弦图,如果 G 有 4 个两两不同的素因子,则由 G 是幂零的,可知 G 存在一个元素,其阶等于这 4 个两两不同的素因子的乘积。因此,根据注 2.8.1,我们可知 $\mathcal{P}_I(G)$ 包含一个同构于 C_4 的诱导子图,矛盾。于是我们得到 $|\pi(G)| \leqslant 3$。如果 $|\pi(G)| = 1$, 则 G 是一个 p-群, 正是期望的。

对于不同的素数 p, q, 假设 $\pi(G) = \{p, q\}$。令 P 和 Q 分别是 G 的 Sylow p-子群和 Sylow q-子群, 则 $G = P \times Q$。如果 P 至少有两个阶为 p 的不同的循环子群且 Q 至少有两个阶为 q 的不同的循环子群, 则 G 有一个子群同构于 $\mathbb{Z}_p \times \mathbb{Z}_p \times \mathbb{Z}_q \times \mathbb{Z}_q$, 于是由引理 2.8.7, 可知 $\mathcal{P}_I(G)$ 有一个诱导子图同构于 C_4, 矛盾。我们可知 P 和 Q 中的一个必定有一个唯一的素数阶子群。不失一般性,假设 P 有一个阶为 p 的唯一素数阶子群,则引理 2.1.1 意味着 P 要么是循环的, 要么是广义四元数群 Q_{2^k}, 其中整数 $k \geqslant 3$。因此, G 是一个属于 (d) 和 (e) 的群。

对两两不同的素数 p, q, r, 我们假设 $\pi(G) = \{p, q, r\}$。类似于 $|\pi(G)| = 2$ 的情况,根据引理 2.8.7, 我们可知对任一 $s \in \pi(G)$, G 恰有一个阶为 s 的子群。如果 $2 \notin \pi(G)$, 则根据引理 2.1.1, 我们可知 G 是循环的, 于是 G 是属于 (b) 的某个群。下面假设 $2 \in \pi(G)$, 不失一般性, 令 $r = 2$, 则引理 2.1.1 蕴涵 G 是属于 (b) 和 (c) 中的某个群。 □

最后,我们以下面的例子结束该小节,下面的例子可由式 (2.3.7)~式 (2.3.10) 和引理 2.8.5 直接得到。

例2.8.4 令 D_{2n} 是正如式 (2.1.2) 表示的二面体群且 Q_{4m} 是正如式 (2.1.3) 表示的广义四元数群, 则 $\mathcal{P}_I(D_{2n})$ 是弦图当且仅当 n 最多有 3 个素因子; $\mathcal{P}_I(Q_{4m})$

是弦图当且仅当 m 最多有 2 个奇素因子。

2.8.3 分裂图

如果一个图的顶点集能被划分成一个独立集和一个团 (被划分的两部分之间可以有边),则称该图为一个分裂图。注意被划分成的某个部分可以为空集,即完全图与空图都能被看成分裂图。Foldes 和 Hammer[80] 首次引入了分裂图,且证明了一个图是分裂的当且仅当该图没有同构于下面三个图中的任意一个的诱导子图: C_4、C_5 和 $2K_2$。此时,如果某个图是分裂图,则 C_4、C_5 和 $2K_2$ 这三个子图被称为该分裂图的被禁 (诱导) 子图。

本小节将刻画交幂图为分裂图时所对应的有限群,我们的主要结论是下面的定理。

定理 2.8.4 对于任意群 G,下面的条件是等价的:

(a) $\mathcal{P}_I(G)$ 是分裂图;

(b) $\mathcal{P}_I(G)$ 是 $2K_2$-自由的;

(c) G 是一个 Φ-群,或一个 Ψ-群,或一个循环 p-群,其中 p 是奇素数。

结合定理 2.8.4、观察 2.8.1 和观察 2.8.2,我们有下面的结论,此结论对交幂图是分裂图时的所有交换群进行了分类。

推论 2.8.4 令 G 是一个交换群,则 $\mathcal{P}_I(G)$ 是分裂的当且仅当 G 同构于下面的一个群:

(a) $\mathbb{Z}_2^n$,其中 n 是一个正整数;

(b) $\mathbb{Z}_2^n \times \mathbb{Z}_{p^m}$,其中 m, n 是正整数且 p 是素数;

(c) $\mathbb{Z}_{p^m}$,其中 p 是素数且 m 是一个正整数。

在开始证明定理 2.8.4 之前,我们先证明几个引理。

引理 2.8.8 令 $G \in \Psi \cup \Phi$,则 $\mathcal{P}_I(G)$ 是分裂的。特别地,$\mathcal{P}_I(G)$ 是 $2K_2$-自由的。

证明 首先假设 $G \in \Psi$,则 $G = \mathbf{M}(G) \cup \overline{\mathbf{M}(G)}$,其中 $\overline{\mathbf{M}(G)} = G \setminus \mathbf{M}(G)$。显然,我们有 $\mathbf{M}(G)$ 是 $\mathcal{P}_I(G)$ 的一个独立集。注意 $\overline{\mathbf{M}(G)}$ 最多有一个对合。于是要么 $\overline{\mathbf{M}(G)} = \{e\}$,要么 $\overline{\mathbf{M}(G)}$ 恰好有一个对合。如果 $\overline{\mathbf{M}(G)} = \{e\}$,则 $\mathcal{P}_I(G)$ 是分裂的,

正如期望的那样。现在假设 $\overline{\mathbf{M}(G)}$ 恰好包含一个对合，设为 u，则 $\overline{\mathbf{M}(G)} \neq \{e,u\}$ 且在 $\overline{\mathbf{M}(G)} \setminus \{e,u\}$ 中的每一个元素的阶都至少为 4。于是 $\overline{\mathbf{M}(G)} \setminus \{e\}$ 的任意一个元素生成的循环子群都包含 u，因此 $\overline{\mathbf{M}(G)}$ 是 $\mathcal{P}_I(G)$ 的一个团。于是，我们可知 $\mathcal{P}_I(G)$ 是分裂的。

然后假设 $G \in \Phi$，令

$$R = \{g \in G : o(g) = 2\}, \quad T = \{g \in G : o(g) \neq 2\},$$

则 G 是 R 和 T 的不交并。显然，R 是 $\mathcal{P}_I(G)$ 的一个独立集。对每两个不同的 $x, y \in T$，在图 $\mathcal{P}_I(G)$ 中，我们声明 x 和 y 是相邻的。因为 $e \in T$，所以我们假设 $x \neq e$ 且 $y \neq e$。注意 G 有一个唯一的阶为 p 的子群，设为 P。由引理 2.1.1，我们可知 G 的每一个 Sylow p-子群都同构于 $\mathbb{Z}_{p^n}$，因此我们有

$$\pi_e(G) \subseteq \{1, 2, p, p^2, \cdots, p^n, 2p, 2p^2, \cdots, 2p^n\},$$

于是 $P \subseteq \langle x \rangle \cap \langle y \rangle$，故 x 和 y 在 $\mathcal{P}_I(G)$ 中是相邻的。也就是说，上面的声明是成立的，因此 T 是 $\mathcal{P}_I(G)$ 的一个团。于是 $\mathcal{P}_I(G)$ 是分裂的。 □

引理 2.8.9 ([34, 定理 3.1]) $\mathcal{P}_I(G)$ 是完全的当且仅当 G 要么是循环 p-群，要么是广义四元数 2-群。

引理 2.8.10 对于群 G，$\mathcal{P}_I(G)$ 是 $2K_2$-自由的当且仅当 G 同构于下面的一个群：

(a) Φ-群；

(b) Ψ-群；

(c) 循环 p-群，其中 p 是一个奇素数。

证明 注意一个完全图必须是 $2K_2$-自由的，因此，由引理 2.8.8 和文献 [34] 中的定理 3.1 可知，该结论的充分性得证。

我们接下来证明该结论的必要性。对于群 G，假设 $\mathcal{P}_I(G)$ 是 $2K_2$-自由的，如果存在两个不同的奇素数 $p, q \in \pi(G)$，则取 $x, y \in G$ 满足 $o(x) = p$ 且 $o(y) = q$，我们可知 $\mathcal{P}_I(G)$ 的被 $\{x, x^{-1}, y, y^{-1}\}$ 诱导的子图同构于 $2K_2$，这是不可能的。因此，我们可以假设 $\pi(G) \subseteq \{2, p\}$，其中 p 是奇素数。

情况 1 $\pi(G) = \{2, p\}$。

令 P 是 G 的一个 Sylow p-子群, 如果 P 有两个阶为 p 的不同循环子群, 设为 $\langle a \rangle$ 和 $\langle b \rangle$, 则显然子集 $\{a, a^{-1}, b, b^{-1}\}$ 诱导的子图同构于 $2K_2$, 矛盾. 于是, G 有一个阶为 p 的唯一子群. 类似地, 我们也能得到 $4 \notin \pi_e(G)$, 否则, 阶为 4 的两个元素和阶为 p 的两个元素诱导的子图同构于 $2K_2$. 这意味着 G 的每一个 Sylow 2-子群都同构于 $\mathbb{Z}_2^m$. 因此, 在这种情况下, G 是一个 Φ-群, 正是需要的.

情况 2 要么 G 是一个 2-群, 要么 G 是一个 p-群, 其中 p 是一个奇素数.

如果 G 是一个 p-群, 则 G 有一个阶为 p 的唯一子群, 因此由引理 2.1.1 知道 G 是循环的. 因此, 在下面我们可以假设 G 是一个 2-群. 我们接下来证明 G 是一个 Ψ-群. 反证, 假设 $G \setminus \mathbf{M}(G)$ 有两个不同的对合, 设为 u, v. 因此, 一定存在 a, b 满足 $o(a) = o(b) = 4$, 使得 $u \in \langle a \rangle$ 且 $v \in \langle b \rangle$. 显然, 由于 $u \neq v$, $\langle a \rangle \neq \langle b \rangle$. 于是 $\mathcal{P}_I(G)$ 的被 $\{a, a^{-1}, b, b^{-1}\}$ 诱导的子图同构于 $2K_2$, 这是一个矛盾. 因此, 我们可知 $G \setminus \mathbf{M}(G)$ 最多有一个对合, 因此 G 是一个 Ψ-群. □

我们现在准备证明定理 2.8.4.

定理 2.8.4 的证明 注意, 一个完全图必定是 C_4-自由、C_5-自由和 $2K_2$-自由的. 因此, 根据引理 2.8.8、文献 [34] 中的定理 3.1 和引理 2.8.10, 我们可知 (a) 和 (c) 是等价的. 此外, 引理 2.8.10 蕴涵 (b) 和 (c) 是等价的. □

根据定理 2.8.4 以及式 (2.3.7)、式 (2.3.8)、式 (2.3.9)、式 (2.3.10) 和式 (2.8.2), 我们可得下面的推论.

推论 2.8.5 令 D_{2n} 是式 (2.1.2) 中表示的二面体群且 Q_{4m} 是式 (2.1.3) 中表示的广义四元数群, 则 $\mathcal{P}_I(D_{2n})$ 是分裂的当且仅当 $n = p^k$ 或 $n = 2q^k$, 其中 k 是非负整数, p 是素数且 q 是奇素数; $\mathcal{P}_I(Q_{4m})$ 是分裂的当且仅当 $m = 2^l$, 其中 l 是非负整数.

2.8.4 阈图

如果一个图不包含图 P_4、C_4 或 $2K_2$ 作为诱导子图, 则该图被称为一个阈图. 显然, 每一个阈图均是余图. 阈图组成了包含 1-顶点图且在添加独立点和与其他任何点均相邻的点运算之下封闭的最小的图类. 此外, 阈图曾被应用在计算机领域[81] 和心理学领域[82].

本小节将刻画交幂图为阈图时所对应的有限群, 我们的主要结果是下面的定理.

定理 2.8.5 $\mathcal{P}_I(G)$ 是阈图当且仅当 G 同构于下面的一个群：

(a) 一个 Ψ-群；

(b) $\mathbb{Z}_{2q^m}$，其中 q 是奇素数且整数 $m \geq 1$；

(c) D_{2q^m}，其中 q 是奇素数且整数 $m \geq 1$；

(d) $D_{2 \cdot 2q^m}$，其中 q 是奇素数且整数 $m \geq 1$；

(e) $\mathbb{Z}_{q^m}$，其中 q 是奇素数且整数 $m \geq 1$。

在证明定理 2.8.5 之前，我们先给出几个结论。

引理 2.8.11 设 $G \in \Psi$，则 $\mathcal{P}_I(G)$ 是一个阈图。

证明 根据定理 2.8.4，只需要证明 $\mathcal{P}_I(G)$ 是 P_4-自由的。根据反证法，现在假设 $\mathcal{P}_I(G)$ 有一个诱导子图同构于 P_4，设 $a \sim b \sim c \sim d$，其中 $\{a,b\},\{b,c\},\{c,d\} \in E(\mathcal{P}_I(G))$，则观察 2.8.3 蕴涵 $\{a,b,c,d\} \cap (\mathbf{M}(G) \cup \{e\}) = \varnothing$。此外，根据 Ψ-群的定义，我们可知 $G \setminus \mathbf{M}(G)$ 恰好有一个对合。于是 $G \setminus \mathbf{M}(G)$ 是 $\mathcal{P}_I(G)$ 中的团。这意味着 $\{a,b,c,d\}$ 也是一个团，这矛盾于假设条件：$a \sim b \sim c \sim d$ 诱导的子图同构于 P_4。 □

引理 2.8.12 令 $G \in \Phi$，则 $\mathcal{P}_I(G)$ 是一个阈图当且仅当 G 同构于下面的一个群：

$$\mathbb{Z}_{2q^m}, \quad D_{2q^m}, \quad D_{2 \cdot 2q^m}, \tag{2.8.5}$$

其中 m 是正整数且 q 是奇素数。

证明 容易看出，式 (2.8.5) 中的每一个群都是一个 Φ-群。我们首先证明如果 G 同构于式 (2.8.5) 中的某一个群，则 $\mathcal{P}_I(G)$ 是一个阈图。鉴于定理 2.8.4，我们只需要证明对于 $G \cong D_{2q^m}$、$D_{2 \cdot 2q^m}$ 及 $\mathbb{Z}_{2q^m}$，其中 m 是一个正整数且 q 是奇素数，$\mathcal{P}_I(G)$ 是 P_4-自由的。通过反证法，假设 $x \sim y \sim z \sim w$ 是 $\mathcal{P}_I(G)$ 的同构于 P_4 的诱导子图，其中 $\{x,y\},\{y,z\},\{z,w\} \in E(\mathcal{P}_I(G))$。注意 $\mathbb{Z}_{2q^m}$ 有一个唯一的对合 (不是极大对合) 且 G 是属于式 (2.8.5) 的一个群。因此，根据式 (2.3.7)、式(2.8.2) 和观察 2.8.3，我们可知 $\{x,y,z,w\} \subseteq \langle u \rangle$，其中对于正整数 m 和奇素数 q，$o(u) = q^m$ 或者 $2q^m$。如果 $o(u) = q^m$，则 $\{a,b,c,d\}$ 在 $\mathcal{P}_I(G)$ 中是一个团，这是不可能的。现在假设 $o(u) = 2q^m$，则观察 2.8.3 蕴涵 $e \notin \{x,y,z,w\}$。因为 $\langle u \rangle$ 恰好有一个对合，因此，在 $\{x,y,z,w\}$ 中，必定至少存在三个元素使得它们当中的

任何一个元素都有阶 $2^k q^t$, 其中 $k \geqslant 0$ 且 $t \geqslant 1$。此外, 因为 $\langle u \rangle$ 有一个阶为 q 的唯一子群, 于是 $\mathcal{P}_I(G)$ 的被 $\{x,y,z,w\}$ 诱导的子图有一个大小为 3 的团, 因为被 $\{x,y,z,w\}$ 诱导的子图同构于 P_4, 这是一个矛盾。

反之, 假设 $\mathcal{P}_I(G)$ 是一个阈图, 只需要证明 G 是式 (2.8.5) 中的某个群即可。现在根据 Φ-群 的定义, 对某个奇素数 q 和整数 $m,n \geqslant 1$, 令 $|G| = 2^n q^m$, 则 G 有一个唯一的阶为 q 的子群, 设为 $\langle a \rangle$, 这意味着 $\langle a \rangle$ 在 G 中是正规的。由引理 2.1.1 可知, 每一个 Sylow q-子群都同构于 $\mathbb{Z}_{q^m}$。现在令 Q 是 G 的一个 Sylow q-子群且令 $Q = \langle y \rangle$, 则 $\langle a \rangle \subseteq Q$ 且 $o(y) = q^m$。我们现在声明 G 不可能有两个阶为 $2q$ 的不同的循环子群。事实上, 如果 G 有两个阶为 $2q$ 的不同的循环子群, 设为 $\langle u \rangle$ 和 $\langle v \rangle$, 则由于 $\langle a \rangle \subseteq \langle u \rangle$ 且 $\langle a \rangle \subseteq \langle v \rangle$, 于是 $u^q \neq v^q$。因此, 我们有 $\{\{u^q, u\}, \{u, v\}, \{v, v^q\}\} \subseteq E(\mathcal{P}_I(G))$, 并且容易验证 $\{u^q, u, v, v^q\}$ 将诱导一个同构于 P_4 的子图, 矛盾。于是, 上面的声明成立。接下来, 我们考虑两种情况。

情况 1 G 没有阶为 $2q$ 的循环子群。

在这种情况下, 容易知道

$$\pi_e(G) = \{1, 2, q, q^2, \cdots, q^m\}。 \tag{2.8.6}$$

现在考虑 $\langle a \rangle$ 在 G 中的中心化子 $C_G(\langle a \rangle)$, 我们可知 $Q \subseteq C_G(\langle a \rangle)$。如果在 G 中存在两个不同的 Sylow q-子群, 则 $|C_G(\langle a \rangle)| > q^m$, 因为 $C_G(\langle a \rangle)$ 是 G 的子群, 因此 2 是 $|C_G(\langle a \rangle)|$ 的因子。于是 $C_G(\langle a \rangle)$ 有一个对合, 设为 w。于是 wa 的阶为 $2q$, 由于 $2q \notin \pi_e(G)$, 这是一个矛盾。这意味着 G 有一个唯一的 Sylow q-子群 $Q = \langle y \rangle$, 这也意味着 Q 是 G 的正规子群。现在令 P 是 G 的一个 Sylow 2-子群, 则 $P \cong \mathbb{Z}_2^n$。

下面我们证明 $n = 1$。反证, 假设 $n \geqslant 2$, 则取不同的 $x, z \in P$, 我们可知 $xy, zy \notin Q$。因为 $xy \neq e$ 且 $zy \neq e$, 所以由式 (2.8.6) 可知 $xyx = y^{-1}$ 且 $zyz = y^{-1}$。注意 $xz = zx$ 且 $o(xz) = 2$, 我们可知

$$(xz)y(xz) = x(zyz)x = xy^{-1}x = y,$$

因此, $(xz)y = y(xz)$, 这意味着 $o(xzy) = 2q^m$, 与式 (2.8.6)相矛盾, 因此 $n = 1$。

令 $P = \langle x \rangle$,其中 x 是对合,则
$$G = \langle x, y : x^2 = y^{q^m} = e, xyx = y^{-1} \rangle \cong D_{2q^m}。$$

情况 2 G 恰有一个阶为 $2q$ 的循环子群。

令 $\langle a \rangle \times \langle x \rangle$ 是阶为 $2q$ 的唯一的循环子群,其中 x 是一个对合,于是 $Q \subseteq C_G(\langle a \rangle)$ 且 $x \in C_G(\langle a \rangle)$。因为 $|C_G(\langle a \rangle)|$ 是 $2^n q^m$ 的因子,且 G 恰好有一个阶为 $2q$ 的循环子群 $\langle a \rangle \times \langle x \rangle$,因此必须有 $|C_G(\langle a \rangle)| = 2q^m$。我们接下来证明 G 有一个唯一的 Sylow q-子群 Q。反证,假设 G 至少有 $q+1$ 个 Sylow q-子群。注意 G 的每一个 Sylow q-子群都同构于一个阶为 q^m 的循环子群且有 $q^m - q^{m-1}$ 个生成元。于是 G 至少有 $q^{m+1} - q^{m-1}$ 个阶为 q^m 的元素。因为 a 属于 G 的任一 Sylow q-子群,故我们可知阶为 q^m 的任一元素均属于 $C_G(\langle a \rangle)$。作为一个结果,$q^{m+1} - q^{m-1} < 2q^m$,由于 $q \geqslant 3$,这是不可能的。于是,G 有一个唯一的 Sylow q-子群 Q,即 Q 在 G 中是正规的。

子情况 2.1 $|G| = 2q^m$。

注意,x 是对合,我们可知 $G = \langle x \rangle \langle y \rangle$,其中 $Q = \langle y \rangle$。此外,因为 $a \in Q$ 且 $xa = ax$,所以 $a \in Z(G)$,其中 $Z(G)$ 是 G 的中心。因为 G 恰好有一个阶为 $2q$ 的循环子群,则 $\langle x \rangle \langle y \rangle$ 必有一个唯一的对合,该对合是 x,这意味着 $xy = yx$,于是我们有
$$G = \langle x \rangle \langle y \rangle = \langle x \rangle \times \langle y \rangle \cong \mathbb{Z}_{2q^m}。$$

子情况 2.2 对某个 $n \geqslant 2$,有 $|G| = 2^n q^m$。

现在 $\langle x, y \rangle$ 是一个阶为 $2q^m$ 的循环子群。令 $\langle x, y \rangle = \langle h \rangle$ 且 P 是 G 的一个包含 x 的 Sylow 2-子群,因为 $n \geqslant 2$,则 P 至少有 3 个对合。注意对任一 $1 \leqslant i \leqslant m$,$G$ 有一个唯一的阶为 $2q^i$ 的循环子群。事实上,对任一 $1 \leqslant i \leqslant m$,阶为 $2q^i$ 的循环子群包含于 $\langle h \rangle$。现在我们可以选择一个对合 $z \in P$ 使得 $z \neq x$,于是 $zh \notin \langle h \rangle$。根据 Φ-群的定义,我们可知 zh 是一个对合,故
$$\langle z, h : z^2 = h^{2q^m} = e, zhz = h^{-1} \rangle \cong D_{2 \cdot 2q^m}。$$

下面证明 $G = \langle z, h \rangle$。根据反证法,假设存在元素 $w \in G \setminus \langle z, h \rangle$,则必有 $o(w) = 2$ 且 $|P| \geqslant 8$。因此,我们可以假设 $w \in P$。因为 $wh \notin \langle h \rangle$,因此根据 Φ-群

的定义, 我们可知 wh 是一个对合, 即 $whw = h^{-1}$。注意 w 和 z 可以交换, 容易验证 $(wz)h(wz) = h$, 这意味着 $(wz)h = h(wz)$。于是 wz 和 a 可以交换, 因此我们可知 wza 的阶为 $2q$。此外, 注意到 G 恰好有一个阶为 $2q$ 的循环子群 $\langle xa \rangle$, 我们有 $x = wz$, 即 $w = xz \in \langle z, h \rangle$, 矛盾。因此, 在这种情况下我们有 $G = \langle z, h \rangle \cong D_{2 \cdot 2q^m}$。 □

现在结合文献 [34] 中的定理 3.1、引理 2.8.10、引理 2.8.11 及引理 2.8.12, 我们可得定理 2.8.5。

2.9 维 数

我们总是假设 $\varGamma$ 是一个图且 $x, y \in V(\varGamma)$。在图 $\varGamma$ 中, x 和 y 之间的距离被记作 $d_\varGamma(x, y)$(或简单记作 $d(x, y)$), 是指从 x 到 y 的最短路的长度。顶点 x 在图 $\varGamma$ 中的邻域被记作 $N_\varGamma(x)$, 是指集合 $\{y \in V(\varGamma) : d(y, x) = 1\}$。特别地, 顶点 x 在图 $\varGamma$ 中的闭邻域被记作 $N_\varGamma[x]$, 是指集合 $N_\varGamma(x) \cup \{x\}$。如果上下文的情况是明确的, 我们简单地用 $N(x)$ 表示 $N_\varGamma(x)$, 且用 $N[x]$ 表示 $N_\varGamma[x]$。

令 $z \in V(\varGamma)$, 如果 $d(x, z) \neq d(y, z)$, 我们说 z 可解顶点 x 和 y。设 S 是 $V(\varGamma)$ 的子集, 如果在 $V(\varGamma)$ 中的任意两个不同的元素都能被 S 中的某个顶点可解, 则 S 被称为 $\varGamma$ 的一个可解集合。$\varGamma$ 的所有可解集的最小基数称为图 $\varGamma$ 的度量维数且被记作 $\dim(\varGamma)$。此外, 如果 $\varGamma$ 要么存在一条从 z 到 x 的最短路包含 y, 要么存在一条从 z 到 y 的最短路包含 x, 则我们称 z 强可解 x 和 y 这对顶点。如果 $\varGamma$ 的每两个不同的顶点都能被 $V(\varGamma)$ 的子集 S 中的某个元素强可解, 则 S 被称为 $\varGamma$ 的强可解集。$\varGamma$ 的所有强可解集的最小基数称为图 $\varGamma$ 的强度量维数且被记作 $\mathrm{sdim}(\varGamma)$。

2.9.1 强度量维数

在本小节, 我们计算了循环群的交幂图的强度量维数 (见定理 2.9.2)。作为应用, 我们得到了二面图群 (见命题 2.9.2) 和广义四元数群 (见命题 2.9.3) 的交幂图的强度量维数。我们刻画了交幂图的强度量维数为 $|G| - 2$ 的所有有限群 G (见定

理 2.9.3)。作为推论, 我们分类了交幂图的强度量维数为 $|G|-2$ 的所有有限幂零群 (见推论 2.9.1)。

给定图 Γ, 我们在 $V(\Gamma)$ 上定义二元关系 $\approx$:

$$x \approx y \Leftrightarrow N[x] = N[y]。$$

显然, $\approx$ 是一个等价关系。我们用 $\hat{x}$ 表示包含元素 x 的 $\approx$-类 (等价类)。现在假设 $U(\Gamma)$ 是分别在每个 $\approx$-类中选取一个代表元构成的集合。Γ 的简化图被记作 $\mathcal{R}_\Gamma$, 是一个以 $U(\Gamma)$ 为顶点集合的简单图, 其中如果两个顶点在 Γ 中相邻, 则这两个不同的顶点相邻。显然, 对于任意两个不同的 $\approx$-类 $\hat{x}$ 和 $\hat{y}$, 如果在 $\hat{x}$ 中存在一个顶点且在 $\hat{y}$ 中也存在一个顶点使得这两个顶点在 Γ 中是相邻的, 则 $\hat{x}$ 中的任一顶点与 $\hat{y}$ 中的任一顶点均是相邻的。因此, 我们可知图 $\mathcal{R}_\Gamma$ 不依赖于等价类中代表元的选取。根据一个具有直径为 2 的给定图的简化图, 马儇龙、冯敏和王恺顺[83] 刻画了这个图的强度量维数。

定理 2.9.1 ([83, 定理 2.2]) 假设 Γ 是阶为 n、直径为 2 的连通图, 则我们有

$$\mathrm{sdim}(\Gamma) = n - \omega(\mathcal{R}_\Gamma),$$

其中 $\omega(\mathcal{R}_\Gamma)$ 是图 $\mathcal{R}_\Gamma$ 的团数。

对于群 G 的子群 H, 我们用 $\pi(H)$ 表示 $|H|$ 的所有素因子构成的集合。如果 $x \in G$, 则我们简单地用 $\pi(x)$ 记 $\pi(\langle x \rangle)$。接下来, 在图 $\mathcal{P}_I(G)$ 中, 我们研究等价关系 $\approx$。下面记 $\hat{G} = \{\hat{g} : g \in G\}$。

观察 2.9.1 对于不同的顶点 $x, y \in G \setminus \{e\}$, 如果 x 有素数阶且在 $\mathcal{P}_I(G)$ 中 x 和 y 是相邻的, 则 $x \in \langle y \rangle$。

引理 2.9.1 在 $\mathcal{P}_I(G)$ 中, 对于不同的 $x, y \in G \setminus \{e\}$, 我们有 $N[x] = N[y]$ 当且仅当

$$\pi(x) = \pi(y) = \pi(\langle x \rangle \cap \langle y \rangle)。$$

证明 我们首先证明充分性, 假设 $\pi(x) = \pi(y) = \pi(\langle x \rangle \cap \langle y \rangle)$。因为 $|\langle x \rangle \cap \langle y \rangle| > 1$, 所以在 $\mathcal{P}_I(G)$ 中, x 和 y 是相邻的。显然, $e \in N[x] \cap N[y]$。现在令 $a \in N[x] \setminus \{e, x\}$, 则 $|\langle x \rangle \cap \langle a \rangle| > 1$, 因此存在 $g \in \langle x \rangle \cap \langle a \rangle$ 使得 $o(g)$ 是素数。因

为 $g \in \langle x \rangle$ 和 $\pi(x) = \pi(\langle x \rangle \cap \langle y \rangle)$, 所以 $g \in \langle y \rangle$。因此 $g \in \langle y \rangle \cap \langle a \rangle$, 这意味着 $a \in N[y]$。于是, 我们可知 $N[x] \subseteq N[y]$。另外, 根据 $\pi(y) = \pi(\langle x \rangle \cap \langle y \rangle)$, 类似地, 我们可知 $N[y] \subseteq N[x]$, 故 $N[x] = N[y]$。

我们然后证明必要性, 假设 $N[x] = N[y]$。我们首先声明 $\pi(x) = \pi(y)$。通过反证法, 假设 $\pi(x) \neq \pi(y)$, 则不失一般性, 我们总是可以假设存在 $b \in \langle x \rangle$ 使得 $b \neq x$、$o(b) = p$ 和 $p \notin \pi(y)$, 其中 p 是素数。显然, $b \in N[x]$, 于是 $b \in N[y]$。根据观察 2.9.1, 这意味着 $\langle b \rangle = \langle b \rangle \cap \langle y \rangle$。故我们有 $p \in \pi(y)$, 矛盾。于是我们有 $\pi(x) = \pi(y)$。

下面只需要证明 $\pi(x) = \pi(\langle x \rangle \cap \langle y \rangle)$ 即可。显然, 我们有 $|\pi(\langle x \rangle \cap \langle y \rangle)| \geqslant 1$ 且 $\pi(\langle x \rangle \cap \langle y \rangle) \subseteq \pi(x)$。通过反证法, 假设存在 $c \in \langle x \rangle$ 使得 $o(c) = q$ 是一个素数且 $q \notin \pi(\langle x \rangle \cap \langle y \rangle)$, 则 $c \neq x$ 且 $c \in N[x]$, 故 $c \in N[y]$。现在从观察 2.9.1 可知 $c \in \langle y \rangle$, 这意味着 $c \in \langle x \rangle \cap \langle y \rangle$。于是, 我们有 $q \in \pi(\langle x \rangle \cap \langle y \rangle)$, 矛盾。因此, 我们可知 $\pi(x) = \pi(\langle x \rangle \cap \langle y \rangle)$。 □

注意在某个循环群 G 中, 阶为 m 的子群是唯一的, 其中 m 是 $|G|$ 的因子。把引理 2.9.1 应用到循环群, 我们可得下面的结果。

引理 2.9.2 令 G 是循环群, 对于不同的 $x, y \in G \setminus \{e\}$, 在图 $\mathcal{P}_I(G)$ 中, $N[x] = N[y]$ 当且仅当 $\pi(x) = \pi(y)$。

为了书写方便, 我们用 $\mathcal{R}_G$ 记简化图 $\mathcal{R}_{\mathcal{P}_I(G)}$。对于正整数 n, 设

$$n = p_1^{r_1} p_2^{r_2} \cdots p_t^{r_t} \tag{2.9.1}$$

是整数 n 的标准分解, 其中 $p_1, p_2, \cdots, p_t$ 是两两不同的素数且对所有 $1 \leqslant i \leqslant t$, 有 $r_i \geqslant 1$。记

$$[t] = \{p_1, p_2, \cdots, p_t\}, \quad \mathbf{V}_n = 2^{[t]} \setminus \{\varnothing\},$$

其中 $2^{[t]}$ 是集合 $[t]$ 的幂集 (所有子集构成的集合)。现在我们定义图 $\varGamma_n$ 如下:

$$V(\varGamma_n) = \mathbf{V}_n, \quad E(\varGamma_n) = \{\{V_1, V_2\} : V_1, V_2 \in \mathbf{V}_n, V_1 \neq V_2, V_1 \cap V_2 \neq \varnothing\}.$$

命题 2.9.1 令 n 是式 (2.9.1) 中的正整数, 则 $\mathcal{R}_{\mathbb{Z}_n} \cong \varGamma_n$。

证明 注意在 $\mathcal{P}_I(\mathbb{Z}_n)$ 中, 我们总是有 $N[e] = \mathbb{Z}_n = N[a]$, 其中 $a \in \mathbb{Z}_n$ 满足 $\pi(a) = [t]$。于是由引理 2.9.2 可知, 对于任一 $\widehat{x} \in V(\mathcal{R}_{\mathbb{Z}_n})$, 我们可以假设 $o(x)$

等于若干个属于 $[t]$ 的两两不同的素数的乘积。当然, $o(x)$ 也可以是 $[t]$ 中的某个素数。于是我们可得

$$|V(\mathcal{R}_{\mathbb{Z}_n})| = 2^t - 1 = |\mathbf{V}_n|。$$

现在令 $\widehat{g} \in V(\mathcal{R}_{\mathbb{Z}_n})$ 满足 $o(g) = p_{i_1}p_{i_2}\cdots p_{i_l}$, 其中 $p_{i_1}, p_{i_2}, \cdots, p_{i_l}$ 是属于 $[t]$ 的两两不同的素数, 则 $\{p_{i_1}, p_{i_2}, \cdots, p_{i_l}\} \in 2^{[t]}$。现在易知

$$\varphi : \widehat{g} \longrightarrow \{p_{i_1}, p_{i_2}, \cdots, p_{i_l}\}$$

是一个从 $\mathcal{R}_{\mathbb{Z}_n}$ 到 Γ_n 的同构。 □

下面我们将给出循环群的交幂图的强度量维数的计算公式。

定理 2.9.2 令 n 是式 (2.9.1) 中的正整数, 则

$$\text{sdim}(\mathcal{P}_I(\mathbb{Z}_n)) = n - 2^{t-1}。$$

证明 注意 $\mathcal{P}_I(\mathbb{Z}_n)$ 的直径是 2。因此, 根据定理 2.9.1, 我们只需要证明

$$\omega(\mathcal{R}_{\mathbb{Z}_n}) = 2^{t-1} \tag{2.9.2}$$

即可。我们首先证明 $\omega(\Gamma_n) = 2^{t-1}$。假设 U 是满足 $\omega(\Gamma_n) = |U|$ 的一个团。对于任一 $V \in U$, 必有 $[t] \setminus V \notin U$。注意如果 $V = [t]$, 则 $[t] \setminus V = \varnothing \notin V(\Gamma_n)$。于是 $2|U| \leqslant 2^t$, 故 $|U| \leqslant 2^{t-1}$。另外, 容易看到 $[t]$ 的所有包含 p_1 的子集构成的集合是 Γ_n 的一个团且这个团的大小为 2^{t-1}。我们可知 $\omega(\Gamma_n) = 2^{t-1}$。现在根据命题 2.9.1, 可知式(2.9.2) 成立。 □

对于二面体群 D_{2n}, 由式 (2.3.7) 和式 (2.3.8), 我们可知

$$\widehat{D_{2n}} = \{\widehat{g} : g \in \langle a \rangle \setminus \{e\}\} \cup \{\widehat{e}, \widehat{ab}, \widehat{a^2b}, \cdots, \widehat{b}\}, \tag{2.9.3}$$

其中 $\widehat{e} = \{e\}$ 且对所有的 $1 \leqslant i \leqslant n$, $\widehat{a^ib} = \{a^ib\}$。此外, 显然 $\mathcal{P}_I(D_{2n})$ 是 $\mathcal{P}_I(\langle a \rangle)$ 和完全二部图 (划分集为 $\{e\}$ 和 $\{a^ib : 1 \leqslant i \leqslant n\}$) 的并。

结合式 (2.9.1)、式(2.9.2)、式(2.9.3) 和定理 2.9.1, 可知下面的命题成立。

命题 2.9.2 令 n 是式 (2.9.1) 中的正整数, 则

$$\text{sdim}(\mathcal{P}_I(D_{2n})) = 2n - 2^{t-1} - 1。$$

回顾广义四元数群 Q_{4m} 的表达式:

$$Q_{4m} = \langle x, y : x^m = y^2, x^{2m} = e, y^{-1}xy = x^{-1}\rangle.$$

引理 2.9.3　([34, 定理 3.1]) $\mathcal{P}_I(G)$ 是完全的当且仅当要么 G 是循环的 p-群, 要么 G 是一个广义四元数 2-群.

回忆广义四元数的定义, 令 m 是一个大于或等于 2 的正整数, 则阶为 $4m$ 的广义四元数群被记作 Q_{4m}, 且 Q_{4m} 有如下表达式:

$$Q_{4m} = \langle x, y : x^m = y^2, x^{2m} = e, y^{-1}xy = x^{-1}\rangle.$$

注意 $\mathcal{P}_I(Q_{4m})$ 是 $\mathcal{P}_I(\mathbb{Z}_{2m})$ 和两个完全二部图 $K_{1,2m}$ (共享顶点 e 和 x^m) 的并. 如果 m 是 2 的方幂, 则显然 $\mathcal{P}_I(Q_{4m})$ 是完全图, 于是 $\widehat{Q_{4m}} = \{\widehat{e}\}$. 此外, 根据式 (2.3.9) 和式 (2.3.10), 如果 m 不是 2 的方幂, 则

$$\{x^i y : 1 \leqslant i \leqslant 2m\} \subseteq \widehat{x^m}, \quad \widehat{e} = \{e\} \tag{2.9.4}$$

且

$$\widehat{Q_{4m}} = \{\widehat{g} : g \in \langle x \rangle\}, \tag{2.9.5}$$

其中 Q_{4m} 是广义四元数群.

现在结合式 (2.9.4)、式 (2.9.5) 和定理 2.9.1, 我们有下面的结论.

命题 2.9.3　令 $2m = p_1^{r_1} p_2^{r_2} \cdots p_t^{r_t}$ 是一个至少为 4 的正整数, 其中 $p_1, p_2, \cdots, p_t$ 是成对不同的素数满足 $2 = p_1 < p_2 < \cdots < p_t$, 且对所有 $1 \leqslant i \leqslant t$ 有 $r_i \geqslant 1$, 则

$$\mathrm{sdim}(\mathcal{P}_I(Q_{4m})) = \begin{cases} 4m - 1, & \text{如果 } t = 1; \\ 4m - 2^{t-1} - 1, & \text{否则}. \end{cases}$$

在本节, 对于每一个 $p \in \pi(G)$, 如果群 G 有一个唯一的阶为 p 的子群, 则称群 G 为一个 Ψ-群. 例如, 任一循环群都是一个 Ψ-群. 此外, $\mathbb{Z}_5$ 和 $\mathbb{Z}_8$ 的半直积 (通过平凡映射) 有如下表达式:

$$\mathbb{Z}_5 \rtimes_\psi \mathbb{Z}_8 := \langle a, b : a^5 = b^8 = e, bab^{-1} = a^2 \rangle,$$

容易验证 $\mathbb{Z}_5 \rtimes_\psi \mathbb{Z}_8$ 有一个阶为 2 的唯一子群和一个阶为 5 的唯一子群, 于是它是一个 Ψ-群. 注意如果 G 是一个 Ψ-群, 则 G 有一个阶为 $\prod_{p \in \pi(G)} p$ 的元素.

引理 2.9.4 ([84, 定理 3 和推论 2]) 令 $a \in G \setminus \{e\}$, 则 $N[a] = G$ 当且仅当 G 是一个 Ψ-群且对任一 $p \in \pi(G)$, 有 $p \mid o(a)$。

显然, $\text{sdim}(\mathcal{P}_I(G)) = |G| - 1$ 当且仅当 G 要么是一个循环 p-群, 要么是一个广义四元数 2-群。最后, 我们刻画交幂图的度量维数为 $|G| - 2$ 的所有有限群 G。

定理 2.9.3 令 G 是一个阶为 n 的群, 则 $\text{sdim}(\mathcal{P}_I(G)) = n - 2$ 当且仅当 G 同构于下面的一个群:

(a) 一个至少有两个不同素数阶循环群的 CP-群;

(b) 一个满足 $|\pi(G)| = 2$ 的 Ψ-群。

证明 首先假设 G 是一个包含至少两个素数阶的不同循环子群的 CP-群, 则引理 2.9.1 和引理 2.9.4 蕴涵 $\widehat{e} = \{e\}$。现在对任意 $\widehat{a} \in \widehat{G}$ 满足 $a \neq e$, 有 a 是素数阶的。于是 $\mathcal{R}_G$ 是一个星图, 因此 $\omega(\mathcal{R}_G) = 2$。于是, 根据定理 2.9.1, 期望的结果成立。接下来, 我们假设 G 是一个满足 $|\pi(G)| = 2$ 的 Ψ-群, 不妨设 $\pi(G) = \{p, q\}$, 其中 p 和 q 是不同的素数。于是根据 Ψ-群的定义和引理 2.9.1, 我们有 $\widehat{G} = \{\widehat{e}, \widehat{x}, \widehat{y}\}$, 其中

$$\widehat{e} = \{e, a : \pi(a) = \{p, q\}\}, \quad \widehat{x} = \{g : \pi(g) = \{p\}\}, \quad \widehat{y} = \{g : \pi(g) = \{q\}\}。$$

故 $\omega(\mathcal{R}_G) = 2$, 因此定理 2.9.1 蕴涵 $\text{sdim}(\mathcal{P}_I(G)) = n - 2$。

反之, 假设 $\text{sdim}(\mathcal{P}_I(G)) = n - 2$。首先考虑 G 是一个 Ψ-群。如果 $|\pi(G)| = 1$, 则 G 有一个素数阶的唯一子群, 因此引理 2.1.1 蕴涵要么 G 是一个循环群, 要么 G 是一个广义四元数 2-群, 这是不可能的。现在根据反证法, 假设存在不同的素数 $p, q, r \in \pi(G)$, 则 G 有一个阶为 pqr 的元素 a。于是由引理 2.9.1 可知 $\widehat{a}$、$\widehat{a^p}$ 和 $\widehat{a^{pq}}$ 是三个不同的 $\approx$-类。显然, $\{a, a^p, a^{pq}\}$ 是 $\mathcal{P}_I(G)$ 的一个团。因此, 我们有 $\omega(\mathcal{R}_G) \geqslant 3$。现在由定义 2.9.1 可知 $\text{sdim}(\mathcal{P}_I(G)) \neq n - 2$, 矛盾。因此, 在这种情况下, 我们可得 $|\pi(G)| = 2$。

接下来假设 G 不是一个 Ψ-群, 则引理 2.9.4 蕴涵 $\widehat{e} = \{e\}$。如果存在 $b \in G$ 使得 $o(b)$ 是两个不同素数的乘积, 设为 $o(b) = pq$, 则 $\widehat{e}$、$\widehat{b}$ 和 $\widehat{b^p}$ 是不同的 $\approx$-类, 由于定理 2.9.1 和 $\{e, b, b^p\}$ 是 $\mathcal{P}_I(G)$ 的团, 因此 $\text{sdim}(\mathcal{P}_I(G)) \neq n - 2$, 矛盾。于是 G 是一个 CP-群。如果 G 恰有一个素数阶的循环子群, 则引理 2.1.1 蕴涵 $\text{sdim}(\mathcal{P}_I(G)) \neq n - 1$, 这是不可能的。于是, G 是一个至少有两个不同素数阶循环群的 CP-群。 □

将定理 2.9.3 应用到幂零群, 我们有下面的推论。

推论 2.9.1 令 G 是阶为 n 的幂零群, 则 $\mathrm{sdim}(\mathcal{P}_I(G)) = n - 2$ 当且仅当 G 同构于下面的某个群:

(a) 既不是循环群, 也不是广义四元数群的 p-群, 其中 p 是素数;

(b) $\mathbb{Z}_{p^m q^n}$, 其中 p 和 q 是不同的素数且 $m, n \geqslant 1$;

(c) $Q_{2^m} \times \mathbb{Z}_{q^n}$, 其中 q 是一个奇素数, $m \geqslant 3$ 且 $n \geqslant 1$。

2.9.2 度量维数

在本小节, 我们将给出群的交幂图的度量维数的上下界 (见定理 2.9.4)。作为推论, 我们能完全得到循环群 (见命题 2.9.5)、二面体群 (见命题 2.9.6) 和广义四元数群 (见命题 2.9.7) 的交幂图的度量维数。

我们首先在图 $\mathcal{P}_I(G)$ 中定义一个二元关系 $\equiv$, 如下所示:

$$x \equiv y \Leftrightarrow N[x] = N[y] \text{ 或 } N(x) = N(y),$$

其中 $x, y \in G$。Hernando 等[85]首次介绍了该关系, 且由文献 [85] 中的引理 2.6, 可知 $\equiv$ 是一个 G 上的等价关系。下面, 将包含 $x \in G$ 的等价类 $\equiv$-类记作 $\overline{x}$, 且记 $\overline{G} = \{\overline{x} : x \in G\}$。在计算交幂图的度量维数上, 下面的结论扮演着重要的角色。

引理 2.9.5 ([85, 引理 2.3]) 令 $\varGamma$ 是连通图, 对 $u, v \in V(\varGamma)$, 如果 $u \equiv v$, 则对每一 $x \in V(\varGamma) \setminus \{u, v\}$, 都有 $d(u, x) = d(v, x)$。

群 G 中的对合 u 被称为极大的, 如果 $u \in \langle g \rangle$ 蕴涵 $u = g$, 其中 $g \in G$。例如, 在三次对称群中, $\{(12), (13), (23)\}$ 中的每一个元素均是极大对合。

观察 2.9.2 下面的结论成立:

(i) 如果 $\overline{x} \in \overline{G}$, 则 $\langle x \rangle$ 的每一个生成元均属于 $\overline{x}$;

(ii) 在 G 中, 一个对合 u 是极大的当且仅当在 $\mathcal{P}_I(G)$ 中, 有 $N(u) = \{e\}$;

(iii) 一个循环群 $\mathbb{Z}_n$ 有一个极大对合当且仅当 $n = 2$。

引理 2.9.6 令 x, y 是 G 的不同的元素, 则在图 $\mathcal{P}_I(G)$ 中 $N(x) = N(y)$ 当且仅当 x, y 是 G 的极大对合。

证明 如果 x, y 是 G 的极大对合, 则显然 $N(x) = \{e\} = N(y)$, 充分性得证。对于必要性, 现在假设在图 $\mathcal{P}_I(G)$ 中, 有 $N(x) = N(y)$。我们首先声明 x 是一个对合。通过反证法, 假设 $o(x) \geq 3$, 则 $x^{-1} \in N(x)$, 所以 $x^{-1} \in N(y)$。即 $\langle y \rangle \cap \langle x \rangle$ 是非平凡的。因此 $y \in N(x)$, 故 $y \in N(y)$, 矛盾。于是我们可得 x 是一个对合。类似地, 我们也能得到 y 是一个对合。另外, 如果存在 $z \in G \setminus \{e\}$ 使得 $z \in N(x)$, 则 $x \in \langle z \rangle$, 于是由 $N(x) = N(y)$, 可知 $y \in \langle z \rangle$。由于 $\langle z \rangle$ 仅有一个对合, 因此这是不可能的。于是, 观察 2.9.2(ii) 蕴涵 x 是一个极大对合。类似地, 我们可知 y 也是一个极大对合。 □

引理 2.9.7 令 $|G| \geq 3$ 和 $x \in G$, 则 $\overline{x} = \{x\}$ 当且仅当下面的一个条件成立:

(a) G 不是一个 Ψ-群且 $x = e$;

(b) G 有一个唯一的极大对合, 即 x;

(c) x 是一个对合且是非极大的, 且对某个 $g \in G$, 如果 $x \in \langle g \rangle$, 则 $4 \nmid o(g)$,

特别地, $\overline{x} = \{x\}$ 蕴涵 $o(x) \leq 2$。

证明 如果 (a) 发生, 则在 G 中, 引理 2.9.4 蕴涵不存在元素 $a \neq e$ 使得 $N[a] = G$, 于是 $\overline{e} = \{e\}$, 正如期望的那样。如果 (b) 发生, 因为 $|G| \geq 3$, 由观察 2.9.2(ii) 和引理 2.9.6, 我们可知如果 $a \in \overline{x}$, 则 $N[x] = N[a] = \{e, x\} = \{e, a\}$, 这意味着 $a = x$, 正如期望的那样。现在假设 (c) 发生。设 $b \in \overline{x}$, 则由引理 2.9.6, 我们可知 $N[x] = N[b]$。注意 x 是一个对合, 引理 2.9.1 意味着 $\langle x \rangle = \langle x \rangle \cap \langle b \rangle$ 且 $\pi(b) = \{2\}$。因为 $x \in \langle b \rangle$, 所以 $o(b) = 2$, 这意味着 $b = x$。

现在考虑逆命题, 假设 $\overline{x} = \{x\}$, 则由观察 2.9.2(i) 可知 $o(x) \leq 2$。如果 $x = e$, 则引理 2.9.4 蕴涵 (a) 成立。下面假设 x 是一个对合, 如果 x 是极大对合, 则由引理 2.9.6 可知 (b) 成立。最后, 我们假设 x 不是极大对合。对某个 $g \in G$, 令 $x \in \langle g \rangle$, 如果 $4 \mid o(g)$, 取 $y \in \langle g \rangle$ 满足 $o(y) = 4$, 则由引理 2.9.1 可知 $N[y] = N[x]$, 于是 $y \in \overline{x}$, 这是不可能的。因此, 在这种情况之下, (c) 成立。 □

引理 2.9.8 $\mathcal{P}_I(G)$ 中的每一个 $\equiv$-类要么是一个 $\approx$-类, 要么是所有极大对合组成的集合。

证明 令 $\overline{x} \in \overline{G}$, 如果 $|\overline{x}| = 1$, 则显然 $\overline{x}$ 是一个 $\approx$-类。下面我们假设 $|\overline{x}| \geq 2$, 只需要证明: 如果存在 $x' \in \overline{x} \setminus \{x\}$ 使得 $N(x) = N(x')$, 则 $\overline{x}$ 是所有极大对合组

成的集合。

现在假设存在 $x' \in \overline{x} \setminus \{x\}$ 使得 $N(x) = N(x')$, 则引理 2.9.6 蕴涵 x, x' 是 G 的极大对合。令 $y \in \overline{x} \setminus \{x\}$, 通过反证法, 我们假设 $N[x] = N[y]$, 则根据观察 2.9.2(ii), 可知 $N[y] = \{e, x\}$, 于是 $y = e$。因此, $N[x] = G = \{e, x\}$, 这与条件 x, x' 是极大对合矛盾。于是, 我们有 $N(x) = N(y)$, 故根据引理 2.9.6 可知 y 是极大对合, 即 $\overline{x}$ 是所有极大对合组成的集合。 □

在循环群的交幂图中, 我们现在确定所有的 $\equiv$-类。

引理 2.9.9 令 $n = p_1^{r_1} p_2^{r_2} \cdots p_t^{r_t}$ 是一个正整数, 其中 $t \geqslant 2$, $p_1, p_2, \cdots, p_t$ 是成对不同的素数且对所有 $1 \leqslant i \leqslant t$ 有 $r_i \geqslant 1$, 则

$$\overline{\mathbb{Z}_n} = \{A_{l_1 l_2 \cdots l_k} : 1 \leqslant l_1 < l_2 < \cdots < l_k \leqslant t\}, \tag{2.9.6}$$

其中如果 $k < t$, 则有

$$A_{l_1 l_2 \cdots l_k} = \{x \in \mathbb{Z}_n : o(x) = p_{l_1}^{\alpha_1} p_{l_2}^{\alpha_2} \cdots p_{l_k}^{\alpha_k}\}$$

且对所有 $1 \leqslant j \leqslant k$ 有 $\alpha_j \geqslant 1$; 如果 $k = t$, 则

$$A_{l_1 l_2 \cdots l_k} = \{x \in \mathbb{Z}_n : o(x) = 1 \text{ 或 } n\}\text{。}$$

特别地, $|\overline{\mathbb{Z}_n}| = 2^t - 1$。

证明 通过观察 2.9.2(iii) 和 $t \geqslant 2$, 我们可知 $\mathbb{Z}_n$ 没有极大对合。于是由引理 2.9.8, 可知对不同的 $x, y \in \mathbb{Z}_n$, $x \equiv y$ 当且仅当 $N[x] = N[y]$。注意在 $\mathbb{Z}_n$ 中, 我们有 $N[e] = \mathbb{Z}_n$。现在根据引理 2.9.2, 可知结论成立。 □

显然, 由引理 2.9.9 可知下面的结论成立。

引理 2.9.10 在 $\mathcal{P}_I(\mathbb{Z}_n)$ 中, 我们有 $\overline{x} = \{x\}$ 当且仅当 $o(x) = 2$ 且 $n = 2m$, 其中 m 是一个至少为 3 的奇素数。

给定群 G, 用 $\mathbf{I}(G)$ 表示所有满足条件 $\overline{x} = \{x\}$ 的对合 x 构成的集合, 即

$$\mathbf{I}(G) = \{x \in G : \overline{x} = \{x\} \text{ 且 } o(x) = 2\}\text{。}$$

此外, 对不同的 $a, b \in G$, 在 $\mathcal{P}_I(G)$ 中, 我们定义

$$R\{a, b\} := \{x \in G : d(a, x) \neq d(b, x)\}$$

是所有可解 a 和 b 的顶点组成的集合。

命题 2.9.4 令 G 是阶至少为 4 的群且令 $\{x_1, x_2, \cdots, x_k\}$ 是在所有 $\equiv$-类中取代表元构成的集合，则

$$S =: G \setminus \{x_1, x_2, \cdots, x_t\} \cup \mathbf{I}(G)$$

是 $\mathcal{P}_I(G)$ 的一个可解集合。

证明 如果 $|\overline{G}| = 1$，由于 G 是一个阶至少为 4 的群，则我们有 $\mathbf{I}(G) = \varnothing$，于是 $|S| = |G| - 1$，这意味着 S 是 $\mathcal{P}_I(G)$ 的一个可解集合。因此，下面我们假设 $|\overline{G}| \geqslant 2$，且在 $\{x_1, x_2, \cdots, x_r\}$ 中假设存在 a 和 b 使得 $a, b \notin \mathbf{I}(G)$，只需要证明存在 $s \in S$ 使得 $s \in R\{a, b\}$ 即可。注意 $\overline{a} \neq \overline{b}$。因此，不失一般性，我们可以假设存在元素 $x \in G$ 使得 $x \in N(a)$ 且 $x \notin N(b)$。如果 $|\overline{x}| \geqslant 2$，则我们可以选择 $x' \in \overline{x} \cap S$，于是 $x' \in R\{a, b\}$，正如期望的那样。

现在假设 $|\overline{x}| = 1$，显然我们有 $x \neq e$。由引理 2.9.7，可知 x 是对合，故有 $x \in \mathbf{I}(G)$。因此，我们得 $x \in S$ 且 $x \in R\{a, b\}$。 □

接下来，我们给出本节的主要结果。

定理 2.9.4 令 G 是一个有限群，则

$$n - |\overline{G}| \leqslant \dim(\mathcal{P}_R(G)) \leqslant n - |\overline{G}| + |\mathbf{I}(G)|, \tag{2.9.7}$$

其中 n 为群 G 的阶。

证明 令 S 是 $\mathcal{P}_I(G)$ 的一个可解集，如果存在不同的 $x, y \in G$ 使得 $\overline{x} = \overline{y}$ 且 $x, y \notin S$，则根据引理 2.9.5 可知 S 中没有元素可解 x 和 y，矛盾。因此，对于每一 $\overline{g} \in \overline{G}$，$\overline{g}$ 最多有一个元素不属于 S。于是，我们可知

$$\dim(\mathcal{P}_I(G)) \geqslant |S| \geqslant n - |\overline{G}|。$$

另外，命题 2.9.4 蕴涵

$$\dim(\mathcal{P}_I(G)) \leqslant n - |\overline{G}| + |\mathbf{I}(G)|,$$

于是，式 (2.9.7) 成立。 □

将定理 2.9.4 应用到一些特殊群，我们可得下面的结果。

推论 2.9.2 假设 G 是阶为 n 的群且 $\mathbf{I}(G) = \varnothing$，则

$$\dim(\mathcal{P}_I(G)) = n - |\overline{G}|.$$

例 2.9.1 设 $n = 2^m n'$ 是一个正整数，其中 $m \geqslant 2$ 且 n' 是奇数，则根据引理 2.9.10，我们可知 $\mathbf{I}(\mathbb{Z}_n) = \varnothing$，于是 $\dim(\mathcal{P}_I(\mathbb{Z}_n)) = n - |\overline{\mathbb{Z}_n}|$。

注意一个奇数阶的群没有对合，因此下面的结论成立。

推论 2.9.3 令 G 是一个阶为 n 的群，如果 n 是奇数，则

$$\dim(\mathcal{P}_I(G)) = n - |\overline{G}|.$$

命题 2.9.5 令 $n = p_1^{r_1} p_2^{r_2} \cdots p_t^{r_t}$ 是一个正整数，其中 $p_1, p_2, \cdots, p_t$ 是两两不同的素数满足 $p_1 < p_2 < \cdots < p_t$，且对所有 $1 \leqslant i \leqslant t$ 有 $r_i \geqslant 1$，则

$$\dim(\mathcal{P}_I(\mathbb{Z}_n)) = \begin{cases} n-1, & \text{如果 } t = 1; \\ n - 2^t + 2, & \text{如果 } t \geqslant 2, p_1 = 2 \text{ 且 } r_1 = 1; \\ n - 2^t + 1, & \text{其他。} \end{cases}$$

证明 如果 $t = 1$，则我们可知 $\mathcal{P}_I(\mathbb{Z}_n)$ 是完全的，因此 $\dim(\mathcal{P}_I(\mathbb{Z}_n)) = n - 1$。

接下来假设 $t \geqslant 2$，$p_1 = 2$ 且 $r_1 = 1$，则引理 2.9.10 蕴涵 $\mathbf{I}(\mathbb{Z}_n) = \{x\}$，其中 x 是 $\mathbb{Z}_n$ 中的唯一对合。根据引理 2.9.9，我们可知 $|\overline{\mathbb{Z}_n}| = 2^t - 1$。因此，由定理 2.9.4，我们可知

$$n - 2^t + 1 \leqslant \dim(\mathcal{P}_I(\mathbb{Z}_n)) \leqslant n - 2^t + 2. \tag{2.9.8}$$

通过反证法，假设 $\dim(\mathcal{P}_I(\mathbb{Z}_n)) = n - 2^t + 1$，则根据引理 2.9.5，可知

$$S =: \mathbb{Z}_n \setminus \{x_1, x_2, \cdots, x_{2^t - 1}\}$$

是 $\mathcal{P}_I(\mathbb{Z}_n)$ 的一个可解集，其中 $\{x_1, x_2, \cdots, x_{2^t - 1}\}$ 是在 $\mathcal{P}_I(\mathbb{Z}_n)$ 中的所有 $\equiv$-类中取代表元构成的集合。不失一般性，令

$$\overline{x_1} = \overline{e}, \quad \overline{x_2} = \overline{y},$$

其中 $o(y) = p_2 p_3 \cdots p_t$。注意在 $\mathcal{P}_I(\mathbb{Z}_n)$ 中，两个不同的非单位元 a, b 是相邻的当且仅当 $\pi(a) \cap \pi(b) \neq \varnothing$。根据引理 2.9.9，容易看到 $R\{x_1, x_2\} = \{x\}$。但是，由于 $\overline{x} = \{x\}$，于是 $x \notin S$，矛盾。式(2.9.8) 蕴涵 $\dim(\mathcal{P}_I(\mathbb{Z}_n)) = n - 2^t + 2$。

最后，我们假设 $t \geqslant 2$ 且 $n \neq 2n'$，其中 n' 是一个至少为 3 的奇素数，则引理 2.9.10 蕴涵 $\mathbf{I}(\mathbb{Z}_n) = \varnothing$。现在结合推论 2.9.2 和引理 2.9.9，我们可知

$$\dim(\mathcal{P}_I(\mathbb{Z}_n)) = n - 2^t + 1,$$

结论成立。 □

回忆二面体的定义，设 n 是大于或等于 3 的正整数，阶为 $2n$ 的二面体群被记作 D_{2n}，其表达式如下：

$$D_{2n} = \langle a, b : a^n = b^2 = e, bab = a^{-1} \rangle。$$

根据式 (2.3.7) 和式 (2.3.8)，容易得到

$$\overline{D_{2n}} = \{\overline{g} : g \in \langle a \rangle \setminus \{e\} \text{ 且 } \pi(g) \neq \pi(a)\} \cup \{\overline{a}, \overline{b}, \overline{e}\}, \tag{2.9.9}$$

其中

$$\overline{a} = \{x \in \langle a \rangle : \pi(x) = \pi(a)\}, \quad \overline{b} = D_{2n} \setminus \langle a \rangle, \quad \overline{e} = \{e\}。 \tag{2.9.10}$$

观察可知，$\mathcal{P}_I(D_{2n})$ 是 $\mathcal{P}_I(\mathbb{Z}_n) = \mathcal{P}_I(\langle a \rangle)$ 和星图 $K_{1,n}$(具有划分集 $\{e\}$ 和 $\{a^i b : 0 \leqslant i \leqslant n-1\}$ 的完全二部图) 共享顶点 e 的并。因此，容易得到

$$|\overline{D_{2n}}| = |\overline{\mathbb{Z}_n}| + 2。 \tag{2.9.11}$$

现在结合式 (2.9.9)、式(2.9.10)、式(2.9.11)、引理 2.9.9 和命题 2.9.5 的证明，我们有下面的结论。

命题 2.9.6 令 $n = p_1^{r_1} p_2^{r_2} \cdots p_t^{r_t}$ 是一个正整数，其中 $p_1, p_2, \cdots, p_t$ 是成对不同的素数使得 $p_1 < p_2 < \cdots < p_t$，且对所有 $1 \leqslant i \leqslant t$ 有 $r_i \geqslant 1$，则

$$\dim(\mathcal{P}_I(D_{2n})) = \begin{cases} 2n - 3, & \text{如果 } t = 1; \\ 2n - 2^t, & \text{如果 } t \geqslant 2, p_1 = 2 \text{ 且 } r_1 = 1; \\ 2n - 2^t - 1, & \text{其他。} \end{cases}$$

回忆广义四元数的定义，令 m 是一个大于或等于 2 的正整数，则阶为 $4m$ 的广义四元数群被记作 Q_{4m}。Q_{4m} 有如下表达式：

$$Q_{4m} = \langle x, y : x^m = y^2, x^{2m} = e, y^{-1}xy = x^{-1} \rangle。$$

注意 $\mathcal{P}_I(Q_{4m})$ 是 $\mathcal{P}_I(\mathbb{Z}_{2m})$ 和两个 $K_{1,2m}$ 共享顶点 e 和唯一的对合 x^m 的并。如果对某个 $k \geqslant 1$, 有 $m = 2^k$, 则 $\mathcal{P}_I(Q_{4m})$ 是完全的, 因此 $\overline{Q_{4m}} = \{\overline{e}\}$。此外, 根据式 (2.3.9) 和式 (2.3.10), 我们可知如果 m 不是 2 的方幂, 则

$$\overline{Q_{4m}} = \{\overline{g} : g \in \langle x \rangle\},$$

其中 $\overline{e} = \{e\}$ 且 $\{x^i y : 1 \leqslant i \leqslant 2m\} \subseteq \overline{x^m}$, 这蕴涵

$$|\overline{Q_{4m}}| = |\overline{\mathbb{Z}_{2m}}| + 1。 \tag{2.9.12}$$

因此, 如果 m 不是 2 的方幂, 则 $\mathbf{I}(G) = \varnothing$。现在由推论 2.9.2、引理 2.9.9 和式 (2.9.12) 可知下面的结果。

命题 2.9.7 令 $2m = p_1^{r_1} p_2^{r_2} \cdots p_t^{r_t}$ 是至少为 4 的正整数, 其中 $p_1, p_2, \cdots, p_t$ 是成对不同的素数使得 $2 = p_1 < p_2 < \cdots < p_t$, 且对所有 $1 \leqslant i \leqslant t$ 有 $r_i \geqslant 1$, 则

$$\dim\left(\mathcal{P}_I(Q_{4m})\right) = \begin{cases} 4m - 1, & \text{如果 } t = 1; \\ 4m - 2^t, & \text{其他}。 \end{cases}$$

注意式 (2.9.7) 中的上下界是好的。例如, 对任意奇阶群 G, $\dim\left(\mathcal{P}_I(G)\right)$ 能达到式 (2.9.7) 中的下界。此外, 命题 2.9.5 蕴涵对于至少为 3 的奇数 q, 如果 $n = 2q$, 则 $\dim\left(\mathcal{P}_I(\mathbb{Z}_n)\right)$ 能达到式 (2.9.7) 中的上界。

我们以注 2.9.1 结束本小节。在图 $\mathcal{P}_I(G)$ 中, $\mathbf{I}(G)$ 中的一个顶点可以不属于满足 $\dim\left(\mathcal{P}_I(G)\right) = |S|$ 的可解集 S。

注 2.9.1 令 $G = \mathbb{Z}_3 \times \mathbb{Z}_6$, 则图 $\mathcal{P}_I(G)$ 如图 2.1 所示, 其中 $N[(0,0)] = G$ 且 $\{(0,1), (0,5), (1,1), (2,5), (1,3), (2,3), (2,1), (1,5), (0,3)\}$ 是大小为 9 的团。容易看出

$$\overline{G} = \{\overline{(0,0)}, \overline{(0,1)}, \overline{(1,1)}, \overline{(1,3)}, \overline{(1,5)}, \overline{(0,3)}, \overline{(0,2)}, \overline{(2,2)}, \overline{(1,0)}, \overline{(1,2)}\}。$$

注意 $\mathbf{I}(G) = \{(0,3)\}$, 因此, 根据式 (2.9.7), 我们可知 $\dim\left(\mathcal{P}_I(G)\right) = 8$ 或者 9。现在容易看出

$$S := \{(2,4), (2,1), (2,0), (2,3), (2,2), (2,5), (0,4), (0,1)\}$$

是 $\mathcal{P}_I(G)$ 的一个可解集, 这意味着 $\dim\left(\mathcal{P}_I(G)\right) = 8$。此外, 容易看到 $(0,3) \notin S$。

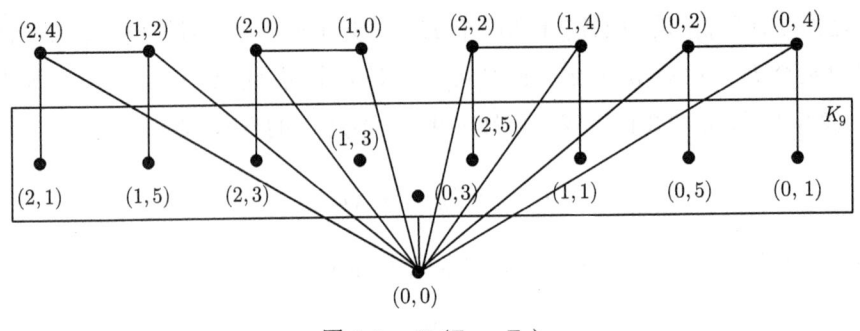

图 2.1　$\mathcal{P}_I(\mathbb{Z}_3 \times \mathbb{Z}_6)$

2.10　亏格为 1 的交幂图

图的嵌入理论 (或者说是拓扑图论) 是组合学的一个古老且成果丰富的分支, 这可能是因为这个分支与图论里面经典的欧拉等式 (与顶点数、边数、图嵌入到表面形成的面数相关) 密切相关, 最著名的一个例子是四色定理。决定一个图的亏格问题是 NP 困难的[86]。

在本节, 我们用 Ψ 表示满足下面条件的所有有限群 G 构成的集合:

(i) $\{4\} \subseteq \pi_e(G) \subseteq \{1,2,3,4\}$;

(ii) G 恰好有两个阶为 4 的循环子群且这两个循环子群的交为 2 阶循环子群。

注意 $\mathbb{Z}_2 \times \mathbb{Z}_4 \in \Psi$。此外, 我们用 SmallGroups library[87] 的唯一身份识别群, 这也是 GAP[88] 中群的唯一身份。也就是说, 阶为 n 的第 m 个群用 SmallGroup(n,m) 表示。

本节我们将完整地分类有限群, 使得它们的交幂图具有亏格 1, 即交幂图是环形的 (Toroidal) 或射影平面 (Projective-planar)。我们的主要结果是下面的两个定理。

定理 2.10.1　令 G 是一个群, 则 $\mathcal{P}_I(G)$ 是环形的当且仅当

$G \in \Psi \cup \{\mathbb{Z}_5, \mathbb{Z}_6, \mathbb{Z}_7, D_{10}, D_{12}, D_{14}, \text{SmallGroup}(20,3), \text{SmallGroup}(21,1)\}$。

定理 2.10.2　令 G 是一个群, 则 $\mathcal{P}_I(G)$ 是射影平面当且仅当

$G \in \Psi \cup \{\mathbb{Z}_5, \mathbb{Z}_6, D_{10}, D_{12}, \text{SmallGroup}(20,3)\}$。

2.10.1 预备引理

回忆二面体群 D_{2n} 的定义:
$$D_{2n} = \langle a, b : a^n = b^2 = e, bab = a^{-1} \rangle,$$
显然, $\mathbb{Z}_2 \times D_8 \in \Psi$。广义四元数群 Q_{4n} 的定义如下:
$$Q_{4n} = \langle x, y : x^n = y^2, x^{2n} = e, y^{-1}xy = x^{-1} \rangle,$$
则 $Q_8 \notin \Psi$。

引理 2.10.1 ([21, 引理 3.1]) 不存在恰好有两个阶为 6 的循环子群的有限群。

如果一个图的任意两个不同的顶点之间均有边, 则该图被称为一个完全图, 阶为 n 的完全图被记作 K_n。如果一个图的顶点集能被划分成非空集 V_1 和 V_2, 且对每两个不同的顶点 $u \in V_i$ 和 $v \in V_j$, 其中 $i, j \in \{1, 2\}$, u 和 v 相邻当且仅当 $i \neq j$, 则该图被称为一个完全二部图。如果 $|V_1| = m$ 且 $|V_2| = n$, 则该完全二部图被记作 $K_{m,n}$。对于图 Γ 的任一子图 Δ, 通过观察我们知道
$$\gamma(\Delta) \leqslant \gamma(\Gamma) \text{ 且 } \overline{\gamma}(\Delta) \leqslant \overline{\gamma}(\Gamma)。$$

下面的结果告诉我们如何计算一个完全图或完全二部图的 (非) 定向亏格。

定理 2.10.3 ([89]) 设 $n \geqslant 3$ 且 $m \geqslant 2$, 则

(a) $\gamma(K_n) = \lceil \frac{1}{12}(n-3)(n-4) \rceil$;

(b) 若 $n \neq 7$, 则 $\overline{\gamma}(K_n) = \lceil \frac{1}{6}(n-3)(n-4) \rceil$, $\overline{\gamma}(K_7) = 3$;

(c) $\gamma(K_{m,n}) = \lceil \frac{1}{4}(m-2)(n-2) \rceil$;

(d) $\overline{\gamma}(K_{m,n}) = \lceil \frac{1}{2}(m-2)(n-2) \rceil$。

通过定理 2.10.3, 我们立即可得下面的推论。

推论 2.10.1 上面的结果蕴涵以下结论:

(i) $\gamma(K_n) = 1$ 当且仅当 $n \in \{5, 6, 7\}$;

(ii) $\overline{\gamma}(K_n) = 1$ 当且仅当 $n \in \{5, 6\}$;

(iii) $\gamma(K_{4,6}) = 2$ 且 $\overline{\gamma}(K_{4,6}) = 4$。

图 Γ 的一个**砖**是 Γ 的一个极大连通子图 B, 如果它满足以下性质: 从 B 中移除任一顶点都不能使 B 不连通。根据文献 [90] 的主要结果, 容易看到一个图的两块不同的砖的顶点交最多大小为 1。给定图 Γ, 正如在文献 [90] 中描述的那样, 存在一个唯一的由砖构成的集合 $\mathcal{B}$ 使得

$$\Gamma = \bigcup_{B \in \mathcal{B}} B。$$

集合 $\mathcal{B}$ 被称为 Γ 的**砖分解集合**。关于图的砖分解集合的更多信息, 读者可参考文献 [90] 和 [91]。

下面我们用一个具体的例子说明图的砖分解集合。

例 2.10.1 令 $G = \mathbb{Z}_5 \times \mathbb{Z}_5$, 则 $\mathcal{P}_I(G)$ 是 6 个阶为 5 的完全图的并且这 6 个阶为 5 的完全图交于单位元, 该图如图 2.2 所示。因此, $\mathcal{P}_I(G)$ 的砖分解是 $\{B_1, B_2, \cdots, B_6\}$, 其中对每一个 $1 \leqslant i \leqslant 6$, $B_i \cong K_5$。

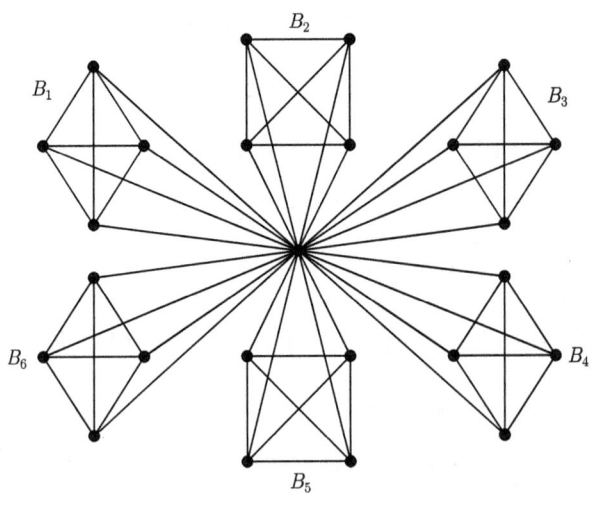

图 2.2 $\mathcal{P}_I(\mathbb{Z}_5 \times \mathbb{Z}_5)$

下面的定理告诉我们, 通过一个图的砖如何计算这个图的 (非) 定向亏格。

定理 2.10.4 ([90, 定理 1], [92, 推论 3]) 设 Γ 是具有 n 块砖 $B_1, \cdots, B_n$ 的连通图, 则以下结论成立。

(1)
$$\gamma(\varGamma) = \sum_{i=1}^{n} \gamma(B_i)。$$

(2) 若对每个 i 都有 $\overline{\gamma}(B_i) = 2\gamma(B_i) + 1$, 则
$$\overline{\gamma}(\varGamma) = 1 - n + \sum_{i=1}^{n} \overline{\gamma}(B_i);$$

否则,
$$\overline{\gamma}(\varGamma) = 2n - \sum_{i=1}^{n} \mu(B_i),$$

其中 $\mu(B_i) = \max\{2 - 2\gamma(B_i), 2 - \overline{\gamma}(B_i)\}$。

下面的结果容易得到, 在后面的证明中, 我们将频繁使用这些结果且不明确引用。

观察 2.10.1 由上面的叙述, 可知下面的结果成立。

(i) 令 $\varGamma$ 是图, 则 $\varGamma$ 是平面的当且仅当对 $\varGamma$ 的任一子图 Ω, Ω 也是平面图。

(ii) 如果 Ω 是 $\varGamma$ 的一个子图, 则 $\gamma(\Omega) \leqslant \gamma(\varGamma)$ 且 $\overline{\gamma}(\Omega) \leqslant \overline{\gamma}(\varGamma)$。

(iii) 如果 H 是 G 的一个子群, 则 $\mathcal{P}_I(H)$ 是 $\mathcal{P}_I(G)$ 的一个诱导子图。特别地, 我们有 $\gamma(\mathcal{P}_I(H)) \leqslant \gamma(\mathcal{P}_I(G))$ 且 $\overline{\gamma}(\mathcal{P}_I(H)) \leqslant \overline{\gamma}(\mathcal{P}_I(G))$。

(iv) $\mathbb{Z}_n$ 的每一个生成元都与 $\mathcal{P}_I(\mathbb{Z}_n)$ 中的任一其他顶点相邻。此外, $\mathbb{Z}_n$ 有 $\varphi(n)$ 个生成元, 其中 φ 是欧拉函数。

引理 2.10.2 ([34, 定理 3.1]) $\mathcal{P}_I(G)$ 是完全的当且仅当要么 G 是循环 p-群, 要么是广义四元数 2-群。

引理 2.10.3 ([11, 定理 2]) $\mathcal{P}(G)$ 是平面的当且仅当 $\pi_e(G) \subseteq \{1, 2, 3, 4\}$。

引理 2.10.4 $\mathcal{P}_I(G)$ 是平面图当且仅当 G 满足下面两个条件:

(I) $\pi_e(G) \subseteq \{1, 2, 3, 4\}$;

(II) 如果 G 有两个不同的 4 阶循环子群 $\langle x \rangle$ 和 $\langle y \rangle$, 则 $|\langle x \rangle \cap \langle y \rangle| = 1$。

证明 如果 G 满足 (I) 和 (II), 则容易看出 $\mathcal{P}_I(G) = \mathcal{P}(G)$, 因此根据引理 2.10.3, $\mathcal{P}_I(G)$ 是平面的。对于逆命题, 假设 $\mathcal{P}_I(G)$ 是平面的, 则 $\mathcal{P}(G)$ 也是平面的。于是由引理 2.10.3, 我们可知 (I) 成立。现在通过反证法, 假设 G 有两个不

同的 4 阶循环子群 $\langle x \rangle$ 和 $\langle y \rangle$ 使得 $|\langle x \rangle \cap \langle y \rangle| = 2$, 则被 $\langle x \rangle \cup \langle y \rangle$ 诱导的子图同构于 K_6, 这与 K_6 是非平面图相矛盾。因此, (II) 成立。 □

引理 2.10.4 蕴涵 $\gamma(\mathcal{P}_I(\mathbb{Z}_n)) = 0$ 当且仅当 $n \in \{1,2,3,4\}$, 当且仅当 $\overline{\gamma}(\mathcal{P}_I(\mathbb{Z}_n)) = 0$。下面我们分类具有亏格为 1 的交幂图所对应的循环群。

引理 2.10.5 对于循环群 $\mathbb{Z}_n$, 我们有如下结论:
(i) $\gamma(\mathcal{P}_I(\mathbb{Z}_n)) = 1$ 当且仅当 $n \in \{5,6,7\}$;
(ii) $\overline{\gamma}(\mathcal{P}_I(\mathbb{Z}_n)) = 1$ 当且仅当 $n \in \{5,6\}$。

证明 (i) 显然我们有 $\mathcal{P}_I(\mathbb{Z}_5) \cong K_5$ 且 $\mathcal{P}_I(\mathbb{Z}_7) \cong K_7$。因此, 根据推论 2.10.1, 可知 $\gamma(\mathcal{P}_I(\mathbb{Z}_5)) = \gamma(\mathcal{P}_I(\mathbb{Z}_7)) = 1$。此外, 容易看出 $\mathcal{P}_I(\mathbb{Z}_6) = \mathcal{P}(\mathbb{Z}_6)$, 如图 2.3所示, 其中 $\mathbb{Z}_6 = \langle g \rangle$。于是, 由文献 [93] 中的定理 3.2 可知 $\gamma(\mathcal{P}(\mathbb{Z}_6)) = 1$, 进而 $\gamma(\mathcal{P}_I(\mathbb{Z}_6)) = 1$。

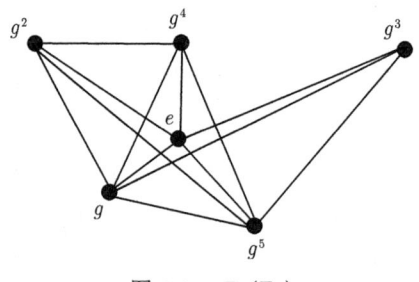

图 2.3 $\mathcal{P}_I(\mathbb{Z}_6)$

对于逆命题, 假设 $\gamma(\mathcal{P}_I(\mathbb{Z}_n)) = 1$, 则由引理 2.10.4 可知 $n \geqslant 5$。通过反证法, 假设 $n \geqslant 10$, 则 $\varphi(n) \geqslant 4$, 因此 $\mathbb{Z}_n$ 至少有 4 个生成元。因为在 $\mathcal{P}_I(\mathbb{Z}_n)$ 中, $\mathbb{Z}_n$ 的每一个生成元都与任一其他顶点相邻, 所以 $\mathcal{P}_I(\mathbb{Z}_n)$ 有一个同构于 $K_{4,6}$ 的子图。根据推论 2.10.1, 我们有 $\gamma(K_{4,6}) = 2$, 因此 $\gamma(\mathcal{P}_I(\mathbb{Z}_n)) \geqslant 2$, 矛盾。因此 $n \leqslant 9$, 此外, 通过定理 2.10.3可知, $\gamma(\mathcal{P}_I(\mathbb{Z}_8)) = 2$ 且 $\gamma(\mathcal{P}_I(\mathbb{Z}_9)) = 3$, 故 $n \leqslant 7$。

(ii) 根据推论 2.10.1, 我们有 $\overline{\gamma}(\mathcal{P}_I(\mathbb{Z}_5)) = \overline{\gamma}(K_5) = 1$。此外, 由于 $\overline{\gamma}(K_5) \leqslant \overline{\gamma}(\mathcal{P}_I(\mathbb{Z}_6)) \leqslant \overline{\gamma}(K_6)$ 且 $\overline{\gamma}(K_6) = 1$, 于是 $\overline{\gamma}(\mathcal{P}_I(\mathbb{Z}_6)) = 1$。对于逆命题, 假设 $\overline{\gamma}(\mathcal{P}_I(\mathbb{Z}_n)) = 1$, 由引理 2.10.4 可知 $n \geqslant 5$。类似于 (i) 的证明, 如果 $n \geqslant 10$, 则 $\mathcal{P}_I(\mathbb{Z}_n)$ 有一个同构于 $K_{4,6}$ 的子图, 通过推论 2.10.1, 可知 $\overline{\gamma}(K_{4,6}) = 4$, 矛盾。因此, $n \leqslant 9$。此外, 根据定理 2.10.3, $\overline{\gamma}(\mathcal{P}_I(\mathbb{Z}_7)) = 3$, $\overline{\gamma}(\mathcal{P}_I(\mathbb{Z}_8)) = 4$ 且 $\overline{\gamma}(\mathcal{P}_I(\mathbb{Z}_9)) = 5$, 故 $n \leqslant 6$。 □

引理 2.10.6 设 $G \in \Psi$，则 $\gamma(\mathcal{P}_I(G)) = 1$ 且 $\overline{\gamma}(\mathcal{P}_I(G)) = 1$。

证明 根据 Ψ 的定义，G 恰好有一对阶为 4 的循环子群 $\langle x \rangle$ 和 $\langle y \rangle$ 使得 $|\langle x \rangle \cap \langle y \rangle| = 2$，则被 $\langle x \rangle \cup \langle y \rangle$ 诱导的子图同构于 K_6。此外，根据交幂图的定义，我们可知 $\mathcal{P}_I(G)$ 是一些阶最多为 4 和阶为 6 的完全图的并，且这些完全图共享 G 的单位元，该图如图 2.4 所示。于是 $\mathcal{P}_I(G)$ 有一个砖分解 $\mathcal{B}$ 使得每一块砖 $B \in \mathcal{B}$ 同构于 K_2、K_3、K_4 或者 K_6。因为 $\mathcal{P}_I(G)$ 恰有一块砖同构于 K_6，所以通过定理 2.10.4，我们有 $\gamma(\mathcal{P}_I(G)) = 1$ 且 $\overline{\gamma}(\mathcal{P}_I(G)) = 1$。 □

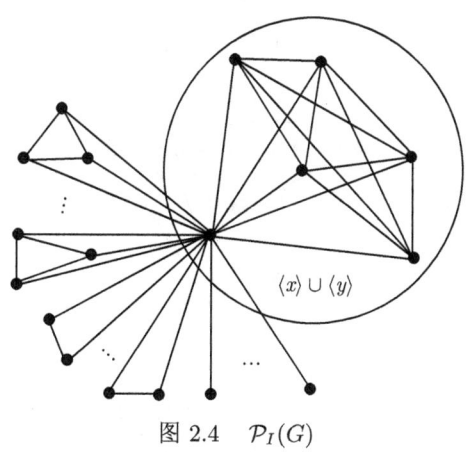

图 2.4 $\mathcal{P}_I(G)$

引理 2.10.7 令 G 是满足 $\pi_e(G) \subseteq \{1,2,3,4\}$ 的群，则下面的表述是等价的：

(a) $\gamma(\mathcal{P}_I(G)) = 1$；
(b) $\overline{\gamma}(\mathcal{P}_I(G)) = 1$；
(c) $G \in \Psi$。

证明 我们首先证明 (a) 和 (c) 是等价的。显然，由引理 2.10.6 可知 (c) 蕴涵 (a)。现在假设 $\gamma(\mathcal{P}_I(G)) = 1$，如果 G 没有 4 阶循环子群或者恰好有一个 4 阶循环子群，则引理 2.10.4 蕴涵 $\mathcal{P}_I(G)$ 是平面图，矛盾。因此，$\{4\} \subseteq \pi_e(G) \subseteq \{1,2,3,4\}$ 且至少存在两个 4 阶循环子群 $\langle x \rangle$ 和 $\langle y \rangle$ 使得 $|\langle x \rangle \cap \langle y \rangle| = 2$，下面我们需要证明这两个循环子群是唯一的。如果存在 $z \in G \setminus (\langle x \rangle \cup \langle y \rangle)$ 使得 $o(z) = 4$ 且 $|\langle x \rangle \cap \langle z \rangle| = 2$，则被 $\langle x \rangle \cup \langle y \rangle \cup \langle z \rangle$ 诱导的子图同构于 K_8，根据定理 2.10.3，这个图有亏格 2，矛盾。于是我们可知如果存在一个 4 阶元素 $z \in G \setminus (\langle x \rangle \cup \langle y \rangle)$，

则 $|\langle z\rangle \cap \langle x\rangle| = |\langle z\rangle \cap \langle y\rangle| = 1$。通过反证法，假设存在两个不同的 4 阶循环子群 $\langle x'\rangle$ 和 $\langle y'\rangle$ 使得 $|\langle x'\rangle \cap \langle y'\rangle| = 2$ 且 $x', y' \in G \setminus (\langle x\rangle \cup \langle y\rangle)$。根据前面的讨论可知 $|\langle x'\rangle \cap \langle x\rangle| = |\langle x'\rangle \cap \langle y\rangle| = 1$。因此，被 $\langle x\rangle \cup \langle y\rangle \cup \langle x'\rangle \cup \langle y'\rangle$ 诱导的子图 Ω 是两个 6 阶完全图的并且共享单位元，这个图如图 2.5 所示。因此，Ω 有两块同构于 K_6 的砖，于是通过定理 2.10.3 和定理 2.10.4，$\gamma(\Omega) = 2$。于是 $\gamma(\mathcal{P}_I(G)) \geqslant \gamma(\Omega) = 2$，这与 $\gamma(\mathcal{P}_I(G)) = 1$ 矛盾。我们可得 G 恰好有一对 4 阶循环子群使得它们的交的大小为 2，因此 $G \in \Psi$。

注意通过定理 2.10.3 和定理 2.10.4，我们有 $\overline{\gamma}(K_8) = 4$ 且 $\overline{\gamma}(\Omega) = 2$。类似于上面的定理，我们有 $\overline{\gamma}(\mathcal{P}_I(G)) = 1$ 当且仅当 $G \in \Psi$。 □

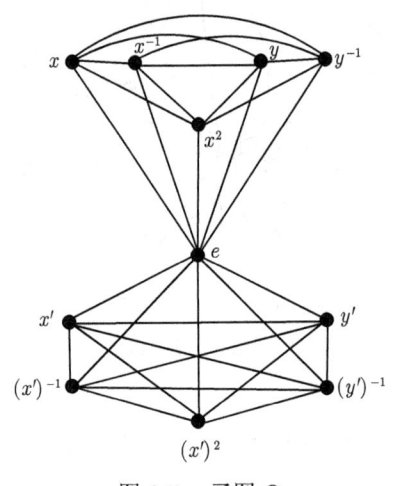

图 2.5 子图 Ω

引理 2.10.8 令 G 是满足 $\{5\} \subseteq \pi_e(G) \subseteq \{1, 2, 3, 4, 5\}$ 的群，则下面的表述是等价的。

(a) $\gamma(\mathcal{P}_I(G)) = 1$。

(b) G 同构于下面的某个群：

$$\mathbb{Z}_5, \ D_{10}, \ \mathrm{SmallGroup}(20, 3) \cong \langle g, w : g^5 = w^4 = e, wgw^{-1} = g^2\rangle. \tag{2.10.1}$$

(c) $\overline{\gamma}(\mathcal{P}_I(G)) = 1$。

证明 我们首先证明如果 G 同构于式 (2.10.1) 中的一个群，则 $\gamma(\mathcal{P}_I(G)) = 1$。根据引理 2.10.5，我们有 $\gamma(\mathcal{P}_I(\mathbb{Z}_5)) = 1$。此外，根据式 (2.3.7)，容易看出 $\mathcal{P}_I(D_{10})$

恰好有一块砖同构于 K_5, 且其他任一块砖同构于 K_2. 于是根据定理 2.10.3 和定理 2.10.4, 我们有 $\gamma(\mathcal{P}_I(D_{10})) = 1$. 现在令 G 等于 SmallGroup(20,3), 使用 GAP[88], 我们能推导出 G 有一个唯一的 5 阶循环子群, 且有 5 个两两不同的 4 阶循环子群使得它们当中的每两个子群的交均为平凡的. 于是 $\mathcal{P}_I(G)$ 是一个阶为 5 的完全图和四个阶为 4 的完全图的并, 且这些完全图共享 G 的单位. 因此, $\mathcal{P}_I(G)$ 的每一块砖都同构于 K_4 或者 K_5. 因为 $\mathcal{P}_I(G)$ 恰好有一块砖同构于 K_5, 所以我们根据定理 2.10.3 和定理 2.10.4 能推导出 $\gamma(\mathcal{P}_I(G)) = 1$.

我们接下来证明如果 $\gamma(\mathcal{P}_I(G)) = 1$, 则 G 同构于式 (2.10.1) 中的某个群. 根据反证法, 假设 G 有两个不同的 5 阶循环子群, 则被这两个不同的 5 阶循环子群诱导的子图 Δ 是两个阶为 5 的完全图共享 G 的单位. 因此, Δ 有两块不同的砖同构于 K_5, 故根据定理 2.10.3 和定理 2.10.4, 我们有 $\gamma(\Delta) = 2$. 由于 $\gamma(\mathcal{P}_I(G)) \geqslant \gamma(\Delta) = 2$, 因此这是一个矛盾. 我们可得 G 恰好有一个 5 阶循环子群 $\langle g \rangle$, 故 $\langle g \rangle$ 在 G 中是正规的. 如果 G 有一个 3 阶元素 x, 则 $\langle g, x \rangle = \langle g \rangle \langle x \rangle$ 的阶为 15, 于是该群是循环的, 这与 G 没有阶为 15 的元素相矛盾. 因此我们有 $\pi_e(G) \subseteq \{1,2,4,5\}$. 如果 $\pi_e(G) = \{1,5\}$, 因为 G 恰好有一个 5 阶循环子群 $\langle g \rangle$, 所以根据引理 2.1.1, 我们可知 $G = \langle g \rangle \cong \mathbb{Z}_5$. 因此, 在下面我们总是假设 G 有对合.

情况 1 G 没有 4 阶元素.

在情况 1 下, $\pi_e(G) = \{1,2,5\}$, 令 a 是 G 的一个对合, 因为每一个 10 阶群都同构于 D_{10} 或者 $\mathbb{Z}_{10}$, 所以根据引理 2.10.5, $\langle a, g \rangle \cong D_{10}$. 根据反证法, 假设 $G \neq \langle a, g \rangle$, 则存在一个对合 $b \in G \setminus \langle a, g \rangle$. 再次利用引理 2.10.5, 我们有 $\langle b, g \rangle \cong D_{10}$. 如果 $[a,b] = e$, 因为 $aga = bgb = g^{-1}$, 我们可知 $(gab)^2 = gb(aga)b = g(bg^{-1}b) = g^2$, 于是 $(gab)^5 = g^4 gab = ab$, 这意味着 $o((gab)^2) = 5$ 且 $o((gab)^5) = 2$, 故 $o(gab) = 10$, 矛盾. 于是 $[a,b] \neq e$. 回忆两个不同的对合生成一个二面群, 由 $\pi_e(G) = \{1,2,5\}$, 我们可推导出 $\langle a, b \rangle \cong D_{10}$. 因此, $g \in \langle a, b \rangle$, 即 $\langle a, g \rangle \subseteq \langle a, b \rangle$. 因为 $\langle a, g \rangle \cong D_{10}$, 所以 $\langle a, b \rangle = \langle a, g \rangle$, 这意味着 $b \in \langle a, g \rangle$, 矛盾. 因此, $G = \langle a, g \rangle \cong D_{10}$.

情况 2 G 有一个 4 阶元素 w.

在情况 2 下, $\pi_e(G) = \{1,2,4,5\}$, 令 $a = w^2$, 由引理 2.10.5 可知 $\langle a, g \rangle \cong D_{10}$.

我们首先声明 G 的每一个对合都属于 $\langle a,g\rangle$。根据反证法，假设 G 有一个对合 $b\in G\setminus\langle a,g\rangle$，则正如在情况 1 中证明的那样，我们有 $[a,b]\ne e$。于是 $\langle a,b\rangle\cong D_8$ 或者 D_{10}。如果 $\langle a,b\rangle\cong D_8$，因为 $o(ab)=4$ 且 $aga=bgb=g^{-1}$，我们有

$$(gab)^4 = (gab)^2(gabgab)$$
$$= (gab)^2(ga(bgb)bab)$$
$$= g^2(ag^{-2}a)(abababab)$$
$$= g^4(abababab)$$
$$= g^4,$$

于是 $(gab)^5=ab$，这意味着 $o((gab)^4)=5$ 且 $o((gab)^5)=4$，故 $o(gab)=20$，矛盾。因此，$\langle a,b\rangle\cong D_{10}$，进而我们有 $b\in\langle a,b\rangle=\langle a,g\rangle$，矛盾。

现在令 P 是 G 的一个满足 $w\in P$ 的 Sylow 2-子群，因为根据引理 2.1.1，G 有一个阶为 5 的唯一循环子群，故我们有 $\langle g\rangle$ 是 G 的唯一一个 Sylow 5-子群。又因为 $\pi_e(G)=\{1,2,4,5\}$，故 $G=P\langle g\rangle$。根据上面的声明，G 恰好有五个对合，分别为 a、ga、g^2a、g^3a、g^4a。如果 P 有一个对合 u 满足 $u\ne a$，则对某一 $1\leqslant i\leqslant 4$，有 $u=g^ia$，于是 $g^iaa^{-1}=g^i\in P$，由于 $o(g^i)=5$，矛盾。于是我们得到 P 有一个唯一的对合。注意 $\pi_e(G)=\{1,2,4,5\}$，根据引理 2.1.1，我们可知 P 要么同构于 $\mathbb{Z}_4$，要么同构于 Q_8。如果 $P\cong Q_8$，则被 P 诱导的子图将同构于 K_8，由于 $\gamma(K_8)=2$，这是不可能的。因此，$P\cong\mathbb{Z}_4$，故 $G\cong\mathbb{Z}_4\ltimes\mathbb{Z}_5$。现在根据 GAP[88]，在同构之下存在五个阶为 20 的群，且每一个阶为 20 的群 H 都有一个阶为 10 的元素，如果 $H\not\cong\mathrm{SmallGroup}(20,3)$。因此，

$$G\cong\mathrm{SmallGroup}(20,3)\cong\langle g,w:g^5=w^4=e,wgw^{-1}=g^2\rangle。$$

于是，(a) 和 (b) 是等价的。

现在根据定理 2.10.3 和定理 2.10.4，我们有 $\overline{\gamma}(K_8)=4$ 且 $\overline{\gamma}(\Delta)=2$。类似于上面的证明，我们能得到 (b) 和 (c) 是等价的。□

引理 2.10.9　令 G 是满足 $\{7\}\subseteq\pi_e(G)\subseteq\{1,2,3,4,7\}$ 的群，则 $\gamma(\mathcal{P}_I(G))=1$ 当且仅当 G 同构于下面的一个群：

$$\mathbb{Z}_7,\ D_{14},\ \mathrm{SmallGroup}(21,1)\cong\langle g,w:g^7=w^3=e,w^{-1}gw=g^4\rangle。$$

证明 根据引理 2.10.5, 我们有 $\gamma(\mathcal{P}_I(\mathbb{Z}_7)) = 1$。此外, 通过式 (2.3.7), 容易看出 $\mathcal{P}_I(D_{14})$ 恰好有一块砖同构于 K_7, 且其他任一块砖同构于 K_2。根据定理 2.10.4 可知 $\gamma(\mathcal{P}_I(D_{14})) = 1$。现在令 $G = \mathrm{SmallGroup}(21,1)$, 根据 GAP[88], 验证可知 G 有一个唯一的阶为 7 的循环子群且有 7 个两两不同的 3 阶循环子群。因此, $\mathcal{P}_I(G)$ 的每一块砖都同构于 K_7 或者 K_3。注意 $\mathcal{P}_I(G)$ 恰好有一块砖同构于 K_7, 于是通过定理 2.10.4, $\gamma(\mathcal{P}_I(G)) = 1$。

对于逆命题, 假设 $\gamma(\mathcal{P}_I(G)) = 1$。根据反证法, 假设 G 有两个不同的 7 阶循环子群, 则被两个不同的 7 阶循环子群诱导的子图 Ω 同构于两个阶为 7 的完全图共享单位元的并。于是, Ω 有两块不同的砖同构于 K_7, 根据定理 2.10.3 和定理 2.10.4, 我们可知 $\gamma(\mathcal{P}_I(G)) \geqslant \gamma(\Omega) = 2$, 矛盾。于是, G 恰好有一个阶为 7 的循环子群 $\langle g \rangle$, 故 $\langle g \rangle$ 是 G 的正规子群。如果存在一个元素 $x \in G$ 使得 $o(x) = 4$, 则子群 $\langle x, g \rangle$ 的阶为 28。现在根据 GAP[88] 计算可知, 每一个阶为 28 的群都有一个阶为 14 的元素, 这是不可能的。因此, 我们有 $\pi_e(G) \subseteq \{1, 2, 3, 7\}$。

现在假设 $\pi_e(G) = \{1, 7\}$, 因为 G 恰好有一个 7 阶循环子群 $\langle g \rangle$, 于是根据引理 2.1.1, 我们可知 $G = \langle g \rangle \cong \mathbb{Z}_7$。下面我们假设 $\{1, 7\} \subset \pi_e(G)$。

情况 1 G 有一个对合 a。

在情况 1 下, $\langle g, a \rangle$ 的阶为 14。因为 G 没有 14 阶的元素, 所以
$$\langle g, a \rangle = \langle g, a : g^7 = a^2 = e, aga = g^{-1} \rangle \cong D_{14}.$$
通过反证法, 假设存在一个对合 $b \in G$ 使得 $b \notin \langle g, a \rangle$。类似地, 我们有 $\langle g, b \rangle \cong D_{14}$ 且 $bgb = g^{-1}$。如果 $[a, b] = e$, 则
$$gabgab = ga(bgb)a = gag^{-1}a = g^2,$$
于是 $(gab)^7 = ab$, 这意味着 $o(gab) = 14$, 矛盾。故我们可知 $[a, b] \neq e$, 于是根据 $\pi_e(G) \subseteq \{1, 2, 3, 7\}$, $\langle a, b \rangle \cong D_6$ 或者 D_{14}。如果 $\langle a, b \rangle \cong D_{14}$, 则 $g, a \in \langle a, b \rangle$, 故 $\langle a, b \rangle = \langle g, a \rangle$, 这与 $b \notin \langle g, a \rangle$ 矛盾。我们可得 $\langle a, b \rangle \cong D_6$, 即 $(ab)^3 = e$。因此, 我们可得
$$(gab)^3 = gab(gab)^2$$
$$= (gab)(ga(bgb)bab)$$

$$= (gab)(g(ag^{-1}a)abab)$$

$$= (gab)g^2(ab)^2$$

$$= g^3(ab)^3$$

$$= g^3$$

且 $(gab)^7 = ab$, 这意味着 $o((gab)^3) = 7$ 和 $o((gab)^7) = 3$。因此, 我们有 $o(gab) = 21$, 矛盾。于是 G 的每一个对合必定属于 $\langle g,a \rangle$, 即 G 恰好有七个对合 a、ga、g^2a、$\cdots$、g^6a。通过反证法, 假设存在一个阶为 3 的元素 c, 则 $\langle g,c \rangle = \langle g \rangle \langle c \rangle$ 的阶为 21。根据 GAP[88], 在同构之下, 仅有两个阶为 21 的群, 即 $\mathbb{Z}_{21}$ 和 SmallGroup(21, 1)。因为 G 没有 21 阶的元素, 所以我们有

$$\langle g,c \rangle = \langle g,c : g^7 = c^3 = e, c^{-1}gc = g^4 \rangle \cong \text{SmallGroup}(21,1)。$$

现在注意 cac^{-1} 是一个对合。对某个 $0 \leqslant t \leqslant 6$, 我们可以假设 $cac^{-1} = g^t a$。因为 $aga = g^{-1}$ 和 $cgc^{-1} = g^2$, 所以我们有

$$c(g^{-t}a) = ca(ag^{-t}a)$$

$$= ca(g^t)$$

$$= (g^t ac)g^t$$

$$= (g^t a)(cg^t)$$

$$= (g^t a)(g^{2t} c)$$

$$= (g^t)(ag^{2t}a)(ac)$$

$$= (g^t)(g^{-2t})(ac)$$

$$= (g^{-t}a)c。$$

于是 $g^{-t}ac$ 是一个 6 阶元素, 矛盾。故在这种情况下有 $\pi_e(G) = \{1,2,7\}$。因为 G 的每一个对合都属于 $\langle g,a \rangle$, 且 G 恰好有一个阶为 7 的循环子群 $\langle g \rangle$, 所以我们有 $G = \langle g,a \rangle \cong D_{14}$。

情况 2 G 没有对合。

在情况 2 下，$\pi_e(G) = \{1, 3, 7\}$，令 $w \in G$ 满足 $o(w) = 3$。由于阶为 21 的群要么同构于 $\mathbb{Z}_{21}$，要么同构于 SmallGroup(21, 1)，因此，根据引理 2.10.5，我们可知

$$\langle g, w \rangle \cong \text{SmallGroup}(21, 1) \cong \langle g, w : g^7 = w^3 = e, w^{-1}gw = g^4 \rangle。$$

现在令 P 是 G 的一个 Sylow 3-子群，因为 $\pi_e(G) = \{1, 3, 7\}$，所以 $G = P\langle g \rangle$。通过反证法，假设 $|P| > 3$，则 P 的每一个非平凡元素的阶都为 3。注意到一个事实：一个非平凡的 p-群一定有非平凡的中心。因此，我们可知存在 $u, v \in P$ 使得 $o(u) = o(v) = 3$，$\langle u \rangle \neq \langle v \rangle$ 且 $[u, v] = e$。注意 $\langle g, u \rangle \cong \langle g, v \rangle \cong \text{SmallGroup}(21, 1)$，故我们可知 $u^{-1}gu = v^{-1}gv = g^4$。于是

$$(u^2vg)^3 = (u^2v(gu)uvg)(u^2vg)$$
$$= (u^2v(ug^4)uvg)(u^2vg)$$
$$= (vg^4uvg)(u^2vg)$$
$$= (gvuvg)(u^2vg)$$
$$= (guv^{-1}g)(u^2vg)$$
$$= (ugv^{-1})(u^2vg)$$
$$= ug(u^{-1}g)$$
$$= ugg^4u^{-1}$$
$$= ug^5u^{-1},$$

故 $o((u^2vg)^3) = o(g^5) = 7$。此外，我们有

$$(u^2vg)^7 = (ug^5u^{-1})(ug^5u^{-1})(u^2vg)$$
$$= (ug^3u^{-1})(u^2vg)$$
$$= (ug^3u^{-1}v)(u^{-1}g)$$
$$= (ug^3u^{-1})(vg^4)u^{-1}$$
$$= (ug^3u^{-1})(gv)u^{-1}$$

$$= ug^3(u^{-1}g)vu^{-1}$$
$$= ug^3(g^4u^{-1})vu^{-1}$$
$$= u^2v,$$

故 $o((u^2vg)^7) = 3$。这意味着 u^2vg 的阶为 21,矛盾。因此,我们有 $|P| = 3$,于是 G 的阶为 21,即 $G = \langle g, w \rangle \cong \mathrm{SmallGroup}(21,1)$。 $\square$

引理 2.10.10 令 G 是满足 $\{6\} \subseteq \pi_e(G) \subseteq \{1,2,3,4,6\}$ 的群,则下面的表述等价:

(a) $\gamma(\mathcal{P}_I(G)) = 1$;

(b) $G \cong \mathbb{Z}_6$ 或 D_{12};

(c) $\overline{\gamma}(\mathcal{P}_I(G)) = 1$。

证明 我们首先证明 (a) 和 (b) 是等价的。由引理 2.10.5,可知 $\gamma(\mathcal{P}_I(\mathbb{Z}_6)) = 1$。此外,通过式 (2.3.7),容易看出 $\mathcal{P}_I(D_{12})$ 恰好有一块砖同构于 K_6,且任一其他砖同构于 K_2。通过定理 2.10.4,我们有 $\gamma(\mathcal{P}_I(D_{12})) = 1$。因此,我们可知 (b) 蕴涵 (a)。

对于逆命题,假设 $\gamma(\mathcal{P}_I(G)) = 1$。令 $g \in G$ 满足 $o(g) = 6$。我们首先声明 G 有一个唯一的 6 阶循环子群。根据引理 2.10.1,我们可知 6 阶循环子群的个数不会等于 2。通过反证法,假设 G 至少有三个不同的 6 阶循环子群 $\langle x \rangle$、$\langle y \rangle$ 和 $\langle z \rangle$。假设 $\langle x \rangle$ 和 $\langle y \rangle$ 满足 $|\langle x \rangle \cap \langle y \rangle| = 1$ 或者 2。令 $U = \{u \in \langle x \rangle \cup \langle y \rangle : o(u) \neq 2\}$,则被 U 诱导的子图 Δ 是两个阶为 5 的完全图分享单位元的并,如图 2.6 所示。因此,Δ 有两块不同的砖同构于 K_5。于是根据定理 2.10.4,可知 $\gamma(\mathcal{P}_I(G)) \geqslant \gamma(\Delta) \geqslant 2$,矛盾。对于 $\langle x \rangle$ 和 $\langle z \rangle$,或者 $\langle y \rangle$ 和 $\langle z \rangle$,通过上面类似的证明可知 $|\langle x \rangle \cap \langle y \rangle \cap \langle z \rangle| = 3$,这意味着被集合 $(\langle x \rangle \cup \langle y \rangle \cup \langle z \rangle) \setminus \{x^3, y^3, z^3\}$ 诱导的子图同构于 K_9,由于 $\gamma(K_9) = 3$,因此我们可得一个矛盾。于是,G 有一个唯一的阶为 6 的循环子群 $\langle g \rangle$ 且恰好有两个 6 阶元素,即 g 和 g^{-1}。特别地,$\langle g \rangle$ 是 G 的正规子群。

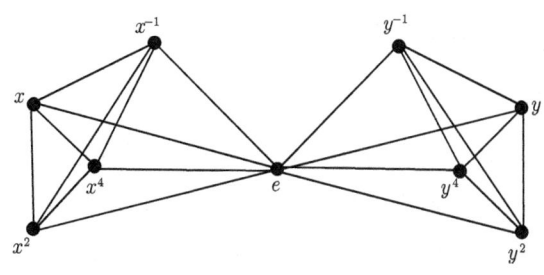

图 2.6　子图 Δ

如果 G 有一个 3 阶元素 a 使得 $a \notin \langle g \rangle$, 则 $\langle g, a \rangle = \langle g \rangle \langle a \rangle$ 的阶为 18。但是根据 GAP[88] 计算可知没有阶为 18 的群 A 满足 $\pi_e(A) \subseteq \{1, 2, 3, 4, 6\}$ 且 A 恰好有两个 6 阶元素。于是, 我们可得 G 恰好有两个 3 阶元素, 即 g^2 和 g^4。

情况 1　G 有一个唯一的对合。

如果 G 没有 4 阶元素, 则根据上面的讨论, $G \cong \mathbb{Z}_6$。下面根据反证法, 假设 G 有一个 4 阶元素, 如果 G 有两个不同的 4 阶循环子群 $\langle b \rangle$ 和 $\langle c \rangle$, 由 G 有一个唯一对合, 我们可知 $|\langle b \rangle \cap \langle c \rangle| = 2$。注意 $|\langle b \rangle \cap \langle c \rangle \cap \langle g \rangle| = 2$, 则被集合 $\langle b \rangle \cup \langle c \rangle \cup \langle g \rangle$ 诱导的子图有一个子图 Λ。子图 Λ 是一个 5 阶完全图和一个 6 阶完全图分享单位元的并, 如图 2.7 所示。因此, Λ 有两块不同的砖分别同构于 K_5 和 K_6。于是, 通过定理 2.10.4, 我们可知 $\gamma(\mathcal{P}_I(G)) \geqslant \gamma(\Lambda) \geqslant 2$, 矛盾。于是 G 有一个唯一的 4 阶循环子群。注意 G 有一个唯一对合、两个不同的 4 阶元素、两个不同的 6 阶元素以及两个不同的 3 阶元素。因为 $\pi_e(G) \subseteq \{1, 2, 3, 4, 6\}$, 所以 G 的阶为 8。因

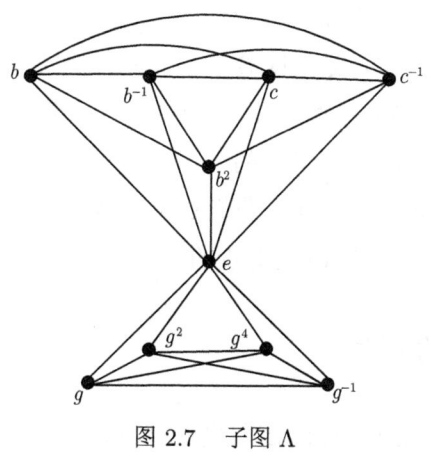

图 2.7　子图 Λ

为一个 8 阶群不可能有 6 阶元素, 所以这是不可能的。

情况 2 G 至少有两个对合。

我们首先证明 G 没有 4 阶元素。通过反证法, 假设 G 有一个 4 阶元素 h, 则 $\langle g, h \rangle = \langle g \rangle \langle h \rangle$ 的阶为 24 或者 12。根据 GAP[88] 计算可知不存在 24 阶群 B 使得 $\pi_e(B) \subseteq \{1, 2, 3, 4, 6\}$ 且 B 恰好有两个 6 阶元素, 因此 $\langle g, h \rangle$ 有阶 12。于是循环子群 $\langle g \rangle$ 和 $\langle h \rangle$ 的交的大小为 2。这意味着如果 $\langle k \rangle \subseteq G$ 有阶 4 且不同于 $\langle h \rangle$, 则 $|\langle k \rangle \cap \langle h \rangle| = 2$。通过情况 1 的证明, 容易看出两个不同的 4 阶循环子群的交是平凡的, 于是 G 恰好有一个 4 阶循环子群 $\langle h \rangle$。注意 G 恰好有两个 3 阶元素 g^2 和 g^4, 于是 $\langle h \rangle$ 和 $\langle g^2 \rangle$ 都是 G 的正规子群。因此, $h^{-1} g^{-2} h g^2 \in \langle h \rangle \cap \langle g^2 \rangle = \{e\}$, 即 h 和 g^2 能交换, 故 $o(hg^2) = 12$。因为 $\pi_e(G) \subseteq \{1, 2, 3, 4, 6\}$, 所以我们得到矛盾。因此, G 没有 4 阶元素。

现在我们有 $\pi_e(G) = \{1, 2, 3, 6\}$。令 u 是 G 的满足 $u \notin \langle g \rangle$ 的一个对合, 则 $\langle g, u \rangle = \langle g \rangle \langle u \rangle$ 有阶 12。注意 G 有一个唯一的 6 阶循环子群, 根据 GAP[88], 我们可知 $\langle g, u \rangle \cong D_{12}$。为了证明 $G = \langle g, u \rangle$, 只需要证明 G 的每一个对合都属于 $\langle g, u \rangle$。通过反证法, 假设 G 有一个对合 $v \notin \langle g, u \rangle$, 则 $\langle g, v \rangle \cong D_{12}$, 即 $vgv = g^{-1}$。假设 $[u, v] = e$, 则 $(guv)^2 = gu(vgv)u = g^2$。因为 $v \notin \langle g, u \rangle$, 所以 $(guv)^3 = g^3 uv \neq e$。注意 $(g^3 uv)^2 = g^3 u(vg^3 v)u = g^6 = e$, 于是 $o((guv)^2) = 3$ 且 $o((guv)^3) = 2$, 故 guv 有阶 6。现在容易看出 $guv \notin \{g, g^5\}$, 进而 G 至少有 3 个不同的 6 阶元素, 矛盾。

接下来假设 $[u, v] \neq e$, 注意 $\langle u, v \rangle$ 是一个二面体群。由 $\pi_e(G) = \{1, 2, 3, 6\}$ 可知 $\langle u, v \rangle \cong D_6$ 或 D_{12}。如果 $\langle u, v \rangle \cong D_{12}$, 则 $g \in \langle u, v \rangle$, 于是 $v \in \langle u, v \rangle = \langle g, u \rangle$, 矛盾。我们可得 $\langle u, v \rangle \cong D_6$, 这意味着 $o(uv) = 3$。注意 G 恰好有两个 3 阶元素 g^2 和 g^4。因此, 我们有 $uv = g^i$, 其中 $i = 2$ 或者 4, 于是 $v = ug^i \in \langle g, u \rangle$, 矛盾。现在我们能推导出 (a) 和 (b) 是等价的。

通过定理 2.10.3 和定理 2.10.4, 我们易知 $\overline{\gamma}(\Delta) = 2$ 和 $\overline{\gamma}(\Lambda) = 2$。类似于上面的证明, 我们能得到 (b) 和 (c) 是等价的。 □

2.10.2 主要定理的证明

在本小节, 我们将利用上面的结果证明主要结论。

2.10 亏格为 1 的交幂图

定理 2.10.1 的证明 根据引理 2.10.7、引理 2.10.8、引理 2.10.9 及引理 2.10.10，可得充分性，现在只需要证明必要性。下面假设 $\gamma(\mathcal{P}_I(G)) = 1$，则引理 2.10.5 蕴涵 $\pi_e(G) \subseteq \{1,2,3,4,5,6,7\}$。如果 $\pi_e(G) \subseteq \{1,2,3,4\}$，则引理 2.10.7 蕴涵必要性。因此，下面我们假设 G 有阶为 5、6 及 7 的元素。假设 G 有一个 5 阶元素 a，如果 G 有一个阶为 6 或 7 的元素 b，则被 $\langle a \rangle \cup \langle b \rangle$ 诱导的子图有一个子图 Δ 同构于两个阶为 5 的完全图共享单位元。因此，Δ 恰好有两块砖同构于 K_5，于是通过定理 2.10.3 和定理 2.10.4，我们有 $\gamma(\Delta) = 2$，矛盾。因此，$\{5\} \subseteq \pi_e(G) \subseteq \{1,2,3,4,5\}$，进而引理 2.10.8 蕴涵必要性。类似地，如果 G 有一个阶为 6 或 7 的元素，则通过引理 2.10.9 和引理 2.10.10，必要性可得。 □

根据定理 2.10.1 的证明，容易验证下面的事实：只需要对定理 2.10.1 的证明进行适当修改就能得到定理 2.10.2 的证明。因此，此处我们省略定理 2.10.2 的证明过程。

第 3 章　群的 (真) 简化幂图

事实上, 群幂图中边数繁多且复杂。为了减少群幂图中的边数, Rajkumar 和 Anitha[37] 首次引入了群 G 的简化幂图 (Reduced Power Graph), 该简化幂图被记作 $\mathcal{P}_R(G)$, 是一个以 G 为顶点的无向简单图, 并且两个不同的顶点 x, y 是相邻的, 如果 $\langle x \rangle \subset \langle y \rangle$ 或者 $\langle y \rangle \subset \langle x \rangle$。换句话说 $\mathcal{P}_R(G)$ 是幂图 $\mathcal{P}(G)$ 的一个生成子图, 该生成子图通过删除这样的边 $\{x, y\}$ 使得 $\langle x \rangle = \langle y \rangle$, 其中 x 和 y 是 G 中的不同元素。文献 [37] 研究了群的代数性质与它的简化幂图之间的相互影响。最近, Anitha 与 Rajkumar[38] 刻画了具有平面的、环形的和射影平面的简化幂图所对应的有限群。在文献 [39] 中, Anitha 和 Rajkumar 也确定了有限群简化幂图的拉普拉斯谱。

令 Γ 是图, 则 x 在 Γ 中的开邻域为

$$N_\Gamma(x) = \{y \in V(\Gamma) : d(y, x) = 1\}$$

且 x 在 Γ 中的闭邻域为

$$N_\Gamma[x] = \{y \in V(\Gamma) : d(y, x) \leqslant 1\}。$$

如果上下文情况是清楚的, 我们用 $N(x)$ 和 $N[x]$ 分别记 $N_\Gamma(x)$ 和 $N_\Gamma[x]$。现在我们在 G 上定义二元关系 $x \approx y$:

$$x \approx y \Leftrightarrow N(x) = N(y) \text{在图 } \mathcal{P}_R(G) \text{ 中}。$$

显然, "$\approx$" 是一个等价关系。令 $\widehat{x}$ 表示包含元素 x 的等价类 $\approx$-类。对于 $x \in G$, 我们用 $[x]$ 表示循环子群 $\langle x \rangle$ 的所有生成元构成的集合, 即

$$[x] := \{g \in G : \langle g \rangle = \langle x \rangle\}。$$

显然, $\{[x] : x \in G\}$ 是 G 的一个划分。

3.1 度量维数

群幂图的度量维数在文献 [12] 中被研究了。本节我们研究群的简化幂图的度量维数。具体来说,我们给出了群简化幂图的度量维数好的上下界 (见定理 3.1.2)。作为应用,我们计算了 $\mathcal{P}$-群、循环群、二面体群及广义四元数群的简化幂图的度量维数。

引理 3.1.1 令 x 是有限群 G 的元素,则

(i) $[x] \subseteq \widehat{x}$,特别地,$x^{-1} \in \widehat{x}$;

(ii) $\widehat{x}$ 是 $\mathcal{P}_R(G)$ 的一个独立集,特别地,$\widehat{e} = \{e\}$;

(iii) 如果存在 $y \in \widehat{x}$ 使得 $\langle y \rangle \notin \mathcal{M}_G$,则对任一 $M \in \mathcal{M}_G$ 满足 $y \in M$,我们有 $\widehat{x} \subseteq M$。

证明 (i) 根据群简化幂图的定义,这个结果是显而易见的。

(ii) 反证,在 $\mathcal{P}_R(G)$ 中,假设存在不同的 $a, b \in \widehat{x}$ 使得 a 和 b 是相邻的,不失一般性,令 $\langle a \rangle \subset \langle b \rangle$,则 $a \in N(b) = N(a)$,矛盾。

(iii) 对任一 $x' \in \widehat{x}$,我们有 $N(y) = N(x')$。令 $M = \langle g \rangle$,因为 $y \in M$ 和 $\langle y \rangle \notin \mathcal{M}_G$,所以我们可知 $g \in N(y)$,因此 $g \in N(x')$,这意味着 $x' \in M$,故 $\widehat{x} \subseteq M$。 □

定理 3.1.1 ([74, 定理 5.4.10 (ii)]) 设 p 是素数,则具有唯一的阶为 p 的子群的 p-群要么是循环群,要么是广义四元数 2-群。

对于 $x, y \in G$,我们定义关系 $\equiv$: 在 $\mathcal{P}_R(G)$ 中,如果 $N[x] = N[y]$ 或 $N(x) = N(y)$,则 $x \equiv y$。Hernando 等[85] 研究了这个关系并且由文献 [85] 中的引理 2.6 可知 $\equiv$ 是群 G 上的等价关系。我们用 $\overline{x}$ 表示包含元素 $x \in G$ 的等价类 $\equiv$-类,且令 $\overline{G} = \{\overline{x} : x \in G\}$。

引理 3.1.2 令 x 和 y 是 G 的两个不同的元素,则 $N[x] = N[y]$ 当且仅当 G 要么同构于 $\mathbb{Z}_{2^m}$,要么同构于 $Q_{4 \cdot 2^m}$,其中 m 是正整数且 $\{x, y\} = \{e, a\}$ 满足条件 a 是 G 的唯一对合。

证明 如果 $G \cong \mathbb{Z}_{2^m}$, 则显然有 $N[e] = N[a] = G$, 其中 a 是 G 的唯一对合, 正如期望的那样。如果 $G \cong Q_{4 \cdot 2^m}$, 从式 (2.3.9) 可知 $N[e] = N[a] = G$, 其中 a 是 G 的唯一对合, 正如期望的那样。因此, 充分性得证。

我们接下来证明必要性。假设 $N[x] = N[y]$, 因为 $x \neq y$, 所以 $x \in N(y) = N(y^{-1})$。于是 $y^{-1} \in N[x]$, 故 $y^{-1} \in N[y]$。因为在 $\mathcal{P}_R(G)$ 中 y^{-1} 和 y 是非相邻的, 蕴涵 $y^{-1} = y$, 所以 $o(y) \leqslant 2$。类似地, 我们也能得到 $o(x) \leqslant 2$。注意在 $\mathcal{P}_R(G)$ 中, x 与 y 是相邻的, 因此 $\{x, y\} = \{e, a\}$, 其中 a 是对合。于是 $N[a] = N[e] = G$。文献 [94] 中的引理 2.1 蕴涵需要的结论。 $\square$

推论 3.1.1 $|\bar{e}| \leqslant 2$, 等号成立当且仅当 G 要么同构于 $\mathbb{Z}_{2^m}$, 要么同构于 $Q_{4 \cdot 2^m}$, 其中 m 是一个正整数。

回忆如果一个群的每一个非平凡元素都有素数阶, 则这个群被称为一个 $\mathcal{P}$-群[75]。例如, 任何一个初等交换 p-群当然是一个 $\mathcal{P}$-群, 对称群 S_3 也是一个 $\mathcal{P}$-群。

引理 3.1.3 令 $x \in G \setminus \{e\}$, 则下面的结论成立。

(i) 如果 $|\bar{x}| = 1$, 则 $o(x) = 2$。此外, 它的逆命题不成立。

(ii) $|\overline{G}| = 1$ 当且仅当 $G \cong \mathbb{Z}_2$, 这也等价于 $\mathcal{P}_R(G)$ 是完全图。

(iii) $|\overline{G}| = 2$ 当且仅当 G 同构于 $\mathbb{Z}_4$、Q_8 或者一个 $\mathcal{P}$-群。

证明 (i) 根据引理 3.1.1(i), 我们可知 $x^{-1} \in \hat{x} \subseteq \bar{x}$, 于是 $x^{-1} = x$, 这也意味着 $o(x) = 2$。对于逆命题, 考虑 S_3, 我们有 $\overline{(12)} = S_3 \setminus \{(1)\}$, 因此逆命题是假命题。

(ii) 显然, $G \cong \mathbb{Z}_2$ 当且仅当 $\mathcal{P}_R(G)$ 是完全的。现在假设 $|\overline{G}| = 1$, 则 $x \in \bar{e}$。因为在 $\mathcal{P}_R(G)$ 中, x 和 e 是相邻的, 我们有 $N[x] = N[e]$。于是由引理 3.1.2 可知 $G \cong \mathbb{Z}_2$, 正如期望的那样。此外, 显然 $|\overline{\mathbb{Z}_2}| = 1$。

(iii) 令 $\mathbb{Z}_4 = \langle g \rangle$ 且 H 是一个 $\mathcal{P}$-群, 注意到 $\mathcal{P}_R(H)$ 是一个星图, 则容易验证

$$\overline{\mathbb{Z}_4} = \{\{e, g^2\}, \{g, g^3\}\}, \quad \overline{Q_8} = \{\{e, x\}, Q_8 \setminus \{e, x\}\},$$

其中 x 是 Q_8 的唯一对合, 且 $\overline{H} = \{\{e\}, H \setminus \{e\}\}$。

现在假设 $|\overline{G}| = 2$ 且 $|\bar{e}| = 1$, 则 $\bar{x} = G \setminus \{e\}$。根据反证法, 假设对某个素数 p, 存在 $y \in G$ 使得 $o(y) = p^2$, 则 $o(y^p) = p$ 且 $y^p \in \bar{x} = \bar{y}$。注意引理 3.1.2 蕴涵 $N[y] \neq N[y^p]$。于是 $N(y) = N(y^p)$。我们可得到 $y^{-1} \in N(y^p) = N(y)$。然而, 在

$\mathcal{P}_R(G)$ 中, y^{-1} 和 y 是非相邻的, 矛盾. 因此, 在这种情况下我们可知 G 是一个 $\mathcal{P}$-群, 正如期望的那样.

现在假设 $|\bar{e}| \geqslant 2$, 则推论 3.1.1 蕴涵 $|\bar{e}| = 2$, 且 G 要么同构于 $\mathbb{Z}_{2^m}$, 要么同构于 $Q_{4 \cdot 2^m}$, 其中 m 是正整数. 现在引理 3.1.1(ii) 和引理 3.1.2 意味着 $G \setminus \bar{e}$ 是 $\mathcal{P}_R(G)$ 的一个独立集. 注意 $\bar{e} = \{e, a\}$, 其中 a 是 G 的唯一对合. 因此, G 不可能有一个阶为 8 的元素 z, 否则 $G \setminus \bar{e}$ 包含相邻的顶点 z 和 z^2, 矛盾. 于是, G 同构于 $\mathbb{Z}_4$ 或 Q_8. □

引理 3.1.4 令 $|\overline{G}| \geqslant 3$, 则存在不同的 $\bar{a}, \bar{b} \in \overline{G}$ 使得 $|\bar{a}| \geqslant 2$ 且 $|\bar{b}| \geqslant 2$.

证明 根据引理 3.1.3(iii), 我们可知 G 不是一个 $\mathcal{P}$-群. 因此, 我们可以假设 G 有一个阶为 p^2 的元素 a, 其中 p 是素数. 如果 $p \geqslant 3$, 则 $|\bar{a}| \geqslant 2$ 且 $|\overline{a^p}| \geqslant 2$, 因为 $\bar{a} \neq \overline{a^p}$, 我们可得到期望的结论. 下面我们可以假设 $p = 2$, 注意 $G \not\cong \mathbb{Z}_4$.

假设存在 $c \in G \setminus \langle a \rangle$ 使得对任一正整数 m, $o(c) \neq 2^m$, 则 $|\bar{c}| \geqslant 2$. 我们接下来证明 $\bar{a} \neq \bar{c}$. 通过反证法, 假设 $\bar{a} = \bar{c}$, 则引理 3.1.2 蕴涵 $N(a) = N(c)$. 因为 $o(a) = 4$, 所以 $\langle a^2 \rangle \subset \langle a \rangle$, 于是 $\langle a^2 \rangle \subset \langle c \rangle$. 因此, 对某个正整数 l 和至少为 3 的奇数 k, 我们可以假设 $o(c) = 2^l k$. 注意 $o(c^{2^l}) = k$ 是奇数且 $c^{2^l} \in N(c) = N(a)$. 因此, 要么 $\langle c^{2^l} \rangle \subset \langle a \rangle$, 要么 $\langle a \rangle \subset \langle c^{2^l} \rangle$, 根据 $o(a) = 4$, 这是一个矛盾. 于是, 在这种情况下 $\bar{a}$ 和 $\bar{c}$ 是期望的等价类. 下面我们可以假设 G 是一个 2-群.

假设 G 有一个唯一的 2 阶子群. 根据引理 3.1.1, 我们可知 G 要么是循环群, 要么是广义四元数群. 此外, 根据引理 3.1.3(iii), 可知 $G \not\cong \mathbb{Z}_4$ 或 Q_8. 于是 G 有一个阶为 8 的元素 b 使得 $a \in \langle b \rangle$, 故 $|\bar{b}| \geqslant 2$ 且 $\bar{a} \neq \bar{b}$, 正如期望的那样.

现在假设 G 至少有两个阶为 2 的元素, 因为一个偶数阶的有限群的对合的数目是奇数, 所以我们可以假设存在不同的 $u, v \in G \setminus \{a^2\}$ 使得 $o(u) = o(v) = 2$. 如果 $\langle u \rangle, \langle v \rangle \in \mathcal{M}_G$, 则 $v \in \bar{u}$, 于是 $|\bar{u}| \geqslant 2$, 正如期望的那样. 因此我们可以假设存在 $\langle b \rangle \in \mathcal{M}_G$ 使得 u 和 v 中的一个必须属于 $\langle b \rangle$. 因为 $o(b) \geqslant 4$, 所以 $|\bar{b}| \geqslant 2$ 且 $\bar{a} \neq \bar{b}$. □

给定正整数 n, 令 $D(n)$ 是 n 的所有正因数构成的集合, 且令 σ_n 是 $D(n)$ 的基数, 即 $\sigma_n = |D(n)|$. 我们用 ϕ 表示欧拉函数. 回忆一下, 如果 n 是正整数且

$$n = p_1^{\lambda_1} p_2^{\lambda_2} \cdots p_v^{\lambda_v}$$

是 n 的分解式, 即 $p_1, p_2, \cdots, p_v$ 是两两不同的素数且对每一 $1 \leqslant i \leqslant v$, 有 $\lambda_i \geqslant 1$,

那么
$$\sigma_n = \prod_{i=1}^{v}(\lambda_i + 1)。$$

下面的引理确定了循环群上的所有 ≡-类的个数。

引理 3.1.5 令 n 是至少为 2 的正整数, 则

$$|\overline{\mathbb{Z}_n}| = \begin{cases} 3, & \text{如果对两个不同的素数 } p \text{ 和 } q, \text{有 } n = pq; \\ m, & \text{如果对某个 } m \geqslant 1, \text{有 } n = 2^m; \\ \sigma_n, & \text{其他}。 \end{cases}$$

证明 对于两个不同的素数 p 和 q, 容易验证 $\overline{\mathbb{Z}_{pq}} = \{\{e\}, A, B\}$, 其中 A 和 B 分别是循环群 $\mathbb{Z}_{pq}$ 的所有素数阶元素构成的集合和所有生成元构成的集合。现在对于 $\mathbb{Z}_{2^m}$, 对每一个 $0 \leqslant i \leqslant m$, 令 $A_i = \{x \in \mathbb{Z}_{2^m} : o(x) = 2^i\}$, 则根据引理 3.1.2 和引理 3.1.1(ii), 可知

$$\overline{\mathbb{Z}_{2^m}} = \{A_0 \cup A_1, A_2, A_3, \cdots, A_m\},$$

正如期望的那样。

下面假设 n 既不是 2 的方幂, 也不是两个不同素数的乘积, 令 $x, y \in \mathbb{Z}_n$ 使得 $x \equiv y$, 则引理 3.1.2 蕴涵 $N(x) = N(y)$。于是由文献 [94] 中的引理 2.2 可知要么 $\langle x \rangle = \langle y \rangle$, 要么 $o(x)$ 和 $o(y)$ 是不同的素数。

通过反证法, 假设 $o(x) = p$ 且 $o(y) = q$, 其中 p, q 是两个不同的素数, 因为 $n \neq pq$, 存在 $w \in \mathbb{Z}_n$ 使得 $o(w) = p^2$ 或者 pr (分别为 q^2 或者 qr), 其中 r 是一个不同于 p 和 q 的素数。于是 $w \in N(x)$(分别为 $w \in N(y)$), 因此 $w \in N(y) = N(x)$ (分别为 $w \in N(x) = N(y)$), 矛盾。

因此, 通过引理 3.1.1(i), 我们能得到 $x \equiv y$ 当且仅当 $\langle x \rangle = \langle y \rangle$。现在令 $D(n) = \{d_1, d_2, \cdots, d_{\sigma_n}\}$, 我们可知

$$\overline{\mathbb{Z}_n} = \{\overline{x_1}, \overline{x_2}, \cdots, \overline{x_{\sigma_n}}\},$$

其中对每一 $1 \leqslant i \leqslant \sigma_n$, 都有 $\overline{x_i} = \{x \in \mathbb{Z}_n : o(x) = d_i\}$。 □

通过引理 3.1.5 的证明, 我们有下面的结果。

注 3.1.1 下面的结论成立:

(i) 令 m 是正整数, 则 $\overline{\mathbb{Z}_{2^m}} = \{A_0 \cup A_1, A_2, A_3, \cdots, A_m\}$, 其中对任一 $0 \leqslant i \leqslant m$, 有 $A_i = \{x \in \mathbb{Z}_{2^m} : o(x) = 2^i\}$;

(ii) 令 p, q 是不同的素数, 则 $\overline{\mathbb{Z}_{pq}} = \{\{e\}, A, B\}$, 其中 $A = \{x \in \mathbb{Z}_{pq} : o(x) = p\text{或}q\}$ 且 $B = \{x \in \mathbb{Z}_{pq} : o(x) = pq\}$;

(iii) 假设 n 既不是 2 的方幂, 也不是两个不同素数的乘积, 令 $D(n) = \{d_1, d_2, \cdots, d_{\sigma_n}\}$ 且对每一 $1 \leqslant i \leqslant \sigma_n$, 有 $S_i = \{x \in \mathbb{Z}_n : o(x) = d_i\}$, 则 $\overline{\mathbb{Z}_n} = \{S_1, S_2, \cdots, S_{\sigma_n}\}$。

设 G 是一个有限群, 定义

$$\mathcal{L}_G := \{g \in G : o(g) = 2 \text{ 和 } \overline{g} = \{g\}\}。$$

例如, 易知 $\mathcal{L}_{Q_{12}} = \{x^3\}$, 且如果 $H = \langle h \rangle \cong \mathbb{Z}_{12}$, 则根据注 3.1.1 (iii), 有 $\mathcal{L}_H = \{h^6\}$。此外, 对于 $a, b \in G$, 我们定义

$$R\{a, b\} := \{x \in G : d(a, x) \neq d(b, x)\}$$

是 $\mathcal{P}_R(G)$ 中可解顶点 a 和 b 的所有顶点构成的集合。由引理 3.1.3 (ii), 我们可知 $\mathcal{P}_R(G)$ 是完全的当且仅当 $G \cong \mathbb{Z}_2$。如果 $G \not\cong \mathbb{Z}_2$, 则在 $\mathcal{P}_R(G)$ 中, 对不同的 $x, y \in G$ 使得 $d(x, y) \neq 1$, 我们有 $d(x, y) = 2$, 因为 e 是与其他每一个顶点均相连的点。注意在一个群 G 中, 如果 $x \in G$ 和 $|\overline{x}| \geqslant 2$, 则 $\overline{x}$ 的每一对不同的顶点都被 $\overline{x} \setminus \{x\}$ 中的某个元素可解。根据上述事实, 如果可解集由所有满足 $|\overline{x}| \geqslant 2$ 的 $\overline{x} \setminus \{x\}$ 构成, 那么只需要确定 G 的所有 $\equiv$-类之间的可解关系即可。

命题 3.1.1 令 p 是一个奇素数且 $\{x_1, x_2, \cdots, x_6\}$ 是 $\mathbb{Z}_{2p^2}$ 的所有 $\equiv$-类的代表元构成的集合, 则 $S = (\mathbb{Z}_{2p^2} \setminus \{x_1, x_2, \cdots, x_6\}) \cup \mathcal{L}_{\mathbb{Z}_{2p^2}}$ 是 $\mathcal{P}_R(\mathbb{Z}_{2p^2})$ 的一个可解集。

证明 根据注 3.1.1 (iii), 我们可以假设 $x_1 = e, \overline{x_2} = \{g \in \mathbb{Z}_{2p^2} : o(g) = 2\} = \{x_2\}, \overline{x_3} = \{g \in \mathbb{Z}_{2p^2} : o(g) = p\}, \overline{x_4} = \{g \in \mathbb{Z}_{2p^2} : o(g) = 2p\}, \overline{x_5} = \{g \in \mathbb{Z}_{2p^2} : o(g) = p^2\}$ 且 $\overline{x_6} = \{g \in \mathbb{Z}_{2p^2} : o(g) = 2p^2\}$, 于是 $\mathcal{L}_{\mathbb{Z}_{2p^2}} = \{x_2\}$。现在容易验证 $x_3^{-1} \in S \cap R\{x_1, x_3\}$, $x_4^{-1} \in S \cap R\{x_1, x_4\} \cap R\{x_3, x_5\} \cap R\{x_5, x_6\}$, $x_5^{-1} \in S \cap R\{x_1, x_5\} \cap R\{x_3, x_4\} \cap R\{x_4, x_6\}$, $x_6^{-1} \in S \cap R\{x_1, x_6\} \cap R\{x_3, x_6\}$, 且 $x_2 \in S \cap R\{x_4, x_5\}$。 □

命题 3.1.2 令 n 是至少为 3 的正整数且 $\{x_1, x_2, \cdots, x_t\}$ 是 $\mathbb{Z}_n$ 的所有 $\equiv$-类的代表元构成的集合，如果对某一奇素数 p，有 $n \neq 2p^2$，则 $S = \mathbb{Z}_n \setminus \{x_1, x_2, \cdots, x_t\}$ 是 $\mathcal{P}_R(\mathbb{Z}_n)$ 的一个可解集。

证明 我们分三种情况证明。

情况 1 对于两个不同的素数 p, q，$n = pq$。

根据注 3.1.1 (ii)，我们可以假设 $\{e, x_2, x_3\}$ 是 $\overline{\mathbb{Z}_n}$ 的所有 $\equiv$-类的代表元构成的集合，其中 x_2 是阶为 p 或者 q 的一个元素，x_3 是阶为 pq 的一个元素。令 $x \in \mathbb{Z}_n$ 是素数阶的元素使得 $o(x) \neq o(x_2)$，则显然 $d(x, x_2) = 2$ 且 $d(x, x_3) = 1$，因此 $x \in R\{e, x_2\} \cap S \cap R\{x_2, x_3\}$。此外，由 $o(x_3) \geq 6$ 和 $d(x_3^{-1}, x_3) = 2$，我们可知 $x_3^{-1} \in R\{e, x_3\} \cap S$。这意味着 $\mathbb{Z}_n \setminus \{e, x_2, x_3\}$ 是 $\mathcal{P}_R(\mathbb{Z}_n)$ 的可解集。

情况 2 对某个正整数 $m \geq 2$，$n = 2^m$。

对每一 $1 \leq i \leq m$，令 $A_i = \{x \in \mathbb{Z}_{2^m} : o(x) = 2^i\}$，则鉴于注 3.1.1 (i)，我们可以假设 $\{x_1, x_2, \cdots, x_m\}$ 是 $\overline{\mathbb{Z}_n}$ 的所有 $\equiv$-类的代表元构成的集合，其中对每一 $1 \leq i \leq m$，有 $x_i \in A_i$。现在令 a 和 b 是 $\{x_1, x_2, \cdots, x_m\}$ 中的两个不同的元素，只需要证明存在 $s \in S$ 使得 $s \in R\{a, b\}$ 即可。不失一般性，我们可以假设 $o(a) < o(b)$，则 $d(a, b) = 1$ 且 $o(b) \geq 4$。于是 $b^{-1} \in S$ 且 $d(b, b^{-1}) = 2$，故 $b^{-1} \in R\{a, b\}$。

情况 3 n 既不是 2 的方幂，也不是两个不同素数的乘积。

令 $D(n) = \{d_1, d_2, \cdots, d_{\sigma_n}\}$ 且对每一 $1 \leq i \leq \sigma_n$，有 $S_i = \{x \in \mathbb{Z}_n : o(x) = d_i\}$，其中 $d_1 = 1$，则注 3.1.1(iii) 蕴涵我们可以假设 $\{x_1, x_2, \cdots, x_{\sigma_n}\}$ 是 $\overline{\mathbb{Z}_n}$ 的所有 $\equiv$-类的代表元构成的集合，其中对每一 $1 \leq i \leq \sigma_n$，有 $x_i \in S_i$。因为 $\mathbb{Z}_n$ 不是 2 的方幂，所以根据引理 3.1.1(i)，我们可以选取 $y \in S$ 使得 $o(y)$ 是奇素数。设 x 是属于 $\{x_2, \cdots, x_{\sigma_n}\}$ 中的某个元素，注意 $x_1 = e$。如果 $o(x) = 2$，则 $y \in S \cap R\{x_1, x\}$。如果 $o(x) \geq 3$，则 $x^{-1} \in S \cap R\{x_1, x\}$。因此，令 a 和 b 是 $\{x_2, \cdots, x_{\sigma_n}\}$ 中的两个不同元素，只需要证明存在 $s \in S$ 使得 $s \in R\{a, b\}$ 即可。

如果在 $\mathcal{P}_R(\mathbb{Z}_n)$ 中，a 和 b 是相连的，则 $|\overline{a}|$ 或者 $|\overline{b}| \geq 2$，于是 a^{-1} 或者 $b^{-1} \in R\{a, b\} \cap S$。因此，下面我们可以假设 a 和 b 是非相邻的，注意 $n \neq 2^m, pq, 2p^2$，其中 p, q 是不同的素数且 m 是一个正整数，于是我们可知存在整数 $l > 2$ 使得 $l \mid n$

且下面的一种情况发生: $l \mid o(a)$, $l \neq o(a)$ 且 $l \nmid o(b)$; $l \mid o(b)$, $l \neq o(b)$ 且 $l \nmid o(a)$; $o(a) \mid l$, $l \neq o(a)$ 且 $o(b) \nmid l$; $o(b) \mid l$, $l \neq o(b)$ 且 $o(a) \nmid l$.

现在令 $z \in \mathbb{Z}_n$ 使得 $o(z) = l$, 注意 a 和 b 是非相邻的, 于是 z 和 z^{-1} 中的一个必定属于 $S \cap R\{a,b\}$. □

命题 3.1.3 令 Q_{4n} 是式 (2.1.3) 中表示的广义四元数群且 $\{x_1, x_2, \cdots, x_t\}$ 是 Q_{4n} 的所有 $\equiv$-类的代表元构成的集合, 如果对某个奇素数 p, 有 $n \neq p^2$, 则 $S = Q_{4n} \setminus \{x_1, x_2, \cdots, x_t\}$ 是 $\mathcal{P}_R(Q_{4n})$ 的一个可解集.

证明 假设 $n = 2$, 根据引理 3.1.3 (iii), 可知 $\overline{Q_8} = \{\{e, x^2\}, Q_8 \setminus \{e, x^2\}\}$. 令 $\{x_1, x_2\}$ 是 Q_8 的所有 $\equiv$-类的代表元构成的集合, 其中 $x_1 = e$ 或者 x^2, 或者 $x_2 \in Q_8 \setminus \{e, x^2\}$, 则 $x_2^{-1} \in S \cap R\{x_1, x_2\}$.

假设 $n = 3$, 容易验证

$$\overline{Q_{12}} = \{\{e\}, \{x^3\}, \{x^2, x^4\}, \{x, x^5\}, Q_{12} \setminus \langle x \rangle\}. \tag{3.1.1}$$

令 $\{x_1, x_2, x_3, x_4, x_5\}$ 是 Q_8 的所有 $\equiv$-类的代表元构成的集合, 其中 $x_1 = e$, $x_2 = x^3$, $x_3 \in \{x^2, x^4\}$, $x_4 \in \{x, x^5\}$ 且 $x_5 \in Q_{12} \setminus \langle x \rangle$, 则

$$x_5^{-1} \in S \cap R\{x_1, x_5\} \cap R\{x_2, x_5\} \cap R\{x_2, x_3\},$$

$$x_4^{-1} \in S \cap R\{x_3, x_5\} \cap R\{x_1, x_4\} \cap R\{x_2, x_4\} \cap R\{x_3, x_4\}$$

且

$$x_3^{-1} \in S \cap R\{x_4, x_5\} \cap R\{x_1, x_2\} \cap R\{x_1, x_3\}.$$

现在假设 $n \geqslant 4$, 注意 $\langle x \rangle \cong \mathbb{Z}_{2n}$, 根据注 3.1.1、式 (2.3.9) 和式 (2.3.10), 我们可知

$$\overline{Q_{4n}} = \overline{\langle x \rangle} \cup \{Q_{4n} \setminus \langle x \rangle\}. \tag{3.1.2}$$

因此, 我们可以假设 $\{x_1, x_2, \cdots, x_{t-1}, g\}$ 是 Q_{4n} 的所有 $\equiv$-类的代表元构成的集合, 其中 $g = x_t \in \{Q_{4n} \setminus \langle x \rangle\}$ 且 $\{x_1, x_2, \cdots, x_{t-1}\}$ 是 $\langle x \rangle$ 的所有 $\equiv$-类的代表元构成的集合. 注意 g 有阶 4 且 $N(g) = \{e, x^n\}$. 令 $h \in \{x_1, x_2, \ldots, x_{t-1}\}$, 如果 $h \notin [x]$, 则 $x, x^{-1} \in R\{g, h\}$, 因为 $x^{-1} \in \overline{x}$, 这意味着 x 或者 x^{-1} 属于 $S \cap R\{g, h\}$. 假设 $h \in [x]$, 由于 $n \neq 2$, 因此存在元素 $f \in \langle x \rangle \setminus [x]$ 使得 $o(f) \geqslant 3$. 于是 f 和 f^{-1} 中的一个必定属于 $S \cap R\{g, h\}$. 现在为了完成证明, 只需要证明存在一个元

素属于 S 使得这个元素可解 $\{x_1, x_2, \cdots, x_{t-1}\}$ 中的每一对不同顶点即可。由命题 3.1.2 可知, S 中存在一个元素可解 $\{x_1, x_2, \cdots, x_{t-1}\}$ 中的每一对不同顶点。□

命题 3.1.4 令 G 是满足 $|\overline{G}| \geqslant 2$ 的群且令 $\{x_1, x_2, \ldots, x_r\}$ 是 G 的所有 $\equiv$-类的代表元构成的一个集合, 则

$$S = (G \setminus \{x_1, x_2, \ldots, x_r\}) \cup \mathcal{L}_G$$

是 $\mathcal{P}_R(G)$ 的可解集。

证明 对于群 $\mathbb{Z}_{2^m}$ 和 $Q_{4 \cdot k}$, 其中 $m \geqslant 2$ 且 k 是 2 的方幂, 根据命题 3.1.2 和命题 3.1.3, 容易看出需要的结果得证。下面我们假设 G 既不是 $\mathbb{Z}_{2^m}$ 也不是 $Q_{4 \cdot k}$, 因为 $|\overline{G}| \geqslant 2$, 根据引理 3.1.3(ii), 我们可知 $G \neq \mathbb{Z}_2$。此外, 由引理 3.1.2, 可知对不同的 $x, y \in G$, $x \equiv y$ 当且仅当在 $\mathcal{P}_R(G)$ 中有 $x \approx y$。因此, 引理 3.1.1(ii) 蕴涵每一个 $\equiv$-类都是 $\mathcal{P}_R(G)$ 的独立集且 $\overline{e} = \{e\}$。现在令 a 和 b 是 $\{x_1, x_2, \cdots, x_r\}$ 的两个不同的元素使得 $a, b \notin \mathcal{L}_G$, 只需要证明存在 $s \in S$ 使得 $s \in R\{a, b\}$ 即可。观察可知 $\overline{a} \neq \overline{b}$。

首先假设 a 和 b 中的一个等于 e, 不失一般性, 设 $a = e$, 因为 $b \notin \mathcal{L}_G$, 我们有 $|\overline{b}| \geqslant 2$。现在取 $b' \in \overline{b} \setminus \{b\}$, 由于 $\overline{b}$ 是 $\mathcal{P}_R(G)$ 的一个独立集, 可知 $d(b, b') = 2$, 于是 $b' \in S \cap R\{a, b\}$。

因此, 在下面的证明中我们总是假设 $a \neq e$ 且 $b \neq e$, 分两种情况证明。

情况 1 对任一 $M \in \mathcal{M}_G$, $\{a, b\} \nsubseteq M$。

令 $M_1, M_2 \in \mathcal{M}_G$ 使得 $a \in M_1$ 且 $b \in M_2$, 则显然 $M_1 \neq M_2$。假设 $\langle a \rangle \neq M_1$, 令 $M_1 = \langle m_1 \rangle$, 则 $d(m_1, a) = 1$。如果 $d(m_1, b) = 1$, 则 $b \in M_1$, 于是 $a, b \in M_1$, 矛盾。故 $d(m_1, b) = 2$ 且 $m_1, m_1^{-1} \in R\{a, b\}$。此外, 注意 $o(m_1) \geqslant 4$, 根据引理 3.1.1 (i), 我们可知 $|\overline{m_1}| \geqslant 2$, 从而 m_1 和 m_1^{-1} 中的一个必定属于 S。类似地, 如果 $\langle b \rangle \neq M_2$, 结论仍成立。因此, 下面我们总是假设 $\langle a \rangle = M_1$ 且 $\langle b \rangle = M_2$。注意到 $N(a) \neq N(b)$, 假设存在 $x \in N(a)$ 使得 $x \notin N(b)$, 则 $x \in R\{a, b\}$。显然, $x \neq e$, 如果 $|\overline{x}| = 1$, 则 $x \in \mathcal{L}_G$, 因此 $x \in S$。于是我们可以假设 $|\overline{x}| \geqslant 2$, 现在取 $y \in \overline{x} \setminus \{x\}$, 我们有 $b \notin N(y)$; 否则 $b \in N(y) = N(x)$, 这与 $x \notin N(b)$ 相矛盾。因为 $y \in N(a)$, 我们有 $y \in R\{a, b\}$。现在根据 S 的定义, 可知 $x \in S$ 或 $y \in S$。

情况 2 存在 $M \in \mathcal{M}_G$ 使得 $\{a, b\} \subseteq M$。

如果 $M = \langle a \rangle$,则显然 $o(a) \geqslant 4$,由于 $M \neq \langle b \rangle$,因此 $a^{-1} \in S \cap R\{a, b\}$。类似地,如果 $M = \langle b \rangle$,则想要的结果得证。因此,我们可以假设 $\langle a \rangle \subset M$ 且 $\langle b \rangle \subset M$。现在引理 3.1.1(iii) 蕴涵 $\overline{a}, \overline{b} \subseteq M$。

对于两个不同的素数 p, q,假设 $|M| = pq$,则 $\{o(a), o(b)\} = \{p, q\}$。由于 $N(a) \neq N(b)$,存在 $\langle g \rangle \in \mathcal{M}_G \setminus \{M\}$ 使得 $a \in \langle g \rangle$ 或者 $b \in \langle g \rangle$。如果 $a \in \langle g \rangle$ 且 $b \notin \langle g \rangle$,则容易看出 g 和 g^{-1} 中的一个必定属于 $S \cap R\{a, b\}$。类似地,如果 $a \notin \langle g \rangle$ 且 $b \in \langle g \rangle$,我们也能得到想要的结论。因此,我们可以假设 $a \in \langle g \rangle$ 且 $b \in \langle g \rangle$,这意味着 $M \subseteq \langle g \rangle$,故 $M = \langle g \rangle$,矛盾。现在我们可以假设 $|M|$ 不是两个不同素数的乘积,注意如果 $|M|$ 是 2 的方幂,则 M 的对合必定属于 $\mathcal{L}_G$。因此,由注 3.1.1 (i) 和 (iii) 可知 $\overline{a}$ 和 $\overline{b}$ 是 M 的两个不同的 $\equiv$-类。命题 3.1.1 和命题 3.1.2 蕴涵了想要的结果。 □

下面的定理是我们本节的主要结论。

定理 3.1.2 令 G 是一个阶为 n 的有限群,则

$$n - |\overline{G}| \leqslant \dim(\mathcal{P}_R(G)) \leqslant n - |\overline{G}| + |\mathcal{L}_G|。 \tag{3.1.3}$$

证明 如果 $|\overline{G}| = 1$,则根据引理 3.1.3(ii),可知 $\mathcal{P}_R(G)$ 是完全图,因此,由文献 [95] 中的定理 3,我们可得 $\dim(\mathcal{P}_R(G)) = n - 1$。现在假设 $|\overline{G}| \geqslant 2$,如果 G 是一个 $\mathcal{P}$-群,则 $|\overline{G}| = 2$ 且 $\mathcal{P}_R(G)$ 是一个星图,于是根据 [95] 中的定理 4,可知 $\dim(\mathcal{P}_R(G)) = n - 2$。因此,我们可以假设 G 不是一个 $\mathcal{P}$-群。现在结合引理 3.1.3(iii) 和引理 3.1.4,我们可知 G 有两个不同的大小至少为 2 的 $\equiv$-类,于是 $n - |\overline{G}| \geqslant 2$。令 S 是 $\mathcal{P}_R(G)$ 的关于 $\dim(\mathcal{P}_R(G))$ 的可解集,如果存在不同的元素 $x, y \in G$ 使得 $\overline{x} = \overline{y}$ 且 $x, y \notin S$,则 S 中没有元素可解 x 和 y,矛盾。因此,对每一个 $\overline{g} \in \overline{G}$,我们可得 $\overline{g}$ 最多有一个元素不属于 S。我们可得到 $|S| \geqslant n - |\overline{G}|$,即 $\dim(\mathcal{P}_R(G)) \geqslant n - |\overline{G}|$。此外,命题 3.1.4 意味着 $\dim(\mathcal{P}_R(G)) \leqslant n - |\overline{G}| + |\mathcal{L}_G|$。 □

根据定理 3.1.2,可直接得到下面的结果。

推论 3.1.2 令 G 是一个阶为 n 的有限群,如果 n 是奇数,则

$$\dim(\mathcal{P}_R(G)) = n - |\overline{G}|。$$

下面为了应用定理 3.1.2,我们给出几个例子来说明式 (3.1.3) 中的界是好的。

例 3.1.1 令 G 是一个阶为 n 的 $\mathcal{P}$-群, 则 $\dim(\mathcal{P}_R(G)) = n - |\overline{G}| = n - 2$。

例 3.1.2 令 n 是一个至少为 2 的正整数, 则

$$\dim(\mathcal{P}_R(\mathbb{Z}_n)) = \begin{cases} n-3, & \text{如果对两个不同的素数 } p \text{ 和 } q, n = pq; \\ n-m, & \text{如果对某个 } m \geqslant 1, n = 2^m; \\ n-5, & \text{如果对某个奇素数 } p, n = 2p^2; \\ n-\sigma_n, & \text{其他。} \end{cases}$$

证明 假设对某一素数 p, $n = 2p^2$, 则由命题 3.1.1, 可知 $|\overline{\mathbb{Z}_n}| = 6$ 且 $|\mathcal{L}_{\mathbb{Z}_n}| = 1$。令 S 是 $\mathcal{P}_R(\mathbb{Z}_n)$ 的大小为 $\dim(\mathcal{P}_R(\mathbb{Z}_n))$ 的可解集。通过反证法,假设 $|S| = n-6$, 因为存在不同的元素 $x, y \in G$ 使得 $\overline{x} = \overline{y}$ 和 $x, y \notin S$ 是不可能的, 我们可知 $\mathcal{L}_{\mathbb{Z}_n} \not\subseteq S$ 且存在不同的 $a, b \notin S$ 使得 $a \in \{g \in \mathbb{Z}_n : o(g) = p^2\}$ 且 $b \in \{g \in \mathbb{Z}_n : o(g) = 2p\}$, 这与事实 $R\{a, b\} = \{a, b\} \cup \mathcal{L}_{\mathbb{Z}_n}$ 矛盾。我们得到 $\dim(\mathcal{P}_R(\mathbb{Z}_n)) \geqslant n-5$。现在定理 3.1.2 蕴涵 $\dim(\mathcal{P}_R(\mathbb{Z}_n)) = n-5$。

显然, 现在我们有 $\dim(\mathcal{P}_R(\mathbb{Z}_2)) = 1$。下面假设 $n \geqslant 3$ 且对某个奇素数 p, $n \neq 2p^2$。通过命题 3.1.2, 我们有 $\dim(\mathcal{P}_R(\mathbb{Z}_n)) \leqslant n - \overline{\mathbb{Z}_n}$。现在定理 3.1.2 蕴涵 $\dim(\mathcal{P}_R(\mathbb{Z}_n)) = n - \overline{\mathbb{Z}_n}$。因此, 由引理 3.1.5 可知该结论成立。$\square$

注意对于二面体群, $D_{2n} = \langle a \rangle \cup \{b, ab, a^2b, \cdots, a^{n-1}b\}$, 其中 $o(a^ib) = 2$ 且在 $\mathcal{P}_R(D_{2n})$ 中, 对每一 $1 \leqslant i \leqslant n$, 有 $N(a^ib) = \{e\}$。因此, 容易看到 $\overline{D_{2n}} = \overline{\langle a \rangle} \cup \overline{b}$, 其中 $\overline{b} = \{D_{2n} \setminus \langle a \rangle\}$。

注 3.1.2 观察可知 $\mathcal{P}_R(D_{2n})$ 是 $\mathcal{P}_R(\mathbb{Z}_n) = \mathcal{P}_R(\langle a \rangle)$ 和星图 $K_{1,n}$(具有划分集 $\{e\}$ 和 $\{a^ib : 0 \leqslant i \leqslant n-1\}$ 的完全二部图) 的并, 其中它们共享单位元 e (参考文献 [96])。上述两个图的可解集的并仍然是这两个图的并的可解集。当 n 不是素数时, D_{2n} 的每一个 $\equiv$-类要么全部落在 $\mathcal{P}_R(\langle a \rangle)$ 中, 要么全部落在星图中。因此, $\mathcal{P}_R(D_{2n})$ 的度量维数是这两个图的度量维数之和。因为 $\dim(K_{1,n}) = n-1$, 所以 $\dim(\mathcal{P}_R(D_{2n})) = \dim(\mathcal{P}_R(\mathbb{Z}_n)) + (n-1)$。注意 $\mathcal{P}_R(Q_{4n})$ 是 $\mathcal{P}_R(\mathbb{Z}_{2n})$ 和两个星图 $K_{1,2n}$ 的并, 其中共享 e 和对合 (参考文献 [96])。类似地, 如果 $n \neq 2$, 我们能得到 $\dim(\mathcal{P}_R(Q_{4n})) = \dim(\mathcal{P}_R(\mathbb{Z}_{2n})) + (2n-1)$。

通过例 3.1.1 及注 3.1.2, 我们可得下面的例子。

例 3.1.3 令 D_{2n} 是式 (2.1.2) 中表示的二面体群, 则

$$\dim(\mathcal{P}_R(D_{2n})) = \begin{cases} 5, & \text{如果 } n=4; \\ 2n-2, & \text{如果 } n \text{ 是奇素数}; \\ 2n-4, & \text{如果对不同的素数 } p \text{ 和 } q, n=pq; \\ 2n-6, & \text{如果对某个奇素数 } p, n=2p^2; \\ 2n-\sigma_n-1, & \text{其他}。 \end{cases}$$

显然, 由引理 3.1.3(iii)、命题 3.1.3 和定理 2.9.4, 可知 $\dim(\mathcal{P}_R(Q_8)) = 6$。现在由注 3.1.2 可知下面的例子成立。

例 3.1.4 令 Q_{4n} 是式 (2.1.3) 中表示的广义四元数群, 则

$$\dim(\mathcal{P}_R(Q_{4n})) = \begin{cases} 6, & \text{如果 } n=2; \\ 4n-m-2, & \text{如果对 } m \geqslant 2, n=2^m; \\ 4n-6, & \text{如果对某个奇素数 } p, n=p^2; \\ 4n-\sigma_{2n}-1, & \text{否则}。 \end{cases}$$

最后, 我们用注 3.1.3 解释定理 3.1.2。

注 3.1.3 令 p 是奇素数, 则

$$\dim(\mathcal{P}_R(\mathbb{Z}_{2p^2})), \quad \dim(\mathcal{P}_R(D_{2\cdot 2p^2})), \quad \dim(\mathcal{P}_R(Q_{4p^2}))$$

中的每一个都能达到式 (3.1.3) 中的上界。我们标注一个简化幂图的度量维数可以落在式 (3.1.3) 中的上下界之间。令 $G = \mathbb{Z}_4 \times \mathbb{Z}_4$, 则 $\mathcal{P}_R(G)$ 如图 3.1 所示。容易看到

$$\overline{G} = \{\{(0,0)\}, \{(0,2)\}, \{(2,2)\}, \{(2,0)\}, \overline{(0,1)}, \overline{(1,0)}, \overline{(1,1)}\},$$

其中 $\overline{(0,1)} = \{(0,1),(0,3),(2,1),(2,3)\}$, $\overline{(1,0)} = \{(1,0),(3,0),(1,2),(3,2)\}$ 和 $\overline{(1,1)} = \{(1,1),(3,3),(1,3),(3,1)\}$。因此, $|\overline{G}| = 7$ 且 $|\mathcal{L}_G| = 3$。此外, 通过定理 3.1.2, 我们有 $\dim(\mathcal{P}_R(G)) \geqslant 9$。现在令 S 是 $\mathcal{P}_R(G)$ 的可解集, 不失一般性, 我们可以假设 $\overline{(1,0)} \setminus \{(1,0)\} \subseteq S$, $\overline{(0,1)} \setminus \{(0,1)\} \subseteq S$ 和 $\overline{(1,1)} \setminus \{(1,1)\} \subseteq S$。如果

$$S = (\overline{(1,0)} \setminus \{(1,0)\}) \cup (\overline{(0,1)} \setminus \{(0,1)\}) \cup (\overline{(1,1)} \setminus \{(1,1)\}),$$

则 S 中没有元素可解 $(1,0)$ 和 $(0,1)$，矛盾。于是 $|S| > 9$。另外，容易看出

$$(\overline{(1,0)} \setminus \{(1,0)\}) \cup (\overline{(0,1)} \setminus \{(0,1)\}) \cup (\overline{(1,1)} \setminus \{(1,1)\}) \cup \{(0,2),(2,0)\}$$

是 $\mathcal{P}_R(G)$ 的一个可解集。因此，我们有

$$|G| - |\overline{G}| < \dim(\mathcal{P}_R(G)) < |G| - |\overline{G}| + |\mathcal{L}_G|。$$

事实上，我们能证明 $\dim(\mathcal{P}_R(G)) = 11$。

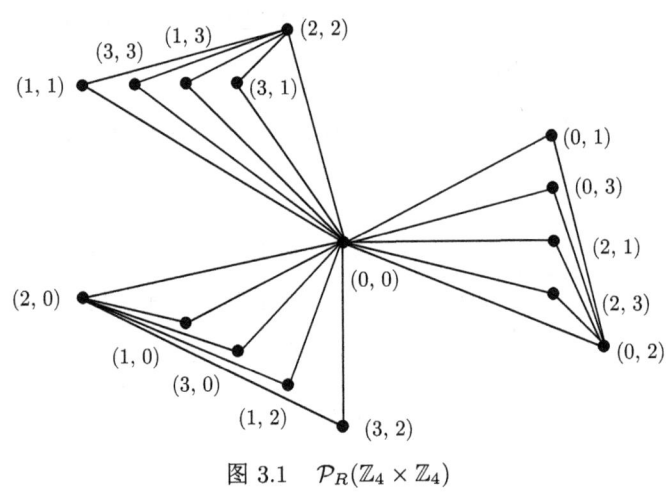

图 3.1 $\mathcal{P}_R(\mathbb{Z}_4 \times \mathbb{Z}_4)$

3.2   强度量维数

给定正整数 n，假设

$$n = p_1^{r_1} p_2^{r_2} \cdots p_m^{r_m}$$

是 n 的标准分解式，即 $p_1, p_2, \cdots, p_m$ 是两两不同的素数且当 $1 \leqslant i \leqslant m$ 时，$r_i \geqslant 1$。我们用 $\Omega(n)$ 表示 n 的所有素因子的总数，重复的按重数计，即

$$\Omega(n) = \sum_{i=1}^{m} r_i。$$

在这一节，我们刻画群的简化幂图的强度量维数，主要结果如下。

定理 3.2.1 设 G 是 n 阶群，则

$$\mathrm{sdim}(\mathcal{P}_R(G)) = \begin{cases} 2^k - k, & G \cong \mathbb{Z}_{2^k}, k \geqslant 1; \\ 2^{t+2} - t - 1, & G \cong Q_{4 \cdot 2^t}, t \geqslant 1; \\ n - \max\{\Omega(m) : m \in \pi_e(G)\} - 1, & \text{其他。} \end{cases}$$

在证明定理 3.2.1 之前，我们首先给出一些结论。

引理 3.2.1 设 x, y 是群 G 的两个不同的元素，则在 $\mathcal{P}_R(G)$ 中 $N[x] = N[y]$ 当且仅当 G 同构于 $\mathbb{Z}_{2^m}$ 或同构于 $Q_{4 \cdot 2^m}$，其中 m 为正整数且 $\{x, y\} = \{e, a\}$ (这里 a 是 G 的唯一对合)。

证明 如果 $G \cong \mathbb{Z}_{2^m}$，则显然 $N[e] = N[a] = G$，其中 a 是 G 的唯一对合。如果 $G \cong Q_{4 \cdot 2^m}$，则根据式 (2.3.10) 得 $N[e] = N[a] = G$，其中 a 是 G 的唯一对合，故充分性得证。

下面证明必要性，设 x 和 y 为 G 的两个不同元素，且设在图 $\mathcal{P}_R(G)$ 中 $N[x] = N[y]$。因为 $y^{-1} \in N[x] = N[y]$，所以 $y = y^{-1}$。同理可得 $x = x^{-1}$。由于 x 和 y 在图 $\mathcal{P}_R(G)$ 中邻接，必有 $\{x, y\} = \{e, a\}$，其中 a 是一个对合。可以看出 $N[a] = N[e] = G$，进一步有 G 是 2-群，同时 a 必定是 G 的唯一对合。现在根据定理 2.1.1，可知 G 同构于 $\mathbb{Z}_{2^m}$ 或者同构于 $Q_{4 \cdot 2^m}$，必要性得证。 □

引理 3.2.2 如果 $\mathcal{C}$ 是 $\mathcal{P}_R(G)$ 的一个团，那么 $\langle \mathcal{C} \rangle$ 为循环群。

证明 对 $|\mathcal{C}|$ 进行数学归纳证明。若 $|\mathcal{C}| = 2$，则结论显然成立。下设 $|\mathcal{C}| > 2$，取定 $x \in \mathcal{C}$。如果对任意 $y \in \mathcal{C} \setminus \{x\}$ 有 $\langle y \rangle \subset \langle x \rangle$，那么 $\langle \mathcal{C} \rangle \subseteq \langle x \rangle$，因此 $\langle \mathcal{C} \rangle$ 是循环群。如果对某个 $y \in \mathcal{C} \setminus \{x\}$ 有 $\langle x \rangle \subset \langle y \rangle$，那么 $\langle \mathcal{C} \rangle \subseteq \langle \mathcal{C} \setminus \{x\} \rangle$。根据归纳假设，子群 $\langle \mathcal{C} \setminus \{x\} \rangle$ 是循环群。因此，$\langle \mathcal{C} \rangle$ 是循环群。 □

下面的结果给出了简约幂图的团数，事实上，文献 [96] 也给出了另一种证明方法。

引理 3.2.3 设 G 是群，则

$$\omega(\mathcal{P}_R(G)) = \max\{\Omega(m) : m \in \pi_e(G)\} + 1。$$

证明 设 $k = \max\{\Omega(m) : m \in \pi_e(G)\} + 1$，且 $\{x_1, x_2, \cdots, x_t\}$ 为图 $\mathcal{P}_R(G)$

的团, 其中 $t = \omega(\mathcal{P}_R(G))$, 只需证明 $t = k$。由引理 3.2.2 可得

$$\{x_1, x_2, \cdots, x_t\} \subseteq \langle x \rangle,$$

其中 x 为 G 中的某个元素。下面设 $o(x) = m$, 对任意的 $1 \leqslant i < j \leqslant t$ 有 $o(x_i) \neq o(x_j)$, 并且 $o(x_i) \mid o(x_j)$ 或者 $o(x_j) \mid o(x_i)$。因为 $\{x_1, x_2, \cdots, x_t\}$ 必定是 $\mathcal{P}_R(\langle x \rangle)$ 的团且团数为 $\omega(\mathcal{P}_R(\langle x \rangle))$, 所以 $t = \Omega(m) + 1$, 从而 $t \leqslant k$。

设

$$n \in \pi_e(G), \quad k = \Omega(n) + 1, \quad n = p_1^{r_1} p_2^{r_2} \cdots p_m^{r_m},$$

其中 $p_1, p_2, \cdots, p_m$ 是互不相等的素数且对任意的 $1 \leqslant i \leqslant m$ 有 $r_i \geqslant 1$。取 $a \in G$ 并且 $o(a) = n$, 设 $T = \{e, a_1, a_2, \cdots, a_{\Omega(n)}\}$ 为 $\langle a \rangle$ 的子集且满足

$$|a_1| = p_m, |a_2| = p_m^2, \cdots, |a_{r_m}| = p_m^{r_m},$$
$$|a_{r_m+1}| = p_{m-1} p_m^{r_m}, \cdots, |a_{r_m+r_{m-1}}| = p_{m-1}^{r_{m-1}} p_m^{r_m},$$
$$|a_{r_m+r_{m-1}+1}| = p_{m-2} p_{m-1}^{r_{m-1}} p_m^{r_m}, \cdots, |a_{\Omega(n)-1}| = p_1^{r_1-1} p_2^{r_2} \cdots p_m^{r_m},$$
$$|a_{\Omega(n)}| = p_1^{r_1} p_2^{r_2} \cdots p_m^{r_m}。$$

容易看出 T 是 $\mathcal{P}_R(G)$ 中的团且团数为 $\Omega(n) + 1$, 所以 $k \leqslant t$。 □

引理 3.2.4 设 G 是群, 则

$$\omega(\mathcal{R}_{\mathcal{P}_R(G)}) = \begin{cases} k, & G \cong \mathbb{Z}_{2^k} \text{ 且 } k \geqslant 1; \\ t+1, & G \cong Q_{4 \cdot 2^t} \text{ 且 } t \geqslant 1; \\ \max\{\Omega(m) : m \in \pi_e(G)\} + 1, & \text{其他。} \end{cases}$$

证明 设 $G \cong \mathbb{Z}_{2^k}$ 或者 $G \cong Q_{4 \cdot 2^t}$, 其中 $k, t \geqslant 1$。引理 3.2.1 表明, 从图 $\mathcal{P}_R(G)$ 中删除顶点 e 后, 图 $\mathcal{R}_{\mathcal{P}_R(G)}$ 是同构于图 $\mathcal{P}_R(G)$ 的子图。注意到在 $\mathcal{P}_R(G)$ 中 e 与 G 的每个非单位元邻接, 所以

$$\omega(\mathcal{R}_{\mathcal{P}_R(G)}) = \max\{\Omega(m) : m \in \pi_e(G)\}。$$

如果 $G \cong \mathbb{Z}_{2^k}$, 那么 $\max\{\Omega(m) : m \in \pi_e(G)\} = \Omega(2^k) = k$ 成立。如果 $G \cong Q_{4 \cdot 2^t}$, 那么由式 (2.3.10) 可以推出 $\max\{\Omega(m) : m \in \pi_e(G)\} = \Omega(2^{t+1}) = t+1$。

设 G 既不同构于 $\mathbb{Z}_{2^k}$ 也不同构于 $Q_{4 \cdot 2^t}$, 根据引理 3.2.1, 图 $\mathcal{R}_{\mathcal{P}_R(G)}$ 与图 $\mathcal{P}_R(G)$ 相等, 再根据引理 3.2.3, 可知结论成立。 □

因此，我们可知 $\mathcal{P}_R(G)$ 是完全的当且仅当 $G \cong \mathbb{Z}_2$。于是，如果 $G \not\cong \mathbb{Z}_2$，那么 $\mathcal{P}_R(G)$ 的直径为 2。又因为 n 阶完全图的强度量维数为 $n-1$，结合定理 2.9.1 和引理 3.2.4，我们完成了定理 3.2.1 的证明。

通过定理 3.2.1 和式 (2.3.9)，可得广义四元数群的简化幂图的强度量维数。

推论 3.2.1 设 Q_{4n} 为广义四元数群，则
$$\mathrm{sdim}(\mathcal{P}_R(Q_{4n})) = \begin{cases} 2^{t+2} - t - 1, & \text{如果 } n = 2^t \text{ 对某个 } t \geqslant 1; \\ 4n - \Omega(2n) - 1, & \text{其他}。 \end{cases}$$

显然，对于 n 阶群 G，$\mathrm{sdim}(\mathcal{P}_R(G)) = n-1$ 当且仅当 G 同构于 2 阶循环群。为了应用定理 3.2.1，我们对简化幂图的强度量维数是 $n-2$ 的群进行刻画。

推论 3.2.2 设 G 是 n 阶群，则下面三条叙述等价：
(a) $\mathrm{sdim}(\mathcal{P}_R(G)) = n-2$;
(b) $\mathcal{R}_{\mathcal{P}_R(G)}$ 是星图;
(c) G 同构于 $\mathbb{Z}_4$、Q_8 或一个 $\mathcal{P}$ 群。

3.3 真连通数

令 Γ 是图，则 Γ 的顶点集与边集分别被记作 $V(\Gamma)$ 和 $E(\Gamma)$。Γ 的一个边染色是指给 $E(\Gamma)$ 中的任一元素都安排一种颜色。如果把 n 种颜色构成的集合看成数集 $\{1, 2, \cdots, n\}$，则 Γ 的边染色是指从 $E(\Gamma)$ 到 $\{1, 2, \cdots, n\}$ 的一个映射。如果 Γ 的某个边染色满足条件：给任意两条相邻的边染了不同的颜色，则这个边染色被称为一个真染色。如果连通图 Γ 的某个边染色满足条件：每一对不同的顶点，存在一条路使得该路上没有两条边被染成同一颜色，则这个边染色被称为一个彩虹染色。受真染色和彩虹染色的启发，Borozan 等[72] 引入了真路染色的概念。在连通图 Γ 中，定义一个边染色如下：

$$\zeta: E(\Gamma) \longrightarrow \{1, 2, \cdots, k\}, \quad k \in \mathbb{N},$$

其中相邻的边可以被染成相同的颜色。设 P 是 Γ 中的一条路，如果在染色 ζ 之下，P 中没有两条相邻边被染成同一颜色，则路 P 被称为 Γ 的一条真路。如果 Γ

在染色 ζ 之下, 每一对不同的顶点之间均存在一条真路, 则 ζ 被称为 Γ 的真路染色. 如果 ζ 为 Γ 的真路染色, 则一般指的是真路 k-染色, 其中 k 是指该染色中用到的颜色数. 在图 Γ 中, 存在真路 k-染色的最小的 k 被称为 Γ 的真连通数, 被记作 $\mathrm{pc}(\Gamma)$. 近些年, 真路染色得到了广泛的关注, 文献 [73] 论述了关于真染色动态的相关内容.

本节我们将确定有限群的简化幂图的真连通数, 作为应用, 我们也将确定有限群幂图的真连通数.

我们用 $\mathcal{M}_G$ 表示 G 的所有极大循环子群构成的集合. 注意 $|\mathcal{M}_G| = 1$ 当且仅当 G 是循环群. 定义

$$\mathcal{N}_G := \{M \in \mathcal{M}_G : |M| \text{是素数}\}$$

且

$$\beta_G := \Big| \bigcup_{M \in \mathcal{N}_G} (M \setminus \{e\}) \Big|.$$

本节的第一个主要定理确定了有限群的简化幂图的真连通数.

定理 3.3.1 $\quad \mathrm{pc}(\mathcal{P}_R(G)) = \begin{cases} 1, & \text{如果 } G \cong \mathbb{Z}_2; \\ \beta_G, & \text{如果 } \beta_G \geqslant 3; \\ 2, & \text{其他.} \end{cases}$

在群 G 中, 一个阶为 2 的元素 v 被称为对合, 如果一个对合 v 满足 $\langle v \rangle \in \mathcal{N}_G$, 则对合 v 被称为极大对合. 我们用 $\mathcal{I}_G$ 表示 G 的所有极大对合构成的集合. 记

$$\mathcal{N}_G = \{\langle a_1 \rangle, \langle a_2 \rangle, \cdots, \langle a_m \rangle, \langle b_1 \rangle, \langle b_2 \rangle, \cdots, \langle b_n \rangle, \langle c_1 \rangle, \langle c_2 \rangle, \cdots, \langle c_l \rangle\}, \quad (3.3.1)$$

其中对所有 $1 \leqslant i \leqslant m$ 有 $o(a_i) = 2$, 对所有的 $1 \leqslant i \leqslant n$ 有 $o(b_i) = 3$, 且对所有 $1 \leqslant i \leqslant l$ 有 $o(c_i) \geqslant 5$. 这也意味着 $\mathcal{I}_G = \{a_1, a_2, \cdots, a_m\}$.

本节的第二个主要定理确定了有限群的幂图的真连通数.

3.3 真连通数

定理 3.3.2 参考式 (3.3.1), 我们有

$$\mathrm{pc}(\mathcal{P}(G)) = \begin{cases} 1, & \text{如果 } G \text{ 是素数幂阶的循环群}; \\ m, & \text{如果 } m \geqslant 3; \\ 3, & \text{如果 } m = 2 \text{ 且 } n \geqslant 1; \\ 3, & \text{如果 } m = 1 \text{ 且 } n \geqslant 2; \\ 3, & \text{如果 } m = 0 \text{ 且 } n \geqslant 3; \\ 2, & \text{其他}。 \end{cases}$$

随后, 我们将给出定理 3.3.1 和定理 3.3.2 的证明。下面的结果是定理 3.3.1 和定理 3.3.2 的直接推论, 这也确定了 $\mathrm{pc}(\mathcal{P}_R(\mathbb{Z}_n))$ 和 $\mathrm{pc}(\mathcal{P}(\mathbb{Z}_n))$。

推论 3.3.1 对于循环群 $\mathbb{Z}_n$, 我们有

$$\mathrm{pc}(\mathcal{P}_R(\mathbb{Z}_n)) = \begin{cases} n-1, & \text{如果 } n \text{ 是素数}; \\ 2, & \text{其他}, \end{cases}$$

且

$$\mathrm{pc}(\mathcal{P}(\mathbb{Z}_n)) = \begin{cases} 1, & \text{如果 } n \text{ 是素数幂}; \\ 2, & \text{其他}。 \end{cases}$$

设 $n \geqslant 3$, 二面体 D_{2n} 的表达式如下:

$$D_{2n} = \langle a, b : a^n = b^2 = e, bab = a^{-1} \rangle。$$

容易验证, 如果 n 是素数, 则 $\beta_{D_{2n}} = 2n-1$; 否则, $\beta_{D_{2n}} = n$。此外, 我们有 $|\mathcal{I}_{D_{2n}}| = n$。于是, 定理 3.3.1 和定理 3.3.2 也蕴涵下面的结果。

推论 3.3.2 对于二面体群 D_{2n}, 我们有

$$\mathrm{pc}(\mathcal{P}(D_{2n})) = n$$

且

$$\mathrm{pc}(\mathcal{P}_R(D_{2n})) = \begin{cases} 2n-1, & \text{如果 } n \text{ 是素数}; \\ n, & \text{其他}。 \end{cases}$$

如果一个群的每一个非平凡元素的阶均为素数,则该群被称为一个 $\mathcal{P}$-群。根据上面的结论,下面结果的证明是显然的。

推论 3.3.3 设 G 是阶为 k 的 $\mathcal{P}$-群,设 m 是 G 的所有对合数,且设 n 是 G 的所有阶为 3 的子群的个数,则 $\text{pc}(\mathcal{P}_R(G)) = k - 1$ 且

$$\text{pc}(\mathcal{P}(G)) = \begin{cases} 1, & \text{如果 } G \text{ 是循环的}; \\ m, & \text{如果 } m \geqslant 3; \\ 3, & \text{如果 } m = 2 \text{ 且 } n \geqslant 1; \\ 3, & \text{如果 } m = 1 \text{ 且 } n \geqslant 2; \\ 3, & \text{如果 } m = 0 \text{ 且 } n \geqslant 3; \\ 2, & \text{其他}。 \end{cases}$$

显然,初等交换 p-群 $\mathbb{Z}_p^k$ 是一个 $\mathcal{P}$-群,因此推论 3.3.3 蕴涵下面的结果。

推论 3.3.4 令 p 是素数且 $k \geqslant 2$,则

$$\text{pc}(\mathcal{P}(\mathbb{Z}_p^k)) = \begin{cases} 2^k - 1, & \text{如果 } p = 2; \\ 3, & \text{如果 } p = 3; \\ 2, & \text{其他}。 \end{cases}$$

现在,我们开始证明定理 3.3.1 和定理 3.3.2,我们首先给出一些引理。下面的第一个结论可由简化幂图的定义得到。

事实 3.3.1 $\mathcal{P}_R(G)$ 是完全的当且仅当 $G \cong \mathbb{Z}_2$。

引理 3.3.1 ([97]) 设 Γ 是一个包含桥的连通图,如果 c 是与单个顶点相关的桥的最大数目,则 $\text{pc}(\Gamma) \geqslant c$。

给定图 Γ,一个度为 0 的顶点被称为一个孤立点,且一个度为 1 的顶点被称为一片叶子。

引理 3.3.2 $\mathcal{P}_R(G)$ 的一个顶点 v 是一片叶子当且仅当下面的一种情况发生:

(a) $v = e$ 且 $G \cong \mathbb{Z}_2$;

(b) $o(v)$ 是素数且 $\langle v \rangle$ 是 G 的极大循环子群。

证明 如果 (a) 发生, 则 $\mathcal{P}_R(G) \cong K_2$, 于是 e 是 $\mathcal{P}_R(G)$ 的一片叶子。现在假设 (b) 发生, 注意 v 不是独立点。令 $u \in N(v)$, 则 $\langle u \rangle \subset \langle v \rangle$ 或者 $\langle v \rangle \subset \langle u \rangle$。因为 $\langle v \rangle$ 是 G 的一个极大循环子群, 故我们有 $\langle u \rangle \subset \langle v \rangle$。此外, 因为 $o(v)$ 是素数, 我们可知 $u = e$。于是 $N(v) = \{e\}$, 因此 v 是 $\mathcal{P}_R(G)$ 的一片叶子。

对于逆命题, 假设 v 是 $\mathcal{P}_R(G)$ 的一片叶子。如果 $v = e$, 因为 $N(e) = G \setminus \{e\}$, 我们有 $|G \setminus \{e\}| = 1$, 这意味着 $G \cong \mathbb{Z}_2$。现在假设 $v \neq e$, 则 $N(v) = \{e\}$。于是, 我们必须有 $\langle v \rangle$ 是 G 的一个极大循环子群; 否则, 存在 $u \in G$ 使得 $\langle v \rangle \subset \langle u \rangle$, 这意味着 $u \neq e$ 且 $u \in N(v)$, 与 $N(v) = \{e\}$ 矛盾。此外, 通过反证法, 假设 $o(v)$ 不是素数, 令 d 是一个至少为 2 的真因子, 则 $v^d \neq e$ 且 $v^d \in N(v)$, 矛盾。于是 $o(v)$ 是素数。 $\square$

如果一个连通图不包含某个圈作为子图, 则该图被称为一棵树。如果在一棵阶为 n 的树中, 有一个顶点的度数为 $n-1$ 且其他任何一个顶点的度数为 1, 则这棵树被称为一个星图。根据引理 3.3.2, 下面的结果是显然的。

推论 3.3.5 下面的结论是等价的:

(a) $\mathcal{P}_R(G)$ 是一个星图;

(b) $\mathcal{P}_R(G)$ 是一棵树;

(c) G 是一个 $\mathcal{P}$-群。

回忆一下, G 是一个至少有两个元素的有限群, e 是它的单位元。对于 $x \in G$, 定义

$$[x] := \{y \in G : \langle y \rangle = \langle x \rangle\}.$$

显然, $\{[x] : x \in G\}$ 是 G 的一个划分。下面我们总是假设 $|G| \geqslant 3$, 则根据事实 3.3.1, $\mathcal{P}_R(G)$ 不是完全的。现在假设

$$\{[x_1], [x_2], \cdots, [x_k], [y_1], [y_2], \cdots, [y_s]\}$$

是 $\{x \in G : x \neq e, \langle x \rangle \notin \mathcal{M}_G\}$ 的一个划分, 其中对所有 $i \in \{1, 2, \cdots, k\}$ 和 $j \in \{1, 2, \cdots, s\}$, $o(x_i) \geqslant 3$ 且 $o(y_j) = 2$。令

$$\mathcal{M}_G \setminus \mathcal{N}_G = \{\langle z_1 \rangle, \langle z_2 \rangle, \cdots, \langle z_t \rangle, \langle u_1 \rangle, \langle u_2 \rangle, \cdots, \langle u_l \rangle\}$$

且

$$\bigcup_{M \in \mathcal{N}_G} (M \setminus \{e\}) = \{v_1, v_2, \cdots, v_r\},$$

其中 $r = \beta_G$ 且对所有 $i \in \{1, 2, \cdots, t\}$ 和 $j \in \{1, 2, \cdots, l\}$，分别有 $o(z_i) > 4$ 且 $o(u_j) = 4$。注意 $\mathcal{N}_G$ 可以是空集，$N(u_i) = \{e, u_i^2\}$ 且 $[u_i] = \{u_i, u_i^{-1}\}$。记

$$E_{11} = \{\{e, x\} : x \in \bigcup_{i=1}^{k}([x_i] \setminus \{x_i\}) \cup \{y_1, y_2, \cdots, y_s\} \cup \{u_1^{-1}, u_2^{-1}, \cdots, u_l^{-1}\}\},$$

$$E_{12} = \bigcup_{i=1}^{k}\{\{x_i, x\} : x \in [z_j] \text{ 且 } x_i \in \langle z_j \rangle \text{ 对某一 } j \in \{1, 2, \cdots, t\}\},$$

$$E_{13} = \bigcup_{i=1}^{s}\{\{y_i, x\} : x \in [z_j] \text{ 且 } y_i \in \langle z_j \rangle \text{ 对某一 } j \in \{1, 2, \cdots, t\}\},$$

$$E_{14} = \bigcup_{i=1}^{s}\{\{y_i, u_j\} : y_i = u_j^2 \text{ 对某一 } j \in \{1, 2, \cdots, l\}\}。$$

现在令 $k = \max\{2, r\}$，定义一个染色：

$$\eta : E(\mathcal{P}_R(G)) \longrightarrow \{1, 2, \cdots, k\}。 \tag{3.3.2}$$

通过

$$f \longmapsto \begin{cases} 1, & \text{如果 } f \in E_{1i}, \quad \text{其中 } i = 1, 2, \cdots, 4; \\ m, & \text{如果 } f = \{e, v_m\}, \quad \text{其中 } m = 1, 2, \cdots, r; \\ 2, & \text{其他}。 \end{cases}$$

带有染色 η 的图 $\mathcal{P}_R(G)$ 如图 3.2 所示，其中实线和虚线分别表示被颜色 1 和 2 染色的边。接下来我们将证明上面定义的染色 η 是一个真路 k-染色。

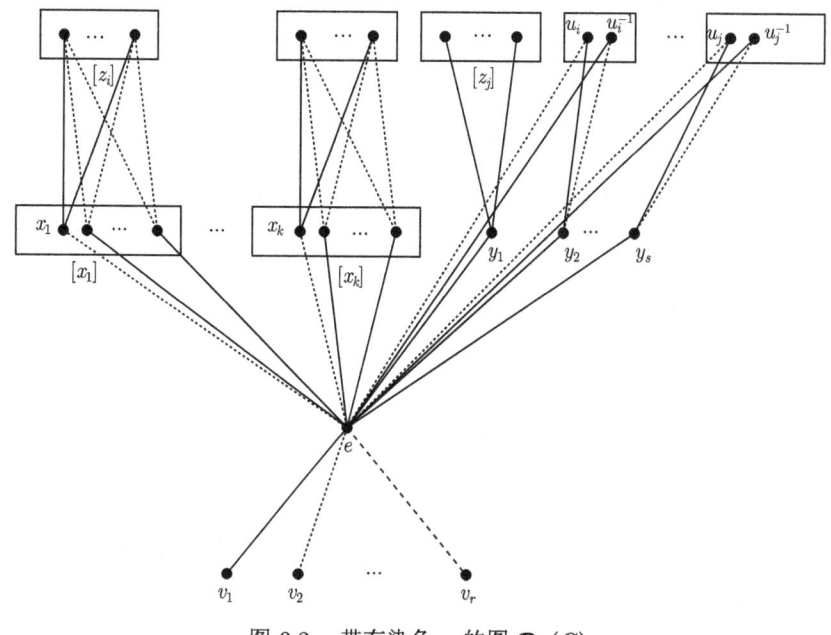

图 3.2 带有染色 η 的图 $\mathcal{P}_R(G)$

引理 3.3.3 η 是 $\mathcal{P}_R(G)$ 的一个真路 k-染色。

证明 在 $\mathcal{P}_R(G)$ 中取一对非相邻的顶点 a 和 b, 只需要证明在染色 η 之下, 我们能找到一条 a 与 b 之间的真路即可。如果 $\eta(\{e,a\}) \neq \eta(\{e,b\})$, 则 (a,e,b) 是需要的真路。因此, 下面我们总是假设 $\eta(\{e,a\}) = \eta(\{e,b\})$。

情况 1 假设对某个 $1 \leqslant i \leqslant t, a \in [z_i]$。

对满足条件 $1 \leqslant i \leqslant t$ 的每一个 z_i, 令 x_{α_i} 是满足 $1 \leqslant \alpha_i \leqslant k$ 且 $x_{\alpha_i} \in \langle z_i \rangle$ 的元素。

子情况 1.1 $b \in [z_i]$。

根据图 3.2, 容易看出 $(a, x_{\alpha_i}, e, x_{\alpha_i}^{-1}, b)$ 是一条真路。

子情况 1.2 对某一 $1 \leqslant j \leqslant t$ 使得 $i \neq j, b \in [z_j]$。

如果 $\alpha_i = \alpha_j$, 则根据图 3.2, $(a, x_{\alpha_i}, e, x_{\alpha_i}^{-1}, b)$ 是一条真路。如果 $\alpha_i \neq \alpha_j$, 则 $(a, x_{\alpha_i}, e, x_{\alpha_j}^{-1}, b)$ 是一条真路。

子情况 1.3 对某一 $1 \leqslant j \leqslant l, b \in [u_j]$。

注意 $\eta(\{e,a\}) = \eta(\{e,b\})$，我们有 $b = u_j$ 且容易看出 $(a, x_{\alpha_i}^{-1}, e, b)$ 是一条真路。

子情况 1.4 对某一 $1 \leqslant j \leqslant k, b \in [x_j]$。

因为 a 和 b 是非相邻的且 $\eta(\{e,a\}) = \eta(\{e,b\})$，故 $x_j \notin \langle z_i \rangle$ 且 $b = x_j$。于是 $(a, x_{\alpha_i}^{-1}, e, b)$ 是一条真路。

子情况 1.5 对某一 $1 \leqslant j \leqslant r, b = v_j$。

注意 $\eta(\{e,a\}) = \eta(\{e,b\})$，我们有 $b = v_2$。于是 $(a, x_{\alpha_i}^{-1}, e, b)$ 是一条真路。

情况 2 对某一 $1 \leqslant i \leqslant l$，假设 $a \in [u_i]$。

对满足 $1 \leqslant i \leqslant k$ 的每一个 x_i，令 z_{β_i} 是满足 $1 \leqslant \beta_i \leqslant t$ 和 $x_i \in \langle z_{\beta_i} \rangle$ 的一个元素。此外，对于满足 $1 \leqslant j \leqslant l$ 的每一个 u_j，令 y_{γ_j} 是 $\langle u_j \rangle$ 的一个对合，使得 $1 \leqslant \gamma_j \leqslant s$。注意 $[u_i] = \{u_i, u_i^{-1}\}$ 且 $\eta(\{e,a\}) = \eta(\{e,b\})$。

子情况 2.1 对某一 $1 \leqslant j \leqslant l, b \in [u_j]$。

显然我们有 $i \neq j$。如果 $a = u_i$，则 $b = u_j$。如果 $a = u_i^{-1}$，则 $b = u_j^{-1}$。因此，无论哪种情况发生，$(a, y_{\gamma_i}, a^{-1}, e, b)$ 都是一条真路。

子情况 2.2 对某一 $1 \leqslant j \leqslant k, b \in [x_j]$。

如果 $a = u_i$，则 $b = x_j$，于是 $(b, z_{\beta_j}, b^{-1}, e, a)$ 是一条真路。如果 $a = u_i^{-1}$，则 $b \in [x_j] \setminus \{x_j\}$。因为 $b \in \langle z_{\beta_j} \rangle$，所以 $(b, z_{\beta_j}, x_j, e, a)$ 是一条真路。

子情况 2.3 对某一 $1 \leqslant j \leqslant s, b = y_j$。

注意我们可以假设 $y_j \notin \langle u_i \rangle$。因为 $\eta(\{e,a\}) = \eta(\{e,b\})$，所以 $a = u_i^{-1}$。于是 $(b, e, a^{-1}, y_{\gamma_i}, a)$ 是一条真路。

子情况 2.4 对某一 $1 \leqslant j \leqslant r, b = v_j$。

在这种情况下，如果 $a = u_i$，则 $b = v_2$，且如果 $a = u_i^{-1}$，则 $b = v_1$。因此，无论哪种情况发生，容易验证 $(b, e, a^{-1}, y_{\gamma_i}, a)$ 都是一条真路。

情况 3 对某一 $1 \leqslant i \leqslant k$，假设 $a \in [x_i]$。

子情况 3.1 $b \in [x_i]$。

在这种情况下, $a, b \in [x_i] \setminus \{x_i\}$, 因此 $(a, z_{\beta_i}, x_i, e, b)$ 是一条真路。

子情况 3.2 对某一 $1 \leqslant i \leqslant k$ 且 $i \neq j, b \in [x_j]$。

如果 $a = x_i$, 则 $b = x_j$, 因此 $(a, z_{\beta_i}, a^{-1}, e, b)$ 是一条真路。此外, 如果 $a \in [x_i] \setminus \{x_i\}$, 则 $b \in [x_j] \setminus \{x_j\}$, 于是 $(a, z_{\beta_i}, x_i, e, b)$ 是一条真路。

子情况 3.3 对某一 $1 \leqslant j \leqslant s, b = y_j$。

在这种情况下, $a \in [x_i] \setminus \{x_i\}$, 因此 $(a, z_{\beta_i}, x_i, e, b)$ 是一条真路。

子情况 3.4 对某一 $1 \leqslant j \leqslant r, b = v_j$。

如果 $a = x_i$, 则 $b = v_2$, 因此 $(a, z_{\beta_i}, a^{-1}, e, b)$ 是一条真路。如果 $a \in [x_i] \setminus \{x_i\}$, 则 $b = v_1$, 因此 $(a, z_{\beta_i}, x_i, e, b)$ 是一条真路。

情况 4 对某一 $1 \leqslant i \leqslant s$, 假设 $a = y_i$。

只需要证明, 对某一 $1 \leqslant j \leqslant s$ 满足 $i \neq j$, 如果 $b = v_1$ 或者 y_j, 则在染色 η 之下存在 a 和 a 之间的真路。因为 $\langle a \rangle \notin \mathcal{M}_G$, 所以存在 G 的一个极大循环子群 $\langle g \rangle$。现在根据 η 的定义, 我们可以选择元素 $g' \in [g]$ 使得 $\eta(\{g', a\}) = 1$ 且 $\eta(\{e, g'\}) = 2$。因此 (a, g', e, b) 是一条真路。

结合上面的四种情况, 我们可知 η 是 $\mathcal{P}_R(G)$ 的一个真路 k-染色。 □

根据引理 3.3.3 的证明, 下面的推论是显而易见的。

推论 3.3.6 若 $\beta_G \leqslant 2$, 则 $\mathrm{pc}(\mathcal{P}_R(G)) \leqslant 2$。

下面我们证明定理 3.3.1。

定理 3.3.1 的证明 如果 $G \cong \mathbb{Z}_2$, 则根据事实 3.3.1, 我们可知 $\mathcal{P}_R(G)$ 是完全的, 因此 $\mathrm{pc}(\mathcal{P}_R(G)) = 1$。接下来我们假设 $|G| \geqslant 3$, 因此 $\mathcal{P}_R(G)$ 不是完全的, 这意味着 $\mathrm{pc}(\mathcal{P}_R(G)) \geqslant 2$。如果 $\beta_G \leqslant 2$, 推论 3.3.6 蕴涵 $\mathrm{pc}(\mathcal{P}_R(G)) \leqslant 2$, 于是我们有 $\mathrm{pc}(\mathcal{P}_R(G)) = 2$。现在假设 $\beta_G \geqslant 3$, 通过引理 3.3.2, $\mathcal{P}_R(G)$ 有 β_G 个桥与单个顶点相关。于是, 由引理 3.3.1 可知 $\mathrm{pc}(\mathcal{P}_R(G)) \geqslant \beta_G$。此外, 由于引理 3.3.3 蕴涵 $\mathrm{pc}(\mathcal{P}_R(G)) \leqslant \beta_G$, 因此 $\mathrm{pc}(\mathcal{P}_R(G)) = \beta_G$。 □

为了给出定理 3.3.2 的证明, 我们首先证明一些引理。

回忆一下, G 是阶至少为 2 的有限群。参考式 (3.3.1), $\mathcal{P}(G)$ 的被

$$\left(\bigcup_{i=1}^{n}[b_i]\right)\cup\mathcal{I}_G\cup\{e\}$$

诱导的子图被记作 Ω。注意到 $|\mathcal{I}_G|=m$, 如果 $m=0$ 且在 G 中不存在阶为 3 的极大循环子群, 则 Ω 是阶为 1 的空图。下面的结论确定了 $\mathrm{pc}(\Omega)$。

引理 3.3.4 如果 $m\leqslant 3$, 则 $\mathrm{pc}(\Omega)\leqslant 3$。

证明 首先假设 $m=3$, 定义 Ω 的一个 3-边染色 f:

$$f\longmapsto\begin{cases}1, & \text{如果 } f\in\{\{e,a_1\},\{e,b_i\}:i=1,2,\cdots,n\};\\ 2, & \text{如果 } f\in\{\{e,a_2\},\{e,b_i^{-1}\}:i=1,2,\cdots,n\};\\ 3, & \text{如果 } f\in\{\{e,a_3\},\{b_i^{-1},b_i\}:i=1,2,\cdots,n\},\end{cases}$$

该图如图 3.3 所示, 其中实线、点虚线和线段虚线分别代表被颜色 1、2 和 3 染色的边。容易看出该 3-染色是一个真路染色, 即 $\mathrm{pc}(\Omega)\leqslant 3$。这也意味着如果 $m\leqslant 3$, 那么 $\mathrm{pc}(\Omega)\leqslant 3$。 □

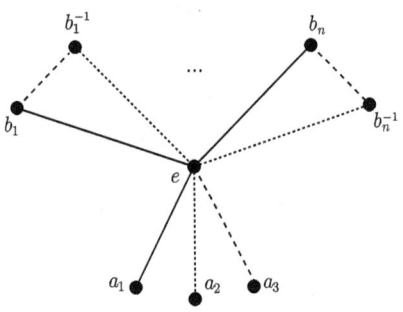

图 3.3 带有边 3-染色的图 Ω

引理 3.3.5 如果 $m\geqslant 3$, 则 $\mathrm{pc}(\Omega)=m$。

证明 根据图 3.3 中定义的边染色, 容易看出, 如果 $m\geqslant 3$, 则 $\mathrm{pc}(\Omega)\leqslant m$。此外, 注意到 Ω 包含 m 个与单个顶点相关的桥, 则引理 3.3.1 蕴涵 $\mathrm{pc}(\Omega)\geqslant m$。这意味着 $\mathrm{pc}(\Omega)=m$。 □

引理 3.3.6 如果 $m = 2$, 则

$$\mathrm{pc}(\Omega) = \begin{cases} 3, & \text{如果 } n \geqslant 1; \\ 2, & \text{如果 } n = 0。 \end{cases}$$

证明 如果 $n = 0$, 则 Ω 是一个阶为 3 的星图, 于是 $\mathrm{pc}(\Omega) = 2$。现在假设 $n \geqslant 1$, 令 θ 是 Ω 的一个真路 q-染色, 满足 $\mathrm{pc}(\Omega) = q$, 因为 Ω 包含 2 个与单个顶点相关的桥, 根据引理 3.3.1, 我们有 $q \geqslant 2$。这意味着 $\theta(\{e, a_1\}) \neq \theta(\{e, a_2\})$。不失一般性, 设 $\theta(\{e, a_1\}) = 1$ 且 $\theta(\{e, a_2\}) = 2$。通过反证法, 假设 $q = 2$, 则不失一般性, 我们可以假设 $\theta(\{e, b_1\}) = 1$。因此从 a_1 到 b_1 存在一条真路, 且在这种情况下, 真路必须是 (a_1, e, b_1^{-1}, b_1), 于是 $\theta(\{e, b_1^{-1}\}) = 2$ 且 $\theta(\{b_1^{-1}, b_1\}) = 1$。然而, 我们不能找到从 a_2 到 b_1^{-1} 的真路, 矛盾。于是 $q \geqslant 3$, 现在由引理 3.3.4, 我们可知 $q = 3$。 □

引理 3.3.7 如果 $m = 1$, 则

$$\mathrm{pc}(\Omega) = \begin{cases} 3, & \text{如果 } n \geqslant 2; \\ 2, & \text{如果 } n = 1; \\ 1, & \text{如果 } n = 0。 \end{cases}$$

证明 显然, 如果 $n = 0$, 则 $\mathrm{pc}(\Omega) = 1$。下面假设 $n = 1$, 则

$$V(\Omega) = \{e, a_1, b_1, b_1^{-1}\}, \quad E(\Omega) = \{\{e, a_1\}, \{e, b_1\}, \{e, b_1^{-1}\}, \{b_1, b_1^{-1}\}\}。$$

现在定义 Ω 的一个 2-边染色 α:

$$f \longmapsto \begin{cases} 1, & \text{如果 } f \in \{\{e, a_1\}, \{e, b_1\}, \{b_1, b_1^{-1}\}\}; \\ 2, & \text{如果 } f = \{e, b_1^{-1}\}。 \end{cases}$$

容易验证 α 是一个真路染色, 这意味着 $\mathrm{pc}(\Omega) \leqslant 2$。此外, 因为 Ω 不是完全的, 我们可知 $\mathrm{pc}(\Omega) = 2$。

现在假设 $n \geqslant 2$, 令 θ 是 Ω 的一个真路 q-染色, 满足 $\mathrm{pc}(\Omega) = q$。通过反证法, 假设 $q = 2$, 则不失一般性, 令 $\theta(\{e, a_1\}) = 1$。因为要么 (a_1, e, b_1) 是真路, 要么 (a_1, e, b_1^{-1}, b_1) 是真路, 所以必须有 $\theta(\{e, b_1\}) = \theta(\{e, b_1^{-1}\}) = 1$。

下面我们假设 $\theta(\{e,b_1\}) = \theta(\{e,b_1^{-1}\}) = 2$, 如果 $\theta(\{e,b_2\}) = 2$, 则由要么 $(b_1^{-1}, b_1, e, b_2^{-1}, b_2)$ 是真路, 要么 $(b_1^{-1}, e, b_2^{-1}, b_2)$ 是真路, 可知 $\theta(\{e,b_2^{-1}\}) = 1$ 且 $\theta(\{b_2, b_2^{-1}\}) = 2$。但是在这种情况下, 我们找不到从 a_1 到 b_2^{-1} 的真路, 矛盾。于是 $\theta(\{e,b_2\}) = 1$, 由于 (a_1, e, b_2^{-1}, b_2) 是真路, 因此我们有 $\theta(\{e,b_2^{-1}\}) = 2$ 且 $\theta(\{b_2, b_2^{-1}\}) = 1$。然而在这种情况下, 我们找不到从 b_1^{-1} 到 b_2^{-1} 的真路, 矛盾。

于是, 我们只能得到 $\theta(\{e,b_1\}) \neq \theta(\{e,b_1^{-1}\})$。不失一般性, 令 $\theta(\{e,b_1\}) = 1$ 且 $\theta(\{e,b_1^{-1}\}) = 2$。因为存在从 a_1 到 b_1 的一条真路, 所以 $\theta(\{b_1, b_1^{-1}\}) = 1$。如果 $\theta(\{e,b_2\}) = 1$, 则由 (a_1, e, b_2^{-1}, b_2) 是一条真路, 可知 $\theta(\{e,b_2^{-1}\}) = 2$ 且 $\theta(\{b_2, b_2^{-1}\}) = 1$。然而, 在这种情况下, 我们不能找到从 b_1^{-1} 到 b_2^{-1} 的真路, 矛盾。于是 $\theta(\{e,b_2\}) = 2$, 此外因为有一条从 b_1^{-1} 到 b_2 的真路, 我们可知 $\theta(\{e,b_2^{-1}\}) = 1$ 且 $\theta(\{b_2, b_2^{-1}\}) = 2$。然而, 在这种情况下, 我们不能找到从 a_1 到 b_2^{-1} 的真路, 矛盾, 这意味着 $q \geq 3$, 现在引理 3.3.4 蕴涵 $q = 3$。 □

引理 3.3.8 如果 $m = 0$, 则

$$\mathrm{pc}(\Omega) = \begin{cases} 3, & \text{如果 } n \geq 3; \\ 2, & \text{如果 } n = 2; \\ 1, & \text{如果 } n = 1。 \end{cases}$$

证明 如果 $n = 1$, 则 Ω 是完全的, 因此 $\mathrm{pc}(\Omega) = 1$。如果 $n = 2$, 我们定义 Ω 的一个 2-边染色:

$$f \longmapsto \begin{cases} 1, & \text{如果 } f \in \{\{e,b_1\}, \{e,b_1^{-1}\}, \{b_1, b_1^{-1}\}\}; \\ 2, & \text{如果 } f \in \{\{e,b_2\}, \{e,b_2^{-1}\}, \{b_2, b_2^{-1}\}\}, \end{cases}$$

则容易验证这个 2-边染色是 Ω 的一个真路染色, 这意味着 $\mathrm{pc}(\Omega) \leq 2$。因为 Ω 不是完全的, 我们可知 $\mathrm{pc}(\Omega) = 2$。

现在假设 $n \geq 3$, 令 θ 是 Ω 的一个真路 q-染色, 满足 $\mathrm{pc}(\Omega) = q$。通过反证法, 现在假设 $q = 2$。我们首先声明不存在 $1 \leq i < j \leq n$ 使得

$$\{\theta(\{e,b_i\}), \theta(\{e,b_i^{-1}\})\} = \{\theta(\{e,b_j\}), \theta(\{e,b_j^{-1}\})\} = \{1, 2\}。$$

否则, 不失一般性, 我们可以假设 $\theta(\{e,b_1\}) = \theta(\{e,b_2\}) = 1$ 且 $\theta(\{e,b_1^{-1}\}) = \theta(\{e,b_2^{-1}\}) = 2$。注意有一条从 b_1 到 b_2 的真路且有一条从 b_1^{-1} 到 b_2^{-1} 的真路,

于是可知 $\{\theta(\{b_1,b_1^{-1}\}),\theta(\{b_2,b_2^{-1}\})\} = \{1,2\}$. 不失一般性, 令 $\theta(\{b_1,b_1^{-1}\}) = 1$ 且 $\theta(\{b_2,b_2^{-1}\}) = 2$, 如果 $\theta(\{e,b_3\}) = 1$, 则 (b_3,b_3^{-1},e,b_2) 是真路, 于是有 $\theta(\{b_3,b_3^{-1}\}) = 1$ 且 $\theta(\{b_3^{-1},e\}) = 2$, 这意味着不存在从 b_3^{-1} 到 b_1^{-1} 的真路, 矛盾. 类似地, 如果 $\theta(\{e,b_3\}) = 2$, 则不存在从 b_3^{-1} 到 b_2 的真路, 矛盾. 因此, 上面的声明是成立的.

现在根据上面的声明和 $n \geqslant 3$, 我们可知存在 $1 \leqslant i < j \leqslant n$ 使得 $\theta(\{e,b_i\}) = \theta(\{e,b_i^{-1}\})$ 且 $\theta(\{e,b_j\}) = \theta(\{e,b_j^{-1}\})$. 因为 θ 是一个真路染色, 我们有 $\theta(\{e,b_i\}) \neq \theta(\{e,b_j\})$. 于是, 不失一般性, 我们可以假设 $\theta(\{e,b_1\}) = \theta(\{e,b_1^{-1}\}) = 1$ 且 $\theta(\{e,b_2\}) = \theta(\{e,b_2^{-1}\}) = 2$. 如果 $\theta(\{e,b_3\}) = 1$, 则 (b_3,b_3^{-1},e,b_1) 是真路, 于是 $\theta(\{b_3,b_3^{-1}\}) = 1$ 且 $\theta(\{b_3^{-1},e\}) = 2$. 但是不存在从 b_3^{-1} 到 b_2^{-1} 的真路, 矛盾. 类似地, 如果 $\theta(\{e,b_3\}) = 2$, 则不存在从 b_3^{-1} 到 b_1 的真路, 矛盾.

根据上面的讨论, 可知 $q \geqslant 3$. 此外, 鉴于引理 3.3.4, 我们可知 $q = 3$. □

下面的结论揭示了 $\mathrm{pc}(\mathcal{P}(G))$ 和 $\mathrm{pc}(\Omega)$ 之间的关系.

引理 3.3.9 如果 $\mathrm{pc}(\Omega) \geqslant 2$, 则 $\mathrm{pc}(\mathcal{P}(G)) = \mathrm{pc}(\Omega)$. 特别地, 如果 $\mathrm{pc}(\Omega) = 1$ 或者 Ω 是空的, 则 $\mathrm{pc}(\mathcal{P}(G)) \leqslant 2$.

证明 假设 $\mathrm{pc}(\Omega) \geqslant 2$, 令 θ 是 Ω 的一个真路 q-染色, 满足 $\mathrm{pc}(\Omega) = q$, 则 $q \geqslant 2$. 此外, 对任意 $x \in V(\Omega) \setminus \{e\}$, $G \setminus V(\Omega)$ 中没有顶点跟 x 相邻, 于是 $\mathrm{pc}(\mathcal{P}(G)) \geqslant q$.

参考式 (3.3.1), 我们用 Δ 表示 $\mathcal{P}(G)$ 的被 $\bigcup_{i=1}^{l} \langle c_i \rangle$ 诱导的子图. 注意对每一个 $1 \leqslant i \leqslant l$, Δ 的被 $\langle c_i \rangle$ 诱导的任意一个子图均是一个阶为 $o(c_i)$ 的完全图. 于是 Δ 是一些分享单位元的完全图的并. 现在我们定义 Δ 的一个边染色:

$$\delta : E(\Delta) \longrightarrow \{1,2\},$$

使得对每一个 $1 \leqslant i \leqslant l$, $\delta(\{e,c_i\}) = \delta(\{c_i^2,c_i^3\}) = 2$ 且其他的边被染成颜色 1. 在 Δ 中, 取一对非相邻的顶点 a 和 b, 如果 $\delta(\{e,a\}) \neq \delta(\{e,b\})$, 则 (a,e,b) 是一条真路. 现在假设 $\delta(\{e,a\}) = \delta(\{e,b\})$, 则对不同的指标 i,j, 容易得 $a = c_i$ 且 $b = c_j$, 或者 $a \in [c_i] \setminus \{c_i\}$ 且 $b \in [c_j] \setminus \{c_j\}$. 如果 $a = c_i$ 且 $b = c_j$, 则 (a,e,c_j^2,c_j^3,b) 是一条真路. 如果 $a \in [c_i] \setminus \{c_i\}$ 且 $b \in [c_j] \setminus \{c_j\}$, 则 (a,e,c_j,b) 是一条真路. 这意味着 δ 是 Δ 的一个真路染色, 于是 $\mathrm{pc}(\Delta) \leqslant 2$.

现在记 $E = E(\mathcal{P}_R(G)) \setminus (E(\Omega) \cup E(\Delta))$。回忆一下，$\eta$ 是 $\mathcal{P}_R(G)$ 的一个边染色，其定义见式 (3.3.2)。在 $\mathcal{P}(G)$ 中，我们定义边染色：

$$\rho : E(\mathcal{P}(G)) \longrightarrow \{1, 2, \cdots, q\},$$

满足

$$f \longmapsto \begin{cases} \eta(f), & \text{如果 } f \in E; \\ \theta(f), & \text{如果 } f \in E(\Omega); \\ \delta(f), & \text{如果 } f \in E(\Delta); \\ 1, & \text{其他}。 \end{cases}$$

根据引理 3.3.3 的证明，易知对任意 $x \in G \setminus (V(\Delta) \cup V(\Omega))$ 和 $y \in (V(\Delta) \cup V(\Omega)) \setminus \{e\}$，在染色 ρ 之下都会存在从 x 到 y 的一条真路。此外根据 δ 的定义，在染色 ρ 之下，容易看出对任意 $w \in V(\Delta) \setminus \{e\}$ 和 $z \in V(\Omega) \setminus \{e\}$，都会存在一条从 w 到 z 的真路。于是 ρ 是 $\mathcal{P}(G)$ 的一个真路 q-染色。因此，我们有 $\mathrm{pc}(\mathcal{P}(G)) \leqslant q$。这意味着 $\mathrm{pc}(\mathcal{P}(G)) = \mathrm{pc}(\Omega)$。□

最后，我们给出定理 3.3.2 的证明。

定理 3.3.2 的证明 根据文献 [9] 中的定理 2.12，G 是素数幂阶的循环群当且仅当 $\mathcal{P}(G)$ 是完全的，于是 $\mathrm{pc}(\mathcal{P}(G)) = 1$ 当且仅当 G 是素数幂阶的循环群。因此，在下面我们假设 G 不是素数幂阶的循环群，则 $\mathrm{pc}(\mathcal{P}(G)) \geqslant 2$。如果 $\mathrm{pc}(\Omega) = 1$ 或者 Ω 是空的，则根据引理 3.3.9，可知 $\mathrm{pc}(\mathcal{P}(G)) \leqslant 2$，于是 $\mathrm{pc}(\mathcal{P}(G)) = 2$。如果 $\mathrm{pc}(\Omega) \geqslant 2$，则引理 3.3.9 蕴涵 $\mathrm{pc}(\mathcal{P}(G)) = \mathrm{pc}(\Omega)$。现在通过引理 3.3.5、引理 3.3.6、引理 3.3.7、引理 3.3.8，可以得到需要的结果。□

3.4 真简化幂图的完备码

注意在 $\mathcal{P}_R(G)$ 中，G 的单位元与其他任何一个顶点均是相邻的。因此，为了得到有趣且有意义的结论，我们往往关注的是**真简化幂图**$\mathcal{P}_R^*(G)$，该图是通过从简化幂图 $\mathcal{P}_R(G)$ 中删除单位元而得到的。

3.4 真简化幂图的完备码

本节我们将给出一个真简化幂图具有完备码的充分必要条件。特别地，当一个真简化幂图具有完备码时，我们将确定这个真简化幂图的所有完备码。此外，我们也给了一个真简化幂图具有全完备码的一些必要条件。作为应用，我们确定了交换群及广义四元数群使得它们的真简化幂图具有全完备码。此外，我们也刻画了任一有限群使得它的真简化幂图具有大小为 2 的全完备码。

3.4.1 完备码

本小节的主要结果如下。

定理 3.4.1 $\mathcal{P}_R^*(G)$ 有一个完备码当且仅当 G 的每一个极大循环子群要么是一个 2-群，要么是一个奇阶循环群。特别地，如果 $\mathcal{P}_R^*(G)$ 有一个完备码，则完备码由所有素数阶元素构成。

在给出定理 3.4.1 的证明之前，我们先证明下面两个引理。

引理 3.4.1 如果 C 是 $\mathcal{P}_R^*(G)$ 的一个完备码，则对 G 的任一极大循环子群 $\langle g \rangle$，存在 $x \in C$ 使得 $x \in \langle g \rangle$。

证明 如果 $g \in C$，则需要的结果得证。现在假设 $g \notin C$，根据完备码的定义可知，存在 $x \in C$ 使得在 $\mathcal{P}_R^*(G)$ 中，g 与 x 是相邻的。因为 $\langle g \rangle$ 是极大循环的，所以 $\langle x \rangle \subset \langle g \rangle$，于是 $x \in \langle g \rangle$。 □

引理 3.4.2 假设 $\mathcal{P}_R^*(G)$ 有一个完备码 C，则 C 由所有素数阶元素构成。此外，如果 $x \in C$ 且 $o(x)$ 是一个奇素数，则 $\langle x \rangle$ 是一个极大循环子群。

证明 对于任一 $y \in C$ 使得 $o(y) \neq 2$，我们声明不存在 $y' \in V(\mathcal{P}_R^*(G))$ 使得在 $\mathcal{P}_R^*(G)$ 中，y' 与 y 相邻。否则，根据完备码的定义及 $y' \in N(y) \cap N(y^{-1})$ 可知 $y^{-1} \notin C$。因此，存在一个元素 $a \in C$ 使得在 $\mathcal{P}_R^*(G)$ 中，a 与 y^{-1} 相邻。因为 $\langle y \rangle = \langle y^{-1} \rangle$，所以 a 与 y 也相邻，矛盾。因此，上面的声明是成立的。

取 $x \in C$ 使得 $o(x) \neq 2$，我们接下来证明 $o(x)$ 是一个奇素数。采用反证法，假设 $o(x)$ 不是一个奇素数，则存在 $x_1 \in \langle x \rangle$ 使得 $o(x_1)$ 是一个素数。于是在 $\mathcal{P}_R^*(G)$ 中，x_1 与 x 相邻，这与上面的声明矛盾。因此，C 由一些素数阶的元素组成。令 $\langle g \rangle \in \mathcal{M}_G$ 且 $\langle x \rangle \subseteq \langle g \rangle$，如果 $\langle x \rangle \subset \langle g \rangle$，则在 $\mathcal{P}_R^*(G)$ 中，x 和 g 是相邻的，这也与上面的声明矛盾。于是我们可知 $\langle x \rangle = \langle g \rangle$，故 $\langle x \rangle$ 是一个极大循环子

群。此外，如果 $V(\mathcal{P}_R^*(G)) \setminus C$ 中包含一个具有素数阶的元素 a，则在 $\mathcal{P}_R^*(G)$ 中，C 中存在一个元素与 a 相邻是不可能的。现在根据完备码的定义，我们可得 C 由所有素数阶元素组成。□

我们现在准备证明定理 3.4.1。

定理 3.4.1 的证明 由引理 3.4.2，可得本定理的第二部分结果。因此，我们只需要证明本定理的第一部分结果。

我们首先证明充分性，假设 G 的每一个极大循环子群要么是一个 2-群，要么是一个奇素数阶的循环群。令 C 是 G 的所有素数阶元素构成的集合，于是只需要证明 C 是 $\mathcal{P}_R^*(G)$ 的完备码即可。根据简化幂图的定义，容易看出 C 是 $\mathcal{P}_R^*(G)$ 的独立集。现在取 $x \in V(\mathcal{P}_R^*(G)) \setminus C$，且令 M 是 G 的一个极大循环子群使得 $x \in M$。于是，我们不可能得到 M 是奇素数阶的；否则，我们可知 $o(x)$ 是一个素数，故 $x \in C$。这意味着 M 是一个 2-群，因为 $x \in V(\mathcal{P}_R^*(G)) \setminus C$，我们得到 $\langle x \rangle$ 是阶至少为 4 的 2-群。令 a 是属于 $\langle x \rangle$ 的对合，则 $a \in C$ 且 $\langle a \rangle \subset \langle x \rangle$。于是在 $\mathcal{P}_R^*(G)$ 中，a 是与 x 相邻的。注意 $\langle x \rangle$ 有一个唯一对合，于是 x 与 C 中的恰好一个顶点相邻，因此 C 是 $\mathcal{P}_R^*(G)$ 的一个完备码。

我们现在证明必要性，假设 $\mathcal{P}_R^*(G)$ 有一个完备码，设为 C。根据引理 3.4.2，我们可知 C 由所有素数阶元素构成。在 $\mathcal{M}_G$ 中取 M。于是由引理 3.4.1 可知存在 $a \in C$ 使得 $a \in M$。如果 $o(a)$ 是一个奇素数，则由引理 3.4.2，我们可知 $\langle a \rangle \in \mathcal{M}_G$，故 $\langle a \rangle = M$，这意味着 M 是一个奇素数阶的循环群。因此，我们可以假设 a 是一个对合。现在只需要证明 M 是一个 2-群即可。根据反证法，假设存在一个奇素数 q 使得 q 整除 $|M|$，令 g 是 M 的一个生成元且令 b 是一个阶为 q 的元素使得 $b \in M$。于是，显然，$g \notin C$ 且 $b \in C$，故在 $\mathcal{P}_R^*(G)$ 中，存在两个不同的元素 $a, b \in C$ 使得 a 和 b 都与 g 相邻，这与完备码的定义矛盾。□

根据定理 3.4.1、式 (2.3.7) 及式 (2.3.9)，可直接得到下面的推论。

推论 3.4.1 下面的结论对交换群、二面体群及广义四元数群成立:

(i) 令 A 是交换群，则 $\mathcal{P}_R^*(A)$ 具有完备码当且仅当 A 要么是一个 2-群，要么是初等交换 p-群，其中 p 是一个奇素数;

(ii) $\mathcal{P}_R^*(D_{2n})$ 具有完备码当且仅当要么 n 是 2 的方幂，要么 n 是一个奇素数;

(iii) $\mathcal{P}_R^*(Q_{4m})$ 具有完备码当且仅当 m 是 2 的方幂。

推论 3.4.2 下面的结论成立:

(i) $\mathcal{P}_R^*(G)$ 具有大小为 1 的完备码当且仅当 G 同构于 $\mathbb{Z}_{2^k}$ 或 $Q_{4\cdot 2^k}$, 其中 k 是正整数;

(ii) $\mathcal{P}_R^*(G)$ 具有大小为 2 的完备码当且仅当 G 同构于 $\mathbb{Z}_3$。

3.4.2 全完备码

在本小节, 对于真简化幂图是否存在全完备码, 我们将给出一些必要条件。作为应用, 我们确定真简化幂图具有全完备码的所有交换群和广义四元数群, 我们也刻画真简化幂图具有阶为 2 的全完备码的有限群。首先, 类似于引理 3.4.1 的证明, 我们有下面的结论。

引理 3.4.3 如果 $\mathcal{P}_R^*(G)$ 具有全完备码 T, 则对于 G 的每一个极大循环子群 $\langle g \rangle$, 存在 $x \in T$ 使得 $x \in \langle g \rangle$。

引理 3.4.4 假设 $\mathcal{P}_R^*(G)$ 具有一个全完备码 T, 如果 $a, b \in T$ 满足 $\langle a \rangle \subset \langle b \rangle$, 则 $o(a)$ 是一个素数且对某个素数 p, $\langle b \rangle \in \mathcal{M}_G$ 满足 $o(b) = o(a) \cdot p$。

证明 我们首先声明 $\langle b \rangle \in \mathcal{M}_G$; 否则, 如果 $\langle b \rangle \subset \langle g \rangle$, 则 $a, b \in N(g)$, 这与全完备码的定义矛盾。类似地, 如果 $o(a)$ 不是一个素数, 则存在一个素数阶的元素 $x \in \langle a \rangle$ 使得 $a, b \in N(x)$, 这与 $a, b \in T$ 矛盾。对某个整数 $h > 1$, 假设 $o(b) = o(a) \cdot h$。根据反证法, 假设 h 不是素数, 令 p 是 h 的一个素因子, 则 $\langle b \rangle$ 有一个阶为 $o(a) \cdot p$ 的元素, 设为 y。因为在 $\mathcal{P}_R^*(G)$ 中, y 与 b 相邻, 且 T 是一个匹配, 所以 $y \notin T$。现在 $a, b \in N(y)$ 蕴涵着矛盾。 □

根据真简化幂图的定义, 下面引理的证明是显然的。

引理 3.4.5 $\mathcal{P}_R^*(G)$ 有一个孤立点 v 当且仅当 $\langle v \rangle$ 是 G 的一个极大循环子群且有素数阶。

命题 3.4.1 假设 $\mathcal{P}_R^*(G)$ 拥有一个全完备码, 则 G 的每一个极大循环子群都有阶 $p^t q$, 其中 $t \geqslant 1$, 且 p 和 q 都是素数。特别地, 如果 G 有一个阶为 $p^l q$ 的极大循环子群 M, 其中 $l \geqslant 2$, 则对 $\mathcal{P}_R^*(G)$ 的任意一个全完备码 T, 在 $M \cap T$ 中都存在一个阶为 p 的元素。

证明 假设 T 是 $\mathcal{P}_R^*(G)$ 的一个全完备码, 令 $\langle g \rangle \in \mathcal{M}_G$ 满足 $o(g) = k$, 则

只需要证明 k 要么等于 p^{t+1}, 要么等于 $p^t q$ 即可, 其中 p,q 是不同的素数且 t 是一个正整数。采用反证法, 假设 k 不是这样的数, 如果 k 是一个素数, 则根据引理 3.4.5, $\mathcal{P}_R^*(G)$ 有一个孤立点, 这矛盾于 $\mathcal{P}_R^*(G)$ 拥有一个全完备码。因此, 我们可知 k 要么被三个两两不同的素数整除, 要么被两个不同素数的平方整除。现在根据引理 3.4.3, 可知存在 $x \in T$ 使得 $x \in \langle g \rangle$。此外, 鉴于引理 3.4.4, 我们可知 $o(x)$ 必定是一个素数且 $g \notin T$。对某个素数 p, 令 $o(x) = p$, 且令 $a \in T$ 满足 $\langle x \rangle \subset \langle a \rangle$, 则存在一个元素 $h \in \langle g \rangle$ 使得 $o(h) = q^2$ 或 qr, 其中 q 和 r 是两个不同的素数使得 $q \neq p$ 且 $r \neq p$。此外, 根据全完备码的定义, 我们有 $h \notin T$。于是引理 3.4.3 蕴涵在 $\mathcal{P}_R^*(G)$ 中, 存在 $y \in T$ 使得 y 与 h 相邻。根据引理 3.4.4, 可知 $o(y)$ 是一个素数, 因此 $\langle y \rangle \subset \langle h \rangle \subset \langle g \rangle$。这意味着在 $\mathcal{P}_R^*(G)$ 中, x 和 y 都是与 g 相邻的, 矛盾于 $x, y \in T$。

注意 T 是 $\mathcal{P}_R^*(G)$ 的全完备码。现在令 M 是阶为 $p^l q$ 的极大循环子群, 其中 $l \geqslant 2$, 且 p, q 是素数。根据引理 3.4.3, 可知存在 $z \in T$ 使得 $z \in M$。此外, 根据引理 3.4.4, M 的每一个生成元均不属于 T, 因此 $o(z)$ 是一个素数。通过反证法, 假设 $p \neq q$ 且 $o(z) = q$, 令 $f \in M$ 满足 $o(f) = p^2$, 则 $f \notin T$, 于是存在 $w \in T$ 使得在 $\mathcal{P}_R^*(G)$ 中, w 与 f 是相邻的。因此, 我们有 $\langle w \rangle \subset \langle f \rangle$。于是在 $\mathcal{P}_R^*(G)$ 中, z 和 w 都是与 M 的任意一个生成元相邻的, 矛盾于 $z, w \in T$。我们可以得到 $o(z) = p$ 或 $p = q$。故在 $M \cap T$ 中存在一个阶为 p 的元素。 □

根据命题 3.4.1 和式 (2.1.2), 下面的结论是成立的。

推论 3.4.3 令 D_{2n} 是二面体群, 则 $\mathcal{P}_R^*(D_{2n})$ 没有全完备码。

下面我们确定真简化幂图具有全完备码的所有交换群。

定理 3.4.2 令 A 是一个交换群, 则 $\mathcal{P}_R^*(A)$ 拥有全完备码当且仅当 A 要么同构于 $\mathbb{Z}_p^m \times \mathbb{Z}_q^n$, 要么同构于 $\mathbb{Z}_{r^2}^l$, 其中 p, q, r 是素数满足 $p \neq q$ 和 $\dfrac{p^m - 1}{p - 1} = \dfrac{q^n - 1}{q - 1}$, 且 $m, n, l \geqslant 1$。

证明 我们首先证明充分性, 假设 $A = \mathbb{Z}_p^m \times \mathbb{Z}_q^n$ 满足 $\dfrac{p^m - 1}{p - 1} = \dfrac{q^n - 1}{q - 1}$, 其中 p 和 q 是两个不同的素数且 $m, n \geqslant 1$, 则阶为 p 的子群数等于阶为 q 的子群数。令 $\{\langle x_1 \rangle, \langle x_2 \rangle, \cdots, \langle x_t \rangle\}$ 是所有阶为 p 的子群构成的集合, 且令 $\{\langle y_1 \rangle, \langle y_2 \rangle, \cdots, \langle y_t \rangle\}$ 是所有阶为 q 的子群构成的集合。注意在 A 中, 任一阶为 p 的子群与任一阶为 q 的子群的乘积是一个阶为 pq 的循环子群。现在对所有的 $1 \leqslant i \leqslant t$, 令

$\langle x_i \rangle \langle y_i \rangle = \langle z_i \rangle$，则 $\langle z_i \rangle$ 是 A 的一个极大循环子群且有阶 pq。记

$$T_1 = \{x_1, z_1, x_2, z_2, \cdots, x_t, z_t\}。$$

容易看出 T_1 是 $\mathcal{P}_R^*(A)$ 的一个匹配。注意 $A \setminus (T_1 \cup \{e\})$ 中的任一元素都有阶 p, q 或者 pq。容易验证，T_1 是 $\mathcal{P}_R^*(A)$ 的一个全完备码。

现在假设 $A = \mathbb{Z}_{r^2}^l$，其中 r 是一个素数且 $l \geqslant 1$，则 A 的每一个极大循环子群都有阶 r^2。令 $\{\langle w_1 \rangle, \langle w_2 \rangle, \cdots, \langle w_k \rangle\}$ 是所有阶为 r 的子群构成的集合，对每一 $1 \leqslant j \leqslant k$，选择一个极大循环子群 $\langle u_j \rangle$ 包含 $\langle w_j \rangle$。令

$$T_2 = \{w_1, u_1, w_2, u_2, \cdots, w_k, u_k\}。$$

容易看到 T_2 是 $\mathcal{P}_R^*(A)$ 的一个全完备码。

我们接下来证明必要性。假设 $\mathcal{P}_R^*(A)$ 拥有一个全完备码 T，如果 A 是循环的，则因为 A 仅有一个极大循环子群 A，所以由引理 3.4.4 可知 $A \cong \mathbb{Z}_{pq}$，其中 p 和 q 是素数。下面我们假设 A 是非循环的。根据有限生成交换群基本结构定理可知，A 同构于一些素数幂阶的循环群的直积。

情况 1 存在素数 p 使得 $\mathbb{Z}_p$ 是 A 的一个直积因子。

我们首先声明在这种情况下，A 的每一个直积因子都有素数阶。反证，假设存在素数 q 使得 $\mathbb{Z}_{q^k}$ 是 A 的一个直积因子，其中 $k \geqslant 2$。如果 A 是一个 p-群，则 A 有一个阶为 p 的极大循环子群，这矛盾于命题 3.4.1，因此，我们可以假设 $p \neq q$。注意 A 是非循环的，则 A 有一个阶为 pq^k 的极大循环子群，设为 $\langle g \rangle$。根据命题 3.4.1，存在 $a \in T$ 使得 $o(a) = q$ 且 $a \in \langle g \rangle$。令 $a' \in T$ 满足 $\langle a \rangle \subset \langle a' \rangle$，如果 $o(a') = q^2$，则 a' 和一个阶为 p 的元素能生成一个阶为 pq^2 的循环子群，因此 $\langle a' \rangle$ 不是极大循环的，这矛盾于引理 3.4.4。于是对某个素数 r，有 $o(a') = qr$，其中 $r \neq q$。令 $x \in \langle a' \rangle$ 满足 $o(x) = r$ 且令 $y \in \langle g \rangle$ 满足 $o(y) = q^k$，则 $\langle x, y \rangle$ 是 A 的一个阶为 $q^k r$ 的极大循环子群。因为 $a \in \langle y \rangle$，所以 $\langle a' \rangle = \langle x, a \rangle \subset \langle x, y \rangle$，这意味着 $\langle a' \rangle$ 不是 A 的极大循环子群，这矛盾于引理 3.4.4。因此，上面的声明是成立的。

现在根据我们的声明与命题 3.4.1，我们可知 A 不是一个 p-群，因此 $|A|$ 恰好有两个不同的素因子。令 q 是 $|A|$ 的一个素因子满足 $q \neq p$，于是我们可以假设 $A = \mathbb{Z}_p^m \times \mathbb{Z}_q^n$，其中 m 和 n 是两个正整数，且 m 和 n 中至少有一个大于 1。令

$\{\langle x_1\rangle, \langle x_2\rangle, \cdots, \langle x_t\rangle\}$ 是所有阶为 p 的子群构成的集合, 则 $t = \dfrac{p^m-1}{p-1}$。注意在 A 中, 任意一个阶为 p 的元素和任意一个阶为 q 的元素能生成一个阶为 pq 的循环子群。根据全完备码的定义, T 不可能同时包含一个阶为 p 的元素和一个阶为 q 的元素。结合引理 3.4.3 和引理 3.4.4, 不失一般性, 我们可以假设 T 包含一些阶为 q 的元素。此外, 由于 T 是一个全完备码, 故对每一 $1 \leqslant i \leqslant t$, T 恰好包含 $\langle x_i\rangle$ 的一个生成元。因此, 不失一般性, 我们可以假设 $\{x_1, x_2, \cdots, x_t\} \subseteq T$。现在引理 3.4.4 蕴涵对任一 $1 \leqslant i \leqslant t$, 存在 $g_i \in T$ 使得 $o(g_i) = pq$ 且 $\langle x_i\rangle \subset \langle g_i\rangle$。这也意味着对所有的 $1 \leqslant i < j \leqslant t$, $|\langle g_i\rangle \cap \langle g_j\rangle| = 1$。在这种情况下, 容易得到对任一 $1 \leqslant i \leqslant t$, A 没有阶为 q 的元素 y 使得 $y \notin \langle g_i\rangle$。于是 A 恰好有 t 个阶为 q 的子群, 故 $t = \dfrac{q^n-1}{q-1}$。

情况 2 A 的每一个直积因子都有阶 r^k, 其中 r 是素数且 $k \geqslant 2$。

根据命题 3.4.1, 我们可知 $|A|$ 恰好有一个素因子, 即 A 是一个 r-群。于是由引理 3.4.4 可知 A 必定拥有一个阶为 r^2 的极大循环子群, 因此 A 有一个阶为 r^2 的直积因子。通过反证法, 假设 A 有一个阶为 r^k 的直积因子, 其中 $k \geqslant 3$, 则 $\langle h\rangle$ 是 A 的一个极大循环子群。现在命题 3.4.1 蕴涵 $h^{r^{k-1}} \in T$。注意 A 是一些素数幂阶的循环群的直积。于是 A 不存在这样的极大循环子群使得它的阶为 r^2 且包含 $h^{r^{k-1}}$, 这矛盾于引理 3.4.4。故 A 的每一个直积因子都有阶 r^2。 $\square$

注 3.4.1 我们有下面的结论。

(i) 令 p 和 q 是两个不同的素数且 $m, n \geqslant 1$ 是正整数, 在 $\mathbb{Z}_p^m \times \mathbb{Z}_q^n$ 中, 条件 $\dfrac{p^m-1}{p-1} = \dfrac{q^n-1}{q-1}$ 等价于阶为 p 的子群个数等于阶为 q 的子群个数。例如, $\mathbb{Z}_2^5 \times \mathbb{Z}_5^3$ 满足上述条件。

(ii) 令 $G = \mathbb{Z}_4 \times \mathbb{Z}_4$, 则 $\{(0,2), (0,1), (2,2), (1,1), (2,0), (1,0)\}$ 是 $\mathcal{P}_R^*(G)$ 的一个全完备码。

推论 3.4.4 $\mathcal{P}_R^*(\mathbb{Z}_n)$ 具有全完备码当且仅当对一些素数 p 和 q, $n = pq$。特别地, $\{1, p\}$ 是 $\mathcal{P}_R^*(\mathbb{Z}_{pq})$ 的全完备码。

定理 3.4.3 令 Q_{4m} 是式 (2.1.3) 中表示的广义四元数群, 则 $\mathcal{P}_R^*(Q_{4m})$ 具有全完备码当且仅当 m 要么是奇素数, 要么是 2 的方幂。特别地, 如果 m 要么是奇素数, 要么是 2 的方幂, 则 $\mathcal{P}_R^*(Q_{4m})$ 具有大小为 2 的全完备码.

证明 我们首先证明必要性. 假设 $\mathcal{P}_R^*(Q_{4n})$ 拥有一个全完备码 T, 于是由式 (2.1.8) 可知 $\langle x \rangle$ 和 $\langle y \rangle$ 是两个阶分别为 $2m$ 和 4 的极大循环子群. 通过引理 3.4.3 和引理 3.4.4, 容易看出 $x^m \in T$. 现在假设 m 不是 2 的方幂, 只需要证明 m 是一个奇素数即可. 通过命题 3.4.1, 我们可以假设 $2m = 2^t p$ 或者 $2p^l$, 其中 l 和 t 是两个正整数, 且 p 是一个奇素数. 令 z 是 $\langle x \rangle$ 的阶为 p 的一个元素, 通过全完备码的定义, 存在 $\langle x \rangle$ 的一个生成元使得它不属于 T. 由于 $x^m \in T$, 故 $z \notin T$. 作为一个结论, 存在一个元素 $w \in T$ 使得 $z \in \langle w \rangle$, 于是由引理 3.4.4 可知 $\langle w \rangle$ 是阶为 pq 的一个极大循环子群, 其中 q 是素数. 因此, 通过式 (2.1.8) 可知 $\langle w \rangle = \langle x \rangle$. 这意味着 $2m = pq$, 即 $pq = 2^t p$ 或者 $2p^l$. 因此, $t = 1$ 或者 $l = 1$, 于是 $m = p$ 是一个奇素数.

我们接下来证明充分性, 如果 m 是 2 的方幂, 则 $\{y^2, y\}$ 是 $\mathcal{P}_R^*(Q_{4m})$ 的一个全完备码. 如果 m 是一个奇素数, 则 $\{x^m, x\}$ 是 $\mathcal{P}_R^*(Q_{4m})$ 的一个全完备码. □

下面我们用 Ψ 表示所有半直积 $\mathbb{Z}_q \rtimes_\varphi \mathbb{Z}_{p^n}$ 构成的集合, 其中 p, q 是两个不同的素数, n 是至少为 2 的一个正整数, 且 $\varphi : \mathbb{Z}_{p^n} \to \mathrm{Aut}(\mathbb{Z}_q)$ 是一个具有阶为 p 的核的同态. 因此, 给定两个不同的素数 p, q 和整数 $n \geqslant 2$, 在 Ψ 中, 存在一个阶为 $p^n q$ 的群当且仅当 p^{n-1} 是 $q-1$ 的一个因子. 注意如果 $G \in \Psi$ 具有阶 $p^n q$, 则 G 有一个唯一的阶为 p 的子群和一个唯一的阶为 q 的子群, 且

$$\pi_e(G) \subseteq \{q, pq, p, p^2, \cdots, p^n\},$$

其中 $\pi_e(G)$ 是 G 的所有非平凡元素的阶构成的集合.

例 3.4.1 下面的结论成立:

(i) 令 p 是一个奇素数, 则广义四元数群 Q_{4p} 属于 Ψ;

(ii) 如果 G 是 $\mathbb{Z}_5$ 和 $\mathbb{Z}_8$ 的半直积 (通过平方映射), 即

$$G = \langle a, b : a^5 = b^8 = e, bab^{-1} = a^2 \rangle,$$

那么 $G \in \Psi$.

最后, 我们刻画真简化幂图具有一个大小为 2 的全完备码的所有有限群.

定理 3.4.4 $\mathcal{P}_R^*(G)$ 拥有一个大小为 2 的全完备码当且仅当 G 同构于下面的一个群:

(a) $\mathbb{Z}_{pq}$，其中 p 和 q 是素数；

(b) Ψ 中的一个群；

(c) $Q_{4\cdot 2^k}$，其中 k 是一个正整数。

证明　我们首先证明充分性。根据推论 3.4.4 和定理 3.4.3，只需要证明对 Ψ 中的每一个群，它的真简化幂图拥有一个大小为 2 的全完备码。取属于 Ψ 的群 G，我们有 $|G|=p^n q$，其中 p,q 是不同的素数且 n 是至少为 2 的正整数。令 x 是阶为 p 的元素，且令 y 是阶为 q 的元素，因为阶为 p 的子群和阶为 q 的子群都是唯一的，所以 $\langle x,y \rangle$ 是一个阶为 pq 的循环子群。令 $T=\{x,a\}$，其中 a 是 $\langle x,y \rangle$ 的一个生成元，则容易得到 T 是 $\mathcal{P}_R^*(G)$ 的一个全完备码。

我们接下来证明必要性，假设 $\mathcal{P}_R^*(G)$ 拥有一个大小为 2 的全完备码。根据引理 3.4.4，我们可以假设 $T=\{x,a\}$，其中对于两个素数 p,q，$\langle x \rangle \subset \langle a \rangle$，$o(x)=p$ 且 $o(a)=pq$。根据全完备码的定义可知对两个非负整数 m,n，$|G|=p^m q^n$。注意 $\langle a \rangle$ 是一个阶为 pq 的极大循环子群，我们可知 G 有一个唯一的阶为 p 的子群和一个唯一的阶为 q 的子群。

情况 1　$p=q$。

在这种情况下，G 是一个 p-群。于是由引理 2.1.1 可知 G 要么是循环群，要么是广义四元数群。结合上面的结论以及推论 3.4.4 和定理 3.4.3，我们可知 G 是 (a) 和 (c) 中的一个群。

情况 2　$p\neq q$。

如果 $m=n=1$，则 $G\cong \mathbb{Z}_{pq}$。因此，下面我们可以假设 m 和 n 中至少有一个大于或等于 2。通过反证法，假设 $n\geqslant 2$，根据引理 2.1.1，我们可知 G 有一个 Sylow q-子群，这个子群要么同构于 $\mathbb{Z}_{q^n}$，要么对某一 $k\geqslant 1$ 同构于 $Q_{4\cdot 2^k}$。这也意味着 G 有一个阶为 q^2 的元素 b。然而，在这种情况下，我们不能在 T 中找到一个元素使得在 $\mathcal{P}_R^*(G)$ 中，它与 b 相邻，这矛盾于全完备码的定义。因此，我们可知 $m\geqslant 2$ 且 $n=1$，即 $|G|=p^m q$。对某个整数 t，如果 G 有一个阶为 $p^t q$ 的元素 g，因为阶为 p 的子群和阶为 q 的子群均是唯一的，于是 $\langle a \rangle \subseteq \langle g \rangle$。由于 $\langle a \rangle$ 是极大循环的，因此 $\langle a \rangle = \langle g \rangle$。故 $\pi_e(G)\subseteq \{q,pq,p,p^2,\cdots,p^m\}$，即 $G\in \Psi$。　□

3.5 被禁子图

类似于群的有向幂图的定义, 群的有向简化幂图也能被定义[37]。群 G 的有向简化幂图被记作 $\overrightarrow{\mathcal{P}_R}(G)$, 它是一个以 G 为顶点集合的有向图, 对于两个不同的顶点 $x, y \in G$, 如果 $\langle y \rangle \subset \langle x \rangle$, 则从 x 到 y 存在一条弧。

令 Γ 是一个图, 如果 $\mathcal{O}$ 是一个有向图使得 $V(\Gamma) = V(\mathcal{O})$, 且对每条边 $\{x, y\} \in E(\Gamma)$, 要么 $(x, y) \in E(\mathcal{O})$, 要么 $(y, x) \in E(\mathcal{O})$, 则 $\mathcal{O}$ 被称为 Γ 的一个定向。Γ 的一个定向 $\mathcal{O}$ 被称为传递的, 如果 $(x, y), (y, z) \in E(\mathcal{O})$ 蕴涵 $(x, z) \in E(\mathcal{O})$。如果一个图的所有边被定向以后得到的有向图是传递的且无圈, 则该图被称为一个可比图。若图 Γ 的任意一个诱导子图的色数等于其团数, 则称 Γ 为一个完美图。等价地说, Γ 是完美的当且仅当 Γ 和它的补图 $\overline{\Gamma}$ 都不含长大于 3 的奇圈作为诱导子图。

下面我们首先证明 $\mathcal{P}_R(G)$ 是一个完美图。

定理 3.5.1 $\mathcal{P}_R(G)$ 是完美的。

证明 根据 $\mathcal{P}_R(G)$ 和 $\overrightarrow{\mathcal{P}_R}(G)$ 的定义, 容易看出 $\overrightarrow{\mathcal{P}_R}(G)$ 是 $\mathcal{P}_R(G)$ 的一个传递定向。下面我们声明 $\overrightarrow{\mathcal{P}_R}(G)$ 是无圈的。事实上, 如果 $[x_1, x_2, \cdots, x_t]$ 是 $\overrightarrow{\mathcal{P}_R}(G)$ 的一个圈, 则 $(x_1, x_t), (x_t, x_1) \in E(\overrightarrow{\mathcal{P}_R}(G))$, 这矛盾于 $\overrightarrow{\mathcal{P}_R}(G)$ 的定义, 因此我们的声明是成立的。于是 $\mathcal{P}_R(G)$ 是一个可比图。此外, 根据文献 [98], 可知每一个可比图都是完美图。 □

本节我们将刻画简化幂图为分裂图、弦图、余图及阈图时的有限群。

3.5.1 分裂图

本节我们将刻画简化幂图为分裂图时的有限群 (见定理 3.5.2)。特别地, 满足该条件的交换群、二面体群及广义四元数群将被分类。

我们首先给出几个引理。

引理 3.5.1 $\mathcal{P}_R(G)$ 是 C_5-自由的。

证明 由于圈 C_5 的团数不等于它的色数, 因此一个完美图不可能有同构于 C_5 的诱导子图。于是, 定理 3.5.1 蕴涵 $\mathcal{P}_R(G)$ 是 C_5-自由的。 □

引理 3.5.2 $\mathcal{P}_R(G)$ 是 C_4-自由的当且仅当对于任一非平凡元素 $g \in G$, $o(g)$ 等于 4 或者一个素数。

证明 我们首先用反证法证明充分性。假设对任一非平凡元素 $g \in G$, $o(g)$ 等于 4 或者一个素数。此外, 我们也假设 $x-a-y-b$ 是 $\mathcal{P}_R(G)$ 的一个诱导子图, 这个诱导子图同构于长度为 4 的圈, 不失一般性, 我们可以假设 $\langle a \rangle \subset \langle y \rangle$, 则必须有 $\langle b \rangle \subset \langle y \rangle$。如果 $o(y) = 4$, 则 a 和 b 均有阶 2。因为一个循环群最多有一个对合, 所以 $a = b$, 矛盾。因此, $o(y) \neq 4$ 且 $o(y)$ 是一个素数。这意味着 a 和 b 都是单位元, 这也是一个矛盾。故 $\mathcal{P}_R(G)$ 是 C_4-自由的。

对于逆命题, 假设存在一个阶为合数的元素, 但这个元素的阶不是 4, 则存在一个阶为 $pq > 4$ 的元素 g, 其中 p 和 q 都是素数。因此, $\langle g \rangle = \langle g^{-1} \rangle$ 且 $g \neq g^{-1}$。于是在 $\mathcal{P}_R(G)$ 中, g 和 g^{-1} 不是相邻的。此外, $\langle g^p \rangle$ 和 $\langle g^q \rangle$ 均真包含于 $\langle g \rangle$, 故 g^p 和 g^q 都与 g 和 g^{-1} 相邻。

如果 $p \neq q$, 则 g^p 和 g^q 是不同的且非相邻的, 于是 $g - g^p - g^{-1} - g^q$ 是一个诱导的 C_4。如果 $p = q$, 则由于 $pq \neq 4$, 我们必须有 $p = q \geqslant 3$。因此, $g^{-p} \neq g^p$ 满足 $\langle g^{-p} \rangle = \langle g^p \rangle$, 于是 g^{-p} 和 g^p 是不同的且非相邻的。也就是说, $g - g^p - g^{-1} - g^{-p}$ 是一个诱导的 C_4, 矛盾。 □

引理 3.5.3 令 $\langle a \rangle$ 和 $\langle b \rangle$ 是 G 的不同的循环子群, 满足 $\langle a' \rangle \subset \langle a \rangle$ 和 $\langle b' \rangle \subset \langle b \rangle$, 其中 $e \neq a'$、$e \neq a'$ 且 $a' \neq b'$, 则 $\mathcal{P}_R(G)$ 的被集合 $\{a, a', b, b'\}$ 诱导的子图同构于 $2K_2$ 当且仅当 $a' \notin \langle b \rangle$ 且 $b' \notin \langle a \rangle$。

证明 必要性是显然的, 因此我们仅需要证明充分性。假设 $a' \notin \langle b \rangle$ 和 $b' \notin \langle a \rangle$, 如果 $\langle a \rangle \subset \langle b \rangle$ 或者 $\langle b \rangle \subset \langle a \rangle$, 则 $a' \in \langle b \rangle$ 或者 $b' \in \langle a \rangle$, 矛盾。于是, 在 $\mathcal{P}_R(G)$ 中, a 和 b 是非相邻的。如果在 $\mathcal{P}_R(G)$ 中, a' 和 b' 是相邻的, 则 $\langle a' \rangle \subset \langle b' \rangle$ 或者 $\langle b' \rangle \subset \langle a' \rangle$, 这意味着 $a' \in \langle b \rangle$ 或者 $b' \in \langle a \rangle$, 矛盾。我们可得在 $\mathcal{P}_R(G)$ 中, a' 和 b' 是非相邻的。此外, 如果在 $\mathcal{P}_R(G)$ 中, a' 和 b 是相邻的, 则 $\langle a' \rangle \subset \langle b \rangle$ 或者 $\langle b \rangle \subset \langle a' \rangle$, 这蕴涵 $a' \in \langle b \rangle$ 或者 $b' \in \langle a \rangle$, 矛盾。于是在 $\mathcal{P}_R(G)$ 中, a' 和 b 是非相邻的。类似地, 在 $\mathcal{P}_R(G)$ 中, 我们也能得到 a 和 b' 是非相邻的。于是 $\mathcal{P}_R(G)$ 的被集合 $\{a, a', b, b'\}$ 诱导的子图同构于 $2K_2$。 □

文献 [80] 证明一个图是分裂的当且仅当这个图不包含同构于 C_4、C_5 及 $2K_2$ 的诱导子图。于是，根据引理 3.5.1、引理 3.5.2、引理 3.5.3，我们可得下面的结果，这刻画了简化幂图为分裂图时的有限群。

定理 3.5.2 $\mathcal{P}_R(G)$ 是分裂的当且仅当 G 满足下面的两个条件：

(a) $\pi_e(G) \subseteq \{1, 4\} \cup \mathbf{P}$，其中 $\mathbf{P}$ 是所有素数构成的集合；

(b) 若 $\{x_1, x_2, \cdots, x_n\}$ 是 G 的所有阶为 4 的元素构成的集合，则 $|\bigcap_{i=1}^{n} \langle x_i \rangle| \geqslant 2$。

例 3.5.1 对任一 P-群 G，$\mathcal{P}_R(\mathcal{G})$ 是分裂图。

对于素数 p，阶为 p^n 的初等交换 p-群被记作 $\mathbb{Z}_p^n$，即

$$\mathbb{Z}_p^n = \underbrace{\mathbb{Z}_p \times \mathbb{Z}_p \times \cdots \times \mathbb{Z}_p}_{n}。$$

定理 3.5.3 令 A 是一个交换群，则 $\mathcal{P}_R(A)$ 是分裂的当且仅当 A 同构于下面的一个群：

(a) $\mathbb{Z}_p^n$，其中 p 是一个素数且 n 是一个正整数；

(b) $\mathbb{Z}_2^n \times \mathbb{Z}_4$，其中 n 是一个正整数；

(c) $\mathbb{Z}_4$。

证明 显然，如果 A 同构于 (a) 和 (c) 中的一个群，则通过定理 3.5.2，$\mathcal{P}_R(A)$ 是分裂的。现在对某个正整数 n，令 $A = \mathbb{Z}_2^n \times \mathbb{Z}_4$，则 $\pi_e(A) = \{1, 2, 4\}$ 且对每一个阶为 4 的元素 $g \in A$，g 要么是 $(g_1, g_2, \cdots, g_n, 1)$，要么是 $(g_1', g_2', \cdots, g_n', 3)$，其中对每一 $1 \leqslant i \leqslant n$，$g_i, g_i' \in \{0, 1\}$。于是 $2g = (0, 0, \cdots, 0, 2)$，这意味着在 A 中，所有阶为 4 的循环子群的交有大小 2。于是，定理 3.5.2 蕴涵 $\mathcal{P}_R(A)$ 是分裂的。

对于逆命题，假设 $\mathcal{P}_R(A)$ 是分裂的。注意如果 A 有一个阶为 p 的元素 x 和一个阶为 q 的元素 y，其中 p, q 是不同的素数，则 xy 的阶为 pq。因为通过定理 3.5.2，我们有 $\pi_e(G) \subseteq \{1, 4\} \cup \mathbf{P}$，于是 A 是一个 p-群。如果 A 没有阶为 4 的元素，则 A 是初等交换的，于是 A 同构于 $\mathbb{Z}_p^n$。下面我们可以假设 A 有一个阶为 4 的元素，则 A 同构于 $\mathbb{Z}_2^n \times \mathbb{Z}_4^m$ 和 $\mathbb{Z}_4^m$ 中的一个群，其中 m, n 是两个正整数。现在只需要证明对某个 $m \geqslant 2$，$A \not\cong \mathbb{Z}_4^m$ 且 $A \not\cong \mathbb{Z}_2^n \times \mathbb{Z}_4^m$。我们首先证明对某个 $m \geqslant 2$，$A \not\cong \mathbb{Z}_4^m$。通过反证法，假设对某个 $m \geqslant 2$，$A \cong \mathbb{Z}_4^m$，则在 A 中，

$g_1 = (0,0,\cdots,0,1)$ 和 $g_2 = (1,0,0,\cdots,0)$ 都是阶为 4 的元素, 但是 $2g_1 \neq 2g_2$。于是 $|\langle g_1\rangle \cap \langle g_2\rangle| = 1$, 这矛盾于定理 3.5.2 的 (b)。类似地, 我们也能得到对某个 $m \geqslant 2$, $A \not\cong \mathbb{Z}_2^n \times \mathbb{Z}_4^m$。 □

结合式 (2.3.9)、式 (2.3.10) 和定理 3.5.2, 我们有下面的推论。

推论 3.5.1 令 D_{2n} 和 Q_{4m} 分别是式 (2.1.2) 和式 (2.1.3) 表示的二面体群和广义四元数群, 则 $\mathcal{P}_R(D_{2n})$ 是分裂的当且仅当 n 要么是一个素数, 要么是 4; $\mathcal{P}_R(Q_{4m})$ 是分裂的当且仅当 $m = 2$。

3.5.2 弦图

如果图 Γ 没有同构于长度大于或等于 4 的圈作为诱导子图, 则 Γ 被称为一个弦图。因此, 如果弦图有一个长度至少为 4 的圈 C 作为子图, 则 C 一定有弦。在历史上, 弦图有不同的意义, 如弦图可以被看作树的子图的交图, 或具有完美消除的图[99]。当然, 弦图包含分裂图且包含在完美图类中。

本节我们将刻画简化幂图为弦图时的有限群 (见定理 3.5.4)。特别地, 我们将对满足上述条件的交换群、二面体群及广义四元数群进行分类。

定理 3.5.4 对于群 G, 下面的条件是等价的:

(I) $\mathcal{P}_R(G)$ 是弦图;

(II) $\mathcal{P}_R(G)$ 是 C_4-自由的;

(III) $\pi_e(G) \subseteq \{1,4\} \cup \mathbf{P}$。

证明 根据引理 3.5.2, 可知 (II) 和 (III) 是等价的。因此, 我们仅需要证明 (I) 和 (II) 是等价的。显然, (I) 蕴涵 (II), 于是我们只需要证明 (II) 蕴涵 (I) 即可。现在假设 $\mathcal{P}_R(G)$ 是 C_4-自由的, 则 $\pi_e(G) \subseteq \{1,4\} \cup \mathbf{P}$。通过反证法, 假设 $\mathcal{P}_R(G)$ 有一个长度大于 4 的诱导圈, 于是 $\mathcal{P}_R(G)$ 有一个具有四个顶点的诱导路, 不妨设为 (x,y,z,w), 其中 $\{x,y\}$、$\{y,z\}$、$\{z,w\} \in E(\mathcal{P}_R(G))$。因此, 我们有 $\langle y \rangle \subset \langle z \rangle$ 或者 $\langle z \rangle \subset \langle y \rangle$。注意 (x,y,z,w) 的每一个顶点都是非单位元, 因为 $\pi_e(G) \subseteq \{1,4\} \cup \mathbf{P}$, 我们可知 $\{o(y), o(z)\} = \{2,4\}$。不失一般性, 我们可以设 $o(y) = 2$ 且 $o(z) = 4$, 则 $\langle w \rangle \subset \langle z \rangle$, 于是 $w, y \in \langle z \rangle$ 满足 $o(w) = o(y) = 2$。这意味着 $y = w$, 矛盾。我们得到 $\mathcal{P}_R(G)$ 没有长度大于 4 的诱导圈。此外, 因为 $\mathcal{P}_R(G)$ 是 C_4-自由的, 我们可知 $\mathcal{P}_R(G)$ 是弦图。 □

将定理 3.5.4 应用到 P-群和交换群, 可得下面的推论。

推论 3.5.2 下面的结论成立:

(1) 对每一个 P-群 G, $\mathcal{P}_R(G)$ 是弦图;

(2) 令 A 是一个交换群, 则 $\mathcal{P}_R(A)$ 是弦图当且仅当 A 同构于下面的一个群:

$$\mathbb{Z}_p^m, \quad \mathbb{Z}_4^m, \quad \mathbb{Z}_2^m \times \mathbb{Z}_4^n,$$

其中 p 是素数且 $m, n \geqslant 1$。

根据式 (2.3.9)、式 (2.3.10) 和定理 3.5.4, 我们可以确定简化幂图为弦图时的二面体群与广义四元数群。

推论 3.5.3 令 D_{2n} 和 Q_{4m} 分别是式 (2.1.2) 和式 (2.1.3) 表示的二面体群和广义四元数群, 则 $\mathcal{P}_R(D_{2n})$ 是弦图当且仅当要么 n 是一个素数, 要么是 4; $\mathcal{P}_R(Q_{4m})$ 是弦图当且仅当 $m = 2$。

3.5.3 余图

如果一个图不包含 P_4 作为诱导子图, 则该图被称为一个余图。余图构成了包含 1-顶点图且在不交并和补两种运算之下封闭的最小的图类。此外, 余图包含阈图 (Threshold Graph) 且包含于可比图 (Comparability Graphs) 类。当然, 余图也是完美图 (Perfect Graph) 的一类。

对于有限群 G, 令

$$\mathcal{S}(G) = \{g \in G : o(g) = pq, 其中 p, q 是两个不同的素数\}。$$

本小节我们将刻画简化幂图为余图时的有限群 (见定理 3.5.5)。特别地, 我们也将分类简化幂图为余图时的有限幂零群、二面体群和广义四元数群。

定理 3.5.5 $\mathcal{P}_R(G)$ 是余图当且仅当 G 满足下面的条件:

(a) 对任一非平凡元素 $g \in G$, $o(g)$ 要么是一个素数幂, 要么是两个不同素数的乘积;

(b) 令 $a \in \mathcal{S}(G)$ 且令 $b \in G$ 是一个阶为两个不同素数的乘积的元素, 如果 $\langle a \rangle \neq \langle b \rangle$, 则 $|\langle a \rangle \cap \langle b \rangle| = 1$。

证明 我们首先证明充分性,对于一个给定的群 G,假设 (a) 和 (b) 都成立,只需要证明 $\mathcal{P}_R(G)$ 没有同构于 P_4 的诱导子图即可。通过反证法,假设 $\mathcal{P}_R(G)$ 有一个同构于 P_4 的诱导子图,不妨设为 (x,y,z,w),其中

$$\{x,y\},\{y,z\},\{z,w\} \in E(\mathcal{P}_R(G))。$$

注意 $\{x,y,z,w\}$ 中的每一个顶点均是 G 的非单位元。我们首先声明 y 和 z 中的一个必须有阶 pq,其中 p,q 是不同的素数。事实上,如果 y 和 z 的阶均是素数幂,不失一般性,我们设 $\langle y \rangle \subset \langle z \rangle$ 且对某一个素数 p 和至少为 2 的正整数 t,$o(z) = p^t$,则 $\langle w \rangle \subset \langle z \rangle$。因此,由于 $\{w,y\} \notin E(\mathcal{P}_R(G))$,$\langle w \rangle = \langle y \rangle$。这意味着在 $\mathcal{P}_R(G)$ 中,w 和 x 是相邻的,这是不可能的。因此,上面的声明是成立的。

不失一般性,假设 y 有阶 pq,其中 p,q 是两个不同的素数,则 $\{o(x),o(z)\} = \{p,q\}$。事实上,不失一般性,我们可以假设 $o(x) = p$ 且 $o(z) = q$。因为 $\{z,w\} \in E(\mathcal{P}_R(G))$,于是 $\langle z \rangle \subset \langle w \rangle$,故 $o(w) = q^l$ 或者 qr,其中 l 是至少为 2 的正整数且 r 是素数。如果 $o(w) = q^l$,取 $w' \in \langle w \rangle$ 满足 $o(w') = q^2$,则我们可知 $w' \in \mathcal{S}(G)$,于是 $|\langle y \rangle \cap \langle w' \rangle| = q$,这矛盾于 (b)。因此,我们可知 $o(w) = qr$,于是 $w \in \mathcal{S}(G)$。如果 $\langle y \rangle = \langle w \rangle$,则 x 与 w 是相邻的,矛盾。我们可以得到 $\langle y \rangle \neq \langle w \rangle$,这蕴涵 $|\langle y \rangle \cap \langle w \rangle| = q$,而这矛盾于 (b)。因此,$\mathcal{P}_R(G)$ 没有同构于 P_4 的诱导子图,即 $\mathcal{P}_R(G)$ 是一个余图。

我们接下来证明必要性,假设 $\mathcal{P}_R(G)$ 是一个余图,如果 G 有一个阶为 p^2q 的元素 a,其中 p,q 是两个不同素数,则 $\mathcal{P}_R(G)$ 的被 a^q、a^{pq}、a^p、a^{p^2} 诱导的子图同构于 P_4,矛盾。如果 G 有一个阶为 pqr 的元素 b,其中 p,q,r 是两两不同的素数,则 $\mathcal{P}_R(G)$ 的被 b^{qr}、b^r、b^{pr} 和 a^p 这四个顶点诱导的子图同构于 P_4,矛盾。于是 (a) 成立,下面我们证明 (b)。令 $u \in \mathcal{S}(G)$,且令 $v \in G$ 是一个阶为两个不同素数的乘积的元素,此外,设 $\langle u \rangle \neq \langle v \rangle$。通过反证法,假设 $|\langle u \rangle \cap \langle v \rangle| > 1$,令 $\langle u \rangle \cap \langle v \rangle = \langle w \rangle$,则 $o(w)$ 是一个素数。现在设 $w' \in \langle v \rangle$ 满足 $o(w')o(w) = o(v)$,因为 $\langle w \rangle \langle w' \rangle = \langle v \rangle$,$\langle u \rangle \neq \langle v \rangle$,故有 $w' \notin \langle u \rangle$。于是,$\mathcal{P}_R(G)$ 的被 w'、v、w 和 u 这四个顶点诱导的子图同构于 P_4,矛盾。因此,(b) 成立。 □

将定理 3.5.5 应用到 CP-群,下面的结论成立。

推论 3.5.4 对每一个 CP-群 G,$\mathcal{P}_R(G)$ 是一个余图。

将定理 3.5.5 应用到幂零群,我们能分类简化幂图为余图时的所有幂零群。注意一个有限幂零群能写成它的 Sylow 子群的直积。

定理 3.5.6 令 G 是一个幂零群,则 $\mathcal{P}_R(G)$ 是一个余图当且仅当 G 要么同构于 p-群,要么同构于 $\mathbb{Z}_{pq}$。

证明 根据推论 3.5.4,对于任意一个 p-群 G,$\mathcal{P}_R(G)$ 是一个余图。此外,通过定理 3.5.5,显然 $\mathcal{P}_R(\mathbb{Z}_{pq})$ 是一个余图。因此,我们仅需要证明必要性,假设 $\mathcal{P}_R(G)$ 是一个余图。注意如果 $x,y \in G$ 满足 $o(x) = p^m$ 且 $o(y) = q^n$,其中 p,q 是不同的素数,则 xy 有阶 $p^m q^n$。将定理 3.5.5 应用到幂零群,可知 $|G|$ 最多有两个不同的素因子。如果 $|G|$ 有一个素因子,则 G 是一个 p-群。下面我们假设 $|G|$ 恰好有两个不同的素因子,设为 p 和 q,于是

$$\pi_e(G) = \{1, p, q, pq\}。 \tag{3.5.1}$$

令 P 和 Q 分别是 G 的一个 Sylow p-子群和一个 Sylow q-子群且令 $\langle c \rangle$ 是 Q 中的一个阶为 q 的子群。我们现在声明 P 有一个唯一的阶为 p 的子群。事实上,如果 P 有两个不同的阶为 p 的子群,不妨设为 $\langle a \rangle$ 和 $\langle b \rangle$,因为 $\langle a, c \rangle = \langle ac \rangle$,$\langle b, c \rangle = \langle bc \rangle$ 且 $o(ac) = o(bc) = pq$,于是 $\mathcal{P}_R(G)$ 的被 a、ac、c 和 bc 这四个顶点诱导的子图同构于 P_4,这矛盾于 $\mathcal{P}_R(G)$ 是一个余图。因此,我们的声明是成立的,即 P 有一个唯一的阶为 p 的子群。结合引理 2.1.1、式 (2.3.9) 和式 (3.5.1),我们可知 P 同构于 $\mathbb{Z}_p$。类似地,我们也能得到 Q 同构于 $\mathbb{Z}_q$。于是 G 同构于 $\mathbb{Z}_{pq}$。□

现在结合定理 3.5.5 和推论 3.5.4,容易推出下面的结论。

推论 3.5.5 令 D_{2n} 是式 (2.1.2) 表示的二面体群,则 $\mathcal{P}_R(D_{2n})$ 是余图当且仅当要么 n 是一个素数幂,要么是两个不同素数的乘积。

最后我们分类简化幂图为余图时的广义四元数群。

推论 3.5.6 令 Q_{4m} 是式 (2.1.3) 中表示的广义四元数群,则 $\mathcal{P}_R(Q_{4m})$ 是余图当且仅当 m 是 2 的方幂。

证明 显然,如果 m 是 2 的方幂,则根据式 (2.3.9),Q_{4m} 是一个 2-群,且通过推论 3.5.4 可知 $\mathcal{P}_R(Q_{4m})$ 是余图。

对于逆命题,假设 $\mathcal{P}_R(Q_{4m})$ 是余图,根据式 (2.3.9) 和定理 3.5.5,我们知道要么 $2m$ 是一个素数幂,要么是两个不同素数的乘积。通过反证法,假设 $2m$ 是两个

不同素数的乘积，则对某个奇素数 q, $m = q$。根据式 (2.3.9) 和式 (2.3.10)，我们可知 $o(x) = 2q$, $o(y) = 4$ 且 $\langle x \rangle \cap \langle y \rangle = \langle x^q \rangle$，这矛盾于定理 3.5.5(b)。因此，我们可以推导出 $2m$ 是一个素数幂，即 m 是 2 的方幂。 □

第 4 章 群的增大幂图

设 G 是一个有限群, G 的增大幂图 (Enhanced Power Graph) 被记作 $\mathcal{P}_e(G)$, 它是一个简单无向图, 具有顶点集合 G 且两个不同的顶点 x, y 相邻当且仅当 $\langle x, y \rangle$ 是 G 的一个循环子群。术语 "Enhanced Power Graph" 是被 Aalipour 等[40] 首次引入的。他们为了度量群的无向幂图和交换图之间有多 "近", 引入了群的增大幂图。

4.1 被禁子图

在文献 [24] 中, Cameron 研究了各种各样以群的元素为顶点、以群的结构性质反映边的图。在文献 [24] 中, Cameron 提出了下面的问题。

问题 4.1.1 ([24, 问题 14]) 哪些有限群能使得它们的增大幂图是完美图、余图、弦图、分裂图及阈图?

Zahirović、Bošnjak 和 Madarász[41] 刻画了增大幂图为完美图时的所有幂零群。之后, 他们也刻画了增大幂图是完美的所有对称群和交错群[42]。

受问题 4.4.1 的启发, 我们研究了有限群增大幂图的被禁子图。我们对所有使得它们的增大幂图为分裂图或阈图的有限群进行了完整分类, 也刻画了所有有限幂零群使得它们的增大幂图是弦图和余图。最后, 我们给出了一些非幂零群的族, 它们的增大幂图是弦图和余图。这些结果部分地回答了问题 4.4.1。

注意群 G 的一对元素 x 和 y 生成的循环子群包含在 G 的任意一个包含 x 和 y 的子群中, 因此, 显然, 对 G 的任一子群 H, $\mathcal{P}_e(H)$ 必定是 $\mathcal{P}_e(G)$ 的一个诱导子图。下面结果的证明是显而易见的。

引理 4.1.1 令 G 是一个群且 H 是它的子群,如果 $\mathcal{P}_e(G)$ 是分裂图、阈图、弦图或余图,则 $\mathcal{P}_e(H)$ 也分别是分裂图、阈图、弦图或余图。

下面我们介绍被 Aalipour 等[40] 证明的一个重要引理。

引理 4.1.2 ([40, 引理 33])   令 G 是有限群且令 C 是 $\mathcal{P}_e(G)$ 的一个极大团,则 C 是 G 的一个极大循环子群。

4.1.1 分裂图和阈图

本节我们将分类增大幂图为分裂图和阈图时的有限群。为了证明我们的主要定理,我们先证明下面两个引理。

引理 4.1.3   令 G 是一个具有 $2K_2$-自由的增大幂图的群,则 G 最多有一个阶大于 2 的极大循环子群。

证明   如果 G 是循环群或者有指数 2,则该引理显然成立。于是我们接下来进一步假设 G 是非循环群。

采用反证法,假设 G 有两个阶大于 2 的不同的极大循环子群,设为 $\langle x \rangle$ 和 $\langle y \rangle$。因为 $\langle x \rangle, \langle y \rangle < \langle x,y \rangle$,且 $\langle x \rangle$ 和 $\langle y \rangle$ 是极大循环子群,于是群 $\langle x,y \rangle$ 是非循环的。因此,我们可知 $x \not\sim y$, $x \not\sim y^{-1}$, $x^{-1} \not\sim y$ 且 $x^{-1} \not\sim y^{-1}$。于是,$\mathcal{P}_e(G)$ 的被 $\{x, x^{-1}, y, y^{-1}\}$ 诱导的子图同构于 $2K_2$,这与我们的假设 $\mathcal{P}_e(G)$ 是 $2K_2$-自由的相矛盾。 □

引理 4.1.4   令 G 是一个群,则 $\mathcal{P}_e(G)$ 是 $2K_2$-自由的当且仅当 G 是一个循环群、二面体群或初等交换 2-群。

证明   因为对每一 $n \geqslant 2$,$\mathcal{P}_e(\mathbb{Z}_2^n)$ 是一个星图,于是 $\mathcal{P}_e(\mathbb{Z}_2^n)$ 是 $2K_2$-自由的。此外,因为循环群的增大幂图是完全的,所以也是 $2K_2$-自由的。现在我们仅需要证明 $\mathcal{P}_e(D_{2n})$ 也是 $2K_2$-自由的即可。假设有个四元集合 D 诱导 $\mathcal{P}_e(D_{2n})$ 的一个同构于 $2K_2$ 的子图,因为 e 与其他任一元素均相邻,所以一定有 $e \notin D$。进一步,因为一个反射仅与单位元相邻,所以 D 不包含反射。因此,D 仅包含旋转,但是这样的话我们能推导出 D 诱导 $\mathcal{P}_e(D_{2n})$ 的一个完全子图,这是不可能的。

现在假设 $\mathcal{P}_e(G)$ 是 $2K_2$-自由的,我们只需要证明如果 G 是非循环的,则 G 要么是一个二面体群,要么是一个初等交换 2-群。现在,令 G 是非循环的,如果

G 的每一个元素是一个对合, 则 G 是一个初等交换 2-群。因此, 我们可以假设 G 有一个阶大于 2 的元素, 则根据引理 4.1.3, G 有一个唯一的阶至少为 3 的极大循环子群 $\langle a \rangle$。注意 $\langle a \rangle$ 包含 G 的所有阶大于 2 的元素。现在令 $b \in G \setminus \langle a \rangle$, 则 $ab \notin \langle a \rangle$。由于 $ab \notin \langle a \rangle$, 于是我们有 $o(b) = o(ab) = 2$, 故

$$bab = b(ab) = bb^{-1}a^{-1} = a^{-1}. \tag{4.1.1}$$

这意味着 G 是非交换的。此外, 式(4.1.1) 也意味着 $\langle a \rangle \trianglelefteq G$, 故 $\langle a \rangle \langle b \rangle$ 是 G 的一个子群。

为了证明 $\langle a \rangle \langle b \rangle = G$, 我们假设 $g \in G \setminus \langle a \rangle$, 且令 $g \in \langle a \rangle \langle b \rangle$, 只需要证明 $gb \in \langle a \rangle$ 即可。通过反证法, 假设 $gb \notin \langle a \rangle$, 则 $o(g) = o(gb) = 2$ 且 $gbg = gg^{-1}b^{-1} = b^{-1}$, 这意味着 $gb = bg$。类似地, 对每一 $x \in G \setminus \langle a \rangle$, 我们有 $xax = a^{-1}$。此外, 因为 $gba \notin \langle a \rangle$, 所以 gba 是一个对合。我们可以得到

$$a^{-1} = a^{-1}(gb)(gb) = ((gb)a)^{-1}(gb) = (gba)gb = g(bab)g = ga^{-1}g = a,$$

由于 $o(a) \geqslant 3$, 我们可得矛盾。

于是, 我们可知 $g \in \langle a \rangle \langle b \rangle$, 这意味着 $G = \langle a \rangle \langle b \rangle = \langle a, b \rangle$。因此, 根据式 (4.1.1) 和二面体群的表达式可得 $G \cong D_{2n}$, 其中 $n = o(a)$。 □

现在我们证明本小节的主要定理。

定理 4.1.1 对于有限群 G, 下面的结论等价:

(a) $\mathcal{P}_e(G)$ 是分裂的;

(b) $\mathcal{P}_e(G)$ 是阈图;

(c) $\mathcal{P}_e(G)$ 是 $2K_2$-自由的;

(d) G 是一个循环群、二面体群或初等交换 2-群。

证明 容易看出 (d) 蕴涵 (a) 和 (b)。因为分裂图和阈图是 $2K_2$-自由的, 故 (a) 和 (b) 中的任意一个都蕴涵 (c)。最后, 根据引理 4.1.4, (c) 蕴涵 (d)。 □

4.1.2 弦图和余图

本小节将研究增大幂图为弦图和余图时的有限群, 我们首先分类满足相关性质的幂零群, 然后再研究几类非幂零群。文献 [41] 证明了如果群 G 和 H 的阶互

素，则 $\mathcal{P}_e(G \times H)$ 是 $\mathcal{P}_e(G)$ 和 $\mathcal{P}_e(H)$ 的强积图 (见文献 [41] 中的引理 2.1)。因此，对于 $(g_1, h_1), (g_2, h_2) \in G \times H$ 满足 $(g_1, h_1) \neq (g_2, h_2)$，我们有 $(g_1, h_1) \stackrel{e}{\sim} (g_2, h_2)$ 当且仅当 $\langle g_1, g_2 \rangle$ 和 $\langle h_1, h_2 \rangle$ 都是循环群。注意我们可以将元素 $(g, h) \in G \times H$ 用简单的符号 gh 表示，我们首先证明下面的引理。

引理 4.1.5 令 Γ 是一个没有任何闭双胞胎的图，令 G 是一个群且令 n 是一个跟 $|G|$ 互素的数，则 $\mathcal{P}_e(G \times \mathbb{Z}_n)$ 是 Γ-自由的当且仅当 $\mathcal{P}_e(G)$ 是 Γ-自由的。

证明 因为 $\mathcal{P}_e(G)$ 是 $\mathcal{P}_e(G \times \mathbb{Z}_n)$ 的一个诱导子图，如果 $\mathcal{P}_e(G \times \mathbb{Z}_n)$ 是 Γ-自由的，则 $\mathcal{P}_e(G)$ 也是 Γ-自由的。因此，我们仅需要证明该引理的另一个方面。

在 $\mathcal{P}_e(G \times \mathbb{Z}_n)$ 中，现在假设集合 $X \subseteq G \times \mathbb{Z}_n$ 诱导的子图为 Γ。令

$$\pi_1: G \times \mathbb{Z}_n \to G$$

是第一映射且令 $H = \pi_1(X)$。接下来我们将证明 $\pi_1|_X: X \to \pi_1(X)$ 是一个图同构。我们首先证明 $\pi|_X$ 是一个单射。对某些 $\overline{x}, \overline{y} \in X$ 且 $\overline{x} \neq \overline{y}$，令 $\pi(\overline{x}) = \pi(\overline{y})$，下面我们证明 $\overline{x} = \overline{y}$。对某些 $h \in H$ 和 $k, l \in \mathbb{Z}_n$，我们可得 $\overline{x} = (h, k)$ 且 $\overline{y} = (h, l)$。令 $(g, m) \in G \times \mathbb{Z}_n$，且在图 $\mathcal{P}_e(G \times \mathbb{Z}_n)$ 中，设 $N_{\overline{x}}$ 和 $N_{\overline{y}}$ 分别为 $\overline{x}$ 和 $\overline{y}$ 的闭邻域，则根据文献 [41] 中的引理 2.1，我们有

$$(g, m) \in N_{\overline{x}} \Leftrightarrow \langle (h, k), (g, m) \rangle \text{是循环的}$$

$$\Leftrightarrow \langle h, g \rangle \text{和} \langle k, m \rangle \text{是循环的}$$

$$\Leftrightarrow \langle h, g \rangle \text{和} \langle l, m \rangle \text{是循环的}$$

$$\Leftrightarrow \langle (h, l), (g, m) \rangle \text{是循环的}$$

$$\Leftrightarrow (g, m) \in N_{\overline{y}}。$$

因此，我们有 $N_{\overline{x}} = N_{\overline{y}}$。于是在 Γ 中，根据 $\overline{x}$ 和 $\overline{y}$ 是闭双胞胎，可知 $\overline{x} = \overline{y}$。

下面我们将证明 $\pi_1|_X$ 是一个图同构。令 $\overline{x} = (g, k)$ 和 $\overline{y} = (h, l)$ 是 $G \times \mathbb{Z}_n$ 的不同元素。注意到 $g \neq h$，由于 $\pi_1|_X$ 是单射。因为 $\langle k, l \rangle \leqslant \mathbb{Z}_n$ 是循环的，通过文献 [41] 中的引理 2.1，我们可知 $(g, k) \stackrel{e}{\sim} (h, l)$ 当且仅当 $g \stackrel{e}{\sim} h$，即当且仅当 $\pi_1|_X(\overline{x}) \stackrel{e}{\sim} \pi_1|_X(\overline{y})$。于是 $\pi_1|_X$ 是一个图同构，故 $\mathcal{G}_e(G)$ 包含一个同构于 Γ 的子图。 □

引理 4.1.6　设 G 是一个幂零群，则下面的条件是等价的：

(a) G 最多有一个非循环的 Sylow-子群；

(b) $\mathcal{P}_e(G)$ 是 P_4-自由的；

(c) $\mathcal{P}_e(G)$ 是 C_4-自由的。

证明　我们首先证明 (b) 和 (c) 中的任意一个均蕴涵 (a)。令 P 和 Q 是 G 的两个不同的非循环的 Sylow-子群，则 $P \times Q$ 是 G 的一个子群。注意 $|P|$ 和 $|Q|$ 是互素的，因为 P 是非循环的，所以 $\mathcal{P}_e(P)$ 不可能是完全图。因此存在顶点 $x_1, x_2 \in P$，使得它们在 $\mathcal{P}_e(P)$ 中是非相邻的。类似地，我们也有 $y_1, y_2 \in Q$，使得它们在 $\mathcal{P}_e(P)$ 中是非相邻的。于是根据文献 [41] 中的引理 2.1，可知在 $\mathcal{P}_e(P)$ 中，$x_1 \overset{e}{\sim} y_1 \overset{e}{\sim} x_2 \overset{e}{\sim} x_2 y_2$ 是一条长度为 4 的诱导路，且在 $\mathcal{P}_e(G)$ 中，$x_1 \overset{e}{\sim} y_1 \overset{e}{\sim} x_2 \overset{e}{\sim} y_2 \overset{e}{\sim} x_1$ 是一个长度为 4 的诱导圈。

接下来，我们只需证明 (a) 蕴涵 (b) 和 (c) 即可。我们首先证明一个有限 p-群的增大幂图是 P_4-自由的且是 C_4-自由的。利用反证法，假设对于一个 p-群 P，在 $\mathcal{P}_e(P)$ 中，元素 $x, y, z, w \in P$ 诱导 $x \overset{e}{\sim} y \overset{e}{\sim} z \overset{e}{\sim} w$ 这条路或 $x \overset{e}{\sim} y \overset{e}{\sim} z \overset{e}{\sim} w \overset{e}{\sim} x$ 这个圈，则 $y \in \langle z \rangle$ 或 $z \in \langle y \rangle$。于是不失一般性，我们可以假设 $y \in \langle z \rangle$，则 $z \in \langle x \rangle$ 或 $x, z \in \langle y \rangle$，这意味着 $x \overset{e}{\sim} z$，矛盾。因此，任意一个有限 p-群的增大幂图都是一个余图。因为 P_4 和 C_4 不包含闭双胞胎，故通过引理 4.1.5，(a) 的确蕴涵 (b) 和 (c)。 □

现在我们证明我们本小节的第一个主要定理，该定理刻画了增大幂图是余图和弦图时的幂零群。

定理 4.1.2　对于幂零群 G，下面的条件是等价的：

(a) $\mathcal{P}_e(G)$ 是弦图；

(b) $\mathcal{P}_e(G)$ 是余图；

(c) G 最多有一个非循环的 Sylow-子群；

(d) $G \cong P \times \mathbb{Z}_n$，其中对某个与 n 互素的素数 p，P 是一个 p-群。

证明　因为每一个有限幂零群都是它的 Sylow-子群的乘积，于是条件 (c) 和 (d) 是等价的。回忆一下，一个图是余图当且仅当这个图是 P_4-自由的，因此，根据引理 4.1.6，可知条件 (a)、(b) 和 (c) 是相互等价的。 □

推论 4.1.1　任意一个有限 p-群的增大幂图既是弦图，也是余图。

注 4.1.1 根据定理 4.1.2 和引理 4.1.1,如果 G 包含一个至少有两个不同的非循环 Sylow-子群的幂零子群,则 $\mathcal{P}_e(G)$ 既不是一个弦图,也不是一个余图。例如,如果 G 有一个同构于 $\mathbb{Z}_6 \times \mathbb{Z}_6$ 的子群,则 $\mathcal{P}_e(G)$ 既不是一个弦图,也不是一个余图。

接下来我们研究非幂零群,我们将给出几类增大幂图为弦图和余图的非幂零群。首先,我们给出有限群的增大幂图为弦图或余图的一个充分条件。我们用 $\mathcal{M}(G)$ 表示 G 的所有极大循环子群构成的集合。

命题 4.1.1 令 G 是群且 k 是一个正整数使得 G 的任意两个不同的极大循环子群的交有基数 k,则 $\mathcal{P}_e(G)$ 既是弦图,也是余图。

证明 对某些 $M, N \in \mathcal{M}(G)$,令 $U = M \cap N$。因为两个循环子群的交仍然是循环子群,故 U 是 G 的一个循环子群。设 X 和 Y 是 G 的任意极大循环子群。现在我们想要证明 $X \cap Y = U$。注意 $X \cap M$ 也是 M 的阶为 k 的循环子群。由于 M 有唯一的阶为 k 的子群,于是 $U = X \cap M$。类似地,因为 X 有唯一的阶为 k 的子群,所以 $X \cap Y = X \cap M = U$。故 G 的任意两个不同的极大循环子群的交是 U。

通过反证法,假设在 $\mathcal{P}_e(G)$ 中,元素 $x, y, y, w \in G$ 诱导一条路 $x \sim y \sim z \sim w$ 或者一个圈 $x \sim y \sim z \sim w \sim x$。注意在 $\mathcal{P}_e(G)$ 中,U 的元素与 G 的所有元素均相邻。因此,U 不包含 x、y、z 和 w 中的任何一个;否则 $\{x, y, z, w\}$ 将既不会诱导 P_4,也不会诱导 C_4。现在我们记包含 $\langle x, y \rangle$ 和 $\langle y, z \rangle$ 的两个极大循环子群分别为 K 和 L。因为 $x \not\sim z$,所以 $K \neq L$。然而 $K \neq L$ 蕴涵 $y \in K \cap L \subseteq U$,矛盾。于是 $\mathcal{P}_e(G)$ 既是 P_4-自由的,也是 C_4-自由的,即 $\mathcal{P}_e(G)$ 既是弦图,也是余图。□

注意对于群 G 和每一对 $M, N \in \mathcal{M}(G)$ 关于 $M \neq N$,命题 4.1.1 中的条件等价于 G 有一个循环子群 C 使得 $C = M \cap N$。

在二面体群中,任意两个不同的极大循环子群的交是平凡的。此外,一个广义四元数群有一个唯一的二元子群,这个二元子群是广义四元数群的任意两个不同的极大循环子群的交。因此,根据命题 4.1.1,我们可得下面的推论。

例 4.1.1 任意一个二面体群和广义四元数群的增大幂图既是弦图,也是余图。

如果一个有限群的每一个非单位元素有素数阶，则该群被称为一个 P-群[75]。例如对任意奇素数 q，二面体群 D_{2q} 是一个 P-群。如果一个有限群的每一个非单位元素有素数幂阶，则该群被称为一个 CP-群。例如，任一 p-群均是一个 CP-群且对任意素数 q 个正整数 n，二面体群 D_{2q^n} 是一个 CP-群。显然，一个 P-群也是一个 CP-群。CP-群也被称为 EPPO-群，在 1957 年，这类群被 Higman[100] 首次引入，他分类了所有的可解 CP-群。之后，Suzuki[101,102] 分类了所有单 CP-群，所有 CP-群是在 1981 年被 Brandl[103] 分类的。读者可以在 Cameron 和 Maslova 发表的论文（见文献 [104]）中找到完整的 CP-群的一个列表。此外，CP-群也被其他学者研究了，见文献 [76]。

根据命题 4.1.1，对每一个 P-群 G，可知 $\mathcal{P}_e(G)$ 既是弦图，也是余图。此外，我们也可得出下面的结论。

命题 4.1.2 任意一个 CP-群的增大幂图既是弦图，也是余图。

证明 设 G 是一个 CP-群，假设在 $\mathcal{P}_e(G)$ 中，一些元素 $x,y,z,w \in G$ 诱导一条路 $x \overset{e}{\sim} y \sim z \overset{e}{\sim} w$ 或者一个圈 $x \overset{e}{\sim} y \sim z \overset{e}{\sim} w \overset{e}{\sim} x$。因为在 $\mathcal{P}_e(G)$ 中，单位元 e 与其他任意一个顶点均相邻，故 $e \notin \{x,y,z,w\}$。因此，元素 x、y、z 及 w 的阶均是某个素数 p 的方幂。不失一般性，我们可以假设 $z \in \langle y \rangle$，则因为要么 $x,z \in \langle y \rangle$，要么 $z \in \langle y \rangle \leqslant \langle x \rangle$，故 $x \overset{e}{\sim} z$。这矛盾于事实 x、y、z 和 w 诱导的子图是路或圈。因此，$\mathcal{P}_e(G)$ 是 P_4-自由的且是 C_4-自由的，于是 $\mathcal{P}_e(G)$ 既是弦图，也是余图。 □

有限群 G 的素图是一个简单图，以 $|G|$ 的所有素因子为顶点集合，其中两个不同的素因子 p 和 q 相邻当且仅当 G 有一个阶为 pq 的元素。1975 年，群的素图被 Gruenberg 和 Kegel 首次引入。显然，对于一个群 G，它的素图是一个零图当且仅当 G 是一个 CP-群。因此，我们有下面的结论。

推论 4.1.2 设 G 是一个素图为零图时的有限群，则 $\mathcal{P}_e(G)$ 既是弦图，也是余图。

正如前面叙述的那样，所有非交换的单 CP-群都被 Suzuki[102] 分类了。根据文献 [102]，我们有下面的结论。

例 4.1.2 如果对某个素数 $q \in \{5, 7, 8, 9, 17\}$, 群 G 同构于

$$\mathrm{Sz}(8),\ \mathrm{Sz}(32),\ \mathrm{PSL}(3,4),\ \mathrm{PSL}(2,q),$$

则 $\mathcal{P}_e(G)$ 既是弦图, 也是余图。

下面我们将分类增大幂图是弦图和余图时的所有对称群及交错群。注意对每一个 $n \geqslant 3$, 对称群 S_n 是非幂零的。

命题 4.1.3 下面的条件是等价的:

(a) $\mathcal{P}_e(S_n)$ 是余图;

(b) $\mathcal{P}_e(S_n)$ 是弦图;

(c) $n \leqslant 5$。

证明 首先我们观察 $\mathcal{P}_e(S_6)$ 的被 (1 2), (3 4 5), (1 6) 及 (2 3 4) 诱导的子图。注意被一对阶互素的不相交的圈置换生成的子群是循环的。另外, 如果一对循环置换不交换, 则它们不会生成一个循环子群。然而, 虽然一对阶相同的不相交的圈置换交换, 但是它们也不能生成一个循环子群。因此, 在 $\mathcal{P}_e(S_6)$ 中, 我们有

$$(1\ 2) \stackrel{e}{\sim} (3\ 4\ 5) \stackrel{e}{\sim} (1\ 6) \stackrel{e}{\sim} (2\ 3\ 4)$$

是一条诱导路, 于是 $\mathcal{P}_e(S_6)$ 不是余图。进一步, 通过引理 4.1.1, 我们可知 (a) 蕴涵 (c)。

类似地, 注意到

$$(1\ 2\ 3) \stackrel{e}{\sim} (5\ 6) \stackrel{e}{\sim} (2\ 3\ 4) \stackrel{e}{\sim} (6\ 1) \stackrel{e}{\sim} (3\ 4\ 5) \stackrel{e}{\sim} (1\ 2) \stackrel{e}{\sim} (4\ 5\ 6) \stackrel{e}{\sim}$$
$$(2\ 3) \stackrel{e}{\sim} (5\ 6\ 1) \stackrel{e}{\sim} (3\ 4) \stackrel{e}{\sim} (6\ 1\ 2) \stackrel{e}{\sim} (4\ 5) \stackrel{e}{\sim} (1\ 2\ 3)$$

是 $\mathcal{P}_e(S_6)$ 的一个诱导圈。因此, $\mathcal{P}_e(S_6)$ 也不是弦图。于是根据引理 4.1.1, 我们可知 (b) 蕴涵 (c)。

我们接下来只需要证明 (c) 蕴涵 (a) 和 (b)。假设 $n \leqslant 5$ 且 $\mathcal{P}_e(S_n)$ 包含元素 x、y、z 及 w, 这些元素将诱导路 $x \stackrel{e}{\sim} y \stackrel{e}{\sim} z \stackrel{e}{\sim} w$ 或者圈 $x \sim y \sim z \sim w \sim x$。注意在一条路或一个圈中, 没有一对顶点有同样的闭邻域。因为对于一个阶为 5 或者 4 的圈置换 c, $[c]_{\underline{e}} = \langle c \rangle \setminus \{e\}$, 因此, x、y、z 和 w 中没有一个顶点是一个阶为 5 或者 4 的圈置换, 且它们当中没有一个是两个对换的乘积。因此, $\{x, y, z, w\}$ 仅

包含阶为 3 的圈置换和对换。不失一般性，令 $o(y) = 3$。由于一个阶为 3 的圈置换最多与 S_n 中的一个对换交换，故 $n \leqslant 5$。因此，我们可得出矛盾，且对于 $n \leqslant 5$，$\mathcal{P}_e(S_n)$ 是 P_4-自由的且是 C_4-自由的。 □

注 4.1.2 在上面的证明中，$\mathcal{P}_e(S_6)$ 中所涉及的诱导圈的长度是 12。然而，$\mathcal{P}_e(S_6)$ 也包含长度是 6 的诱导圈。特别地，

$$(1\ 2)(3\ 4)(5\ 6) \stackrel{e}{\sim} (1\ 4\ 5)(2\ 3\ 6) \stackrel{e}{\sim} (1\ 3)(2\ 5)(4\ 6) \stackrel{e}{\sim} (1\ 5\ 6)(2\ 4\ 3) \stackrel{e}{\sim}$$
$$(1\ 4)(2\ 6)(3\ 5) \stackrel{e}{\sim} (1\ 6\ 3)(2\ 5\ 4) \stackrel{e}{\sim} (1\ 2)(3\ 4)(5\ 6)$$

是一个这样的诱导圈。此外，在 $\mathcal{P}_e(S_6)$ 中，我们可以得到 6 是最小的诱导圈的长度。进一步，对任意 $n \geqslant 7$，$\mathcal{P}_e(S_n)$ 包含一个长度为 4 的诱导圈，即

$$(1\ 2\ 3) \stackrel{e}{\sim} (4\ 5) \stackrel{e}{\sim} (1\ 2\ 7) \stackrel{e}{\sim} (4\ 6) \stackrel{e}{\sim} (1\ 2\ 3)。$$

现在我们开始研究交错群。对于每个 $n \geqslant 5$，众所周知 A_n 是单群。此外，对每个 $n \geqslant 4$，A_n 是非幂零群。

命题 4.1.4 $\mathcal{P}_e(A_n)$ 是余图当且仅当 $n \leqslant 6$。

证明 注意

$$(1\ 2)(3\ 4) \stackrel{e}{\sim} (5\ 6\ 7) \stackrel{e}{\sim} (1\ 3)(2\ 4) \stackrel{e}{\sim} (1\ 2\ 3\ 4)(5\ 6)$$

是 $\mathcal{P}_e(A_7)$ 中的一条诱导路。即 $(1\ 3)(2\ 4) = \left((1\ 2\ 3\ 4)(5\ 6)\right)^2$，正如在命题 4.1.3 中证明的那样，互素阶的不相交的置换能生成一个循环子群，且循环子群中的任意一对元素都可以交换。根据引理 4.1.1，该命题的必要性得证。

现在我们证明充分性。注意到 A_6 是一个 CP-群，则根据命题 4.1.2，可知 $\mathcal{P}_e(A_6)$ 是一个余图。因此对每个 $n \leqslant 6$，$\mathcal{P}_e(A_n)$ 是余图。 □

命题 4.1.5 $\mathcal{P}_e(A_n)$ 是一个弦图当且仅当 $n \leqslant 7$。

证明 注意对于 $n \geqslant 8$，$\mathcal{P}_e(A_n)$ 包含长度为 4 的诱导圈

$$(1\ 2)(3\ 4) \stackrel{e}{\sim} (5\ 6\ 7) \stackrel{e}{\sim} (1\ 3)(2\ 4) \stackrel{e}{\sim} (5\ 6\ 8) \stackrel{e}{\sim} (1\ 2)(3\ 4)。$$

通过引理 4.1.1，只需要证明 $\mathcal{P}_e(A_7)$ 没有长度至少为 4 的诱导圈即可。通过反证法，假设

$$\cdots \stackrel{e}{\sim} x \stackrel{e}{\sim} y \stackrel{e}{\sim} z \stackrel{e}{\sim} w \stackrel{e}{\sim} \cdots$$

是 $\mathcal{P}_e(A_7)$ 的一个诱导圈, 其中 x,y,z,w 是两两不同的。注意

$$\pi_e(A_7) = \{1,2,3,4,5,6,7\},$$

于是 $o(x), o(y), o(z), o(w)$ 中的每一个等于 2 或 3。不失一般性, 令 $o(y) = 2$ 且令 $y = (1\ 2)(3\ 4)$, 则 $x, z \in \{(5\ 6\ 7), (5\ 7\ 6)\} \subseteq \langle(5\ 6\ 7)\rangle$, 这意味着 x 与 z 是相邻的, 矛盾。 □

最后, 我们描述增大幂图为弦图和余图时的几类有限群。特别地, 我们将确定阶最多为 24 的增大幂图不是余图时的有限群, 我们也证明具有非余图的增大幂图的群的最小阶是 36。

下面的结果可根据引理 4.1.5 立即得到。

推论 4.1.3 设 G 是一个阶与 n 互素的有限群, 则 $\mathcal{P}_e(G \times \mathbb{Z}_n)$ 是一个余图 (或一个弦图) 当且仅当 $\mathcal{P}_e(G)$ 是一个余图 (或一个弦图)。

注意阶是两个不同素数的乘积的有限群要么是循环群, 要么是 CP-群。因此, 根据命题 4.1.2 可得下面的结果。

命题 4.1.6 如果 $|G|$ 是两个不同的素数的乘积, 则 $\mathcal{P}_e(G)$ 既是余图, 也是弦图。

在开始证明下面的结论之前, 我们首先定义一个群 G 的循环子 (Cyclicizer), 它被记作 $\mathrm{Cyc}(G)$, 可以用下面的表达式定义:

$$\mathrm{Cyc}(G) = \{g \in G : \text{对任意 } x \in G, \langle g, x \rangle \text{是循环群}\}.$$

一些学者称它为群的周期[105]。

命题 4.1.7 设 G 是个群且设 p, q 是两个不同的素数, 如果下面的一个条件成立, 则 $\mathcal{P}_e(G)$ 既是弦图, 也是余图:

(a) $\pi_e(G) = \{1, p, q, pq\}$ 且 G 有唯一的阶为 p 或者 q 的子群;

(b) $\pi_e(G) = \{1, p, q, pq\}$ 且要么 G 有一个唯一的阶为 pq 的循环子群, 要么所有的阶为 pq 的循环子群的交阶为 p 或者 q;

(c) $\pi_e(G) = \{1, p, q, pq, p^2\}$ 且要么 G 有一个唯一的阶为 pq 的循环子群, 要么所有的阶为 pq 的循环子群的交是 $\langle a \rangle$, 其中 $a \in \mathrm{Cyc}(G)$ 且 $o(a) \in \{p, q\}$。

证明 为了证明该结论，在 $\mathcal{P}_e(G)$ 中，我们首先假设 x、y、z 和 w 诱导的子图是一条路 $x \overset{e}{\sim} y \overset{e}{\sim} z \overset{e}{\sim} w$ 或者一个圈 $x \overset{e}{\sim} y \overset{e}{\sim} z \overset{e}{\sim} w \overset{e}{\sim} x$。此外，我们将分别假设 (a)、(b) 和 (c) 成立，于是对每一种情况，我们将得到一个矛盾。因此，该结论将被证明。

(a) 令 $\pi_e(G) = \{1, p, q, pq\}$，且不失一般性，设 G 有唯一的阶为 p 的子群，于是 $\{o(y), o(z)\} = \{p, q\}$。不失一般性，令 $o(y) = p$ 且 $o(z) = q$，则 $o(w) \notin \{p, q\}$，于是 $o(w) = pq$。因为 $\langle y \rangle$ 是阶为 p 的唯一的循环子群，故 $\langle y \rangle \leqslant \langle w \rangle$。于是，$y \overset{e}{\sim} w$，矛盾。

(b) 令 $\pi_e(G) = \{1, p, q, pq\}$，假设 G 有一个阶为 pq 的循环子群，则 y 和 z 都有素数阶，不失一般性，令 $o(y) = p$ 且 $o(z) = q$，于是 $o(w) \in \{p, pq\}$。因为 G 有一个阶为 pq 的唯一的循环子群，则 $\langle w, z \rangle = \langle y, z \rangle$ 是唯一的阶为 pq 的循环子群，这意味着 $y \overset{e}{\sim} w$，矛盾。

现在令 $\pi_e(G) = \{1, p, q, pq\}$，且令所有的阶为 pq 的循环子群的交阶为 p 或者 q。再一次利用 $o(y), o(z) \in \{p, q\}$，不失一般性，我们可以假设 $o(y) = p$ 且 $o(z) = q$。因为所有的阶为 pq 的循环子群的交阶为 p，故 y 属于阶为 pq 的循环子群 $\langle w, z \rangle$。因此，我们有 $y \overset{e}{\sim} w$，矛盾。

(c) 假设 $\pi_e(G) = \{1, p, q, pq, p^2\}$ 且 G 有一个唯一的阶为 pq 的循环子群。因为元素 y 和 z 有素数阶，不失一般性，我们可以假设 $o(y) = p$ 且 $o(z) = q$，则 $o(w) \in \{p, pq\}$。注意 $\langle y, z \rangle$ 是一个阶为 pq 的循环子群。因为 G 有一个唯一的阶为 pq 的循环子群，则显然有 $y \overset{e}{\sim} w$，矛盾。

现在令 $\pi_e(G) = \{1, p, q, pq, p^2\}$，且不失一般性，假设所有阶为 pq 的循环子群的交都是 $\langle a \rangle$，其中 $a \in \text{Cyc}(G)$ 且 $o(a) = p$。此外，y 和 z 有素数阶。不失一般性，令 $o(y) = p$ 且 $o(z) = q$，则 $y \in \text{Cyc}(G)$，这意味着 $y \overset{e}{\sim} w$。因此，我们也能得到矛盾。 □

例 4.1.3 $\mathbb{Z}_2 \times \mathbb{Z}_2 \times S_3$、$\mathbb{Z}_3 \times S_3$ 和 $\text{SL}(2, 3)$ 分别满足命题 4.1.7 中的条件 (a)、(b) 和 (c)。

根据 GAP[88]，我们已经确定增大幂图为非弦图的群的最小阶是 36。特别地，定理 4.1.2 蕴涵 $\mathcal{P}_e(\mathbb{Z}_6 \times \mathbb{Z}_6)$ 不是弦图。根据定理 4.1.2，即使有限幂零群的增大幂图是弦图当且仅当它是余图，这对于一般群也是不成立的。利用 GAP，我们已

第 4 章 群的增大幂图

经确定了增大幂图为非余图的群的最小阶是 24，这个 24 阶群可以是广义四元数群 $Q_{12} \times \mathbb{Z}_2$，也可以是半直积 $Q_8 \rtimes \mathbb{Z}_3$(关于作用的核 $\mathbb{Z}_2 \times \mathbb{Z}_2$)。

在本节的最后，我们将附上判断增大幂图是否具有 P_4 或 C_4 作为其诱导子图的 GAP 代码，如下所示：

```
LoadPackage("grape");
LoadPackage("grpconst");
EpgMat:=function(G) # 这将给出增大幂图的邻接矩阵。
    local listG, n, M, i, j;
    n:=Order(G);
    listG:=AsList(G);
    M:=NullMat(n,n);
    for i in [1..n] do
        for j in [1..i] do
            if IsCyclic(Group(listG[i],listG[j])) then
                M[i,j]:=1;
                M[j,i]:=1;
            fi;
        od;
    od;
    M:=M-IdentityMat(n);
    return M;
end;
EPGofGroup:=function(G) #该函数将从邻接矩阵出发，得到增大幂图。
    local epg, M;
    M:=EpgMat(G);
    epg:=Graph( Group(()), [1..Order(G)], OnPoints,
      function(x,y) return M[x][y]=1; end, true );
    return epg;
end;
ClNGraph:=function(graph) #该函数约简了增大幂图。
```

4.1 被禁子图

```
        local vertexList, smallList, v, u, isNew,
        vNeighbors, uNeighbors, subgraph;
        vertexList:= Vertices(graph);
        smallList:=[];
        for v in vertexList do
            isNew:=true;
            vNeighbors:=Adjacency(graph, v);
            Add(vNeighbors, v);
            Sort(vNeighbors);
            for u in smallList do
                uNeighbors:=Adjacency(graph, u);
                Add(uNeighbors, u);
                Sort(uNeighbors);
                if vNeighbors=uNeighbors then
                    if not(u=v) then
                        isNew:=false;
                    fi;
                fi;
            od;
            if isNew then
                Add(smallList, v);
            fi;
        od;
        subgraph:=InducedSubgraph(graph, smallList);
        return subgraph;
end;
HasP4:=function(graph) #该函数判断$P_4$是不是诱导子图。
        local V, x, y, z, t;
        V:=Vertices(graph);
        for x in V do
```

```
            for y in Adjacency(graph, x) do
                for z in Difference(Adjacency(graph, y),
                Adjacency(graph, x)) do
                    for t in Difference(Adjacency(graph, z),
                    Union(Adjacency(graph,x),Adjacency(graph,y)))do
                        return true;
                    od;
                od;
            od;
        od;
        return false;
end;
HasLargeCycle:=function(graph) # 该函数判断$C_4$是不是诱导子图。
    local x, y, z, ans;
    for x in Vertices(graph) do
        for y in Adjacency(graph, x) do
for z in Difference(Adjacency(graph,y),Union(Adjacency(graph,
x),[x]))
do ans:=HasLargeCycleH(graph,[x,y,z], Union(Adjacency(graph,y),
[y]));
                if ans then
                    return true;
                fi;
            od;
        od;
    od;
    return false;
end;
```

4.1.3 幂图为余图时的有限群

令 Γ 是一个图, 分别用 $V(\Gamma)$ 和 $E(\Gamma)$ 表示 Γ 的顶点集和边集, 具有 n 个顶点的路被记作 P_n。设 Δ 是图 Γ 的一个子图, 如果条件 $\{a,b\} \in E(\Gamma)$ 且 $a,b \in V(\Delta)$ 蕴涵 $\{a,b\} \in E(\Delta)$, 则称 Δ 是 Γ 的一个诱导子图。如果一个图没有同构于 P_4 的诱导子图, 则称该图为一个余图。在图论中, 既可以从结构上定义, 也可以在其被禁的诱导子图上定义一些重要图类, 例如完美图、余图、可弦图及分裂图等。Manna、Cameron 和 Mehatari[106] 研究了幂图为余图时所对应的这些有限群的结构, 并且探究了群的幂图、素图 (Prime graph) 以及 Grunberg-Kegel 图之间的关系。特别地, 他们证明了如果 G 是有限幂零群, 则 $\mathcal{P}(G)$ 是余图当且仅当 G 要么是一个 p-群, 要么是一个阶为 pq 的循环群, 其中 p,q 是不同的素数。最近, Cameron[24] 调查了定义在群上且以群中元素为顶点的各式各样图的研究内容并且提出了这个方向的若干个公开问题, 其中包括下面的问题。

问题 4.1.2 ([24, 问题 11]) 分类幂图为余图时所对应的有限群。

基于上面的问题, 本小节从群的元素、极大循环子群及元素的中心化子出发, 刻画了幂图为余图时所对应的有限群。本小节的主要结论是下面的两个定理。

定理 4.1.3 $\mathcal{P}(G)$ 是余图当且仅当 G 满足下面的两个条件:

(a) 对于任意的 $g \in G$, $o(g)$ 要么是一个素数幂, 要么是两个不同素数的乘积;

(b) 对于 G 中的某个阶为素数 p 的元 x, 如果存在一个极大循环子群 $M \in \mathcal{M}_x$ 使得 $|M| = pq$, 其中 $q \neq p$ 是一个素数, 那么 $\mathcal{M}_x = \{M\}$。

设 p 和 q 是两个不同的素数使得 $p^k \mid q-1$, 其中 k 是一个正整数。注意到循环群 $\mathbb{Z}_q$ 的自同构群是一个阶为 $q-1$ 的循环群, 因此 $\mathrm{Aut}(\mathbb{Z}_q)$ 有一个阶为 p^k 的元 x。于是可以用这个阶为 p^k 的自同构构造一个半直积:

$$\mathbb{Z}_q \rtimes_\varphi \mathbb{Z}_{p^k},$$

其中 φ 可以被看作 $\mathbb{Z}_{p^k} \cong \langle x \rangle$ 到 $\mathrm{Aut}(\mathbb{Z}_q)$ 的自然同态。现在根据定理 4.1.3 容易得到, 若 $G \cong (\mathbb{Z}_q \rtimes_\varphi \mathbb{Z}_{p^k}) \times \mathbb{Z}_p$, 则 $\mathcal{P}(G)$ 是一个余图。众所周知, 可以利用不同的方法构造半直积。显然, 根据预备知识中的式 (2.1.3) 可知, $Q_{4\times 13} \cong \mathbb{Z}_{13} \rtimes \mathbb{Z}_4$ 且 $4 \mid (13-1)$。因为 $Q_{4\times 13} \times \mathbb{Z}_2$ 有唯一的一个阶为 13 的循环子群, 但其包含两个阶

为 26 的循环子群，于是根据定理 4.1.3，可知 $\mathcal{P}(Q_{4\times 13} \times \mathbb{Z}_2)$ 不是余图。现在定义 $H_{p^{k+1},q}$ 是满足下面两个条件的群：$H_{p^{k+1},q} \cong (\mathbb{Z}_q \rtimes \mathbb{Z}_{p^k}) \times \mathbb{Z}_p$；$\mathcal{P}(H_{p^{k+1},q})$ 是余图。

定理 4.1.4　$\mathcal{P}(G)$ 是余图当且仅当对 G 的任一非单位元 x，$C_G(x)$ 必定满足下面的一个条件：

(a) $C_G(x)$ 是一个 p-群，其中 p 是一个素数；

(b) $C_G(x) \cong \mathbb{Z}_{pq}$，其中 p,q 是不同的素数；

(c) $C_G(x) \cong H_{p^{k+1},q}$。

将定理 4.1.4 应用到一个具有非平凡中心的群，可得下面的结论。

推论 4.1.4　令 G 是一个具有非平凡中心的群，则 $\mathcal{P}(G)$ 是余图当且仅当 G 同构于下面的某个群：

(1) p-群，其中 p 是素数；

(2) $\mathbb{Z}_{pq}$，其中 p,q 是不同的素数；

(3) $H_{p^{k+1},q}$，其中 $Z(G) \cong \mathbb{Z}_p$。

现在将推论 4.1.4 应用到幂零群，可以分类所有的幂零群使得它们的幂图是余图，这是由 Cameron 等[106] 得到的一个重要定理。

推论 4.1.5（[106, 定理 12]）　令 G 是一个幂零群，则 $\mathcal{P}(G)$ 是余图当且仅当 G 要么同构于 p-群，要么同构于 $\mathbb{Z}_{pq}$，其中 p,q 是不同的素数。

为了证明我们的主要结果，我们首先证明一些引理。

引理 4.1.7　若群 G 有两个元素 x,y 使得 $o(x)=p, o(y)=q$ 且 $xy=yx$，其中 p 和 q 是不同的素数，则

$$C_G(xy) = C_G(x) \cap C_G(y).$$

证明　注意到 $o(xy)=pq$，可知 $\langle x,y \rangle = \langle xy \rangle$。因为 $x,y \in \langle xy \rangle$，所以

$$C_G(xy) \subseteq C_G(x), \quad C_G(xy) \subseteq C_G(y),$$

即 $C_G(xy) \subseteq C_G(x) \cap C_G(y)$。另外，显然有

$$C_G(x) \cap C_G(y) \subseteq C_G(xy),$$

因此我们可知 $C_G(xy) = C_G(x) \cap C_G(y)$。　□

引理 4.1.8（[9, 定理 2.12]） $\mathcal{P}(G)$ 是完全图当且仅当 G 是一个素数幂阶的循环群。

对于 G 的任意一个子群 H，观察可知 $\mathcal{P}(H)$ 是 $\mathcal{P}(G)$ 的一个诱导子图，因此下面的结论成立。

注 4.1.3 $\mathcal{P}(G)$ 是一个余图当且仅当对于 G 的任意一个子群 H，$\mathcal{P}(H)$ 是余图。

下面的引理表明：如果 $\mathcal{P}(G)$ 是余图，则 G 的元素的阶要么是一个素数幂，要么是两个不同素数的乘积。

引理 4.1.9 若 G 有一个阶为 pqr 或 p^2q 的元素，其中 p,q,r 是两两不同的三个素数，则 $\mathcal{P}(G)$ 有一个同构于 P_4 的诱导子图。

证明 注意在循环群 $\mathbb{Z}$ 中，幂图 $\mathcal{P}(\mathbb{Z})$ 中的两个顶点 a 和 b 相邻当且仅当 $o(a) \mid o(b)$ 或 $o(b) \mid o(a)$。令 x 是 G 中的一个元素且 $o(x) = pqr$，其中 p,q,r 是两两不同的素数。于是容易验证

$$x^{qr} \sim x^r \sim x^{pr} \sim x^p$$

是一条同构于 P_4 的路且是 $\mathcal{P}(G)$ 的一个诱导子图。进一步，若 y 是 G 中的一个元素且 $o(y) = p^2q$，其中 p 和 q 是不同的素数，则

$$y^q \sim y^{pq} \sim y^p \sim y^{p^2}$$

是一条同构于 P_4 的路且是 $\mathcal{P}(G)$ 的一个诱导子图。 □

我们首先证明定理 4.1.3。

定理 4.1.3 的证明 首先证明必要性。现在假设 $\mathcal{P}(G)$ 是一个余图，于是根据余图定义可知 $\mathcal{P}(G)$ 没有同构于 P_4 的诱导子图。此外，根据引理 4.1.9，易知 G 没有阶为 pqr 或 p^2q 的元，其中 p,q,r 是两两不同的三个素数。因此，条件 (a) 成立。接下来证明条件 (b) 也成立。假设 x 是 G 的某个阶为素数 p 的元，且存在 $\langle y \rangle \in \mathcal{M}_x$ 使得 $o(y) = pq$，其中 p,q 是两个不同的素数。下面使用反证法证明 (b)。假设存在 $\langle z \rangle \in \mathcal{M}_x$ 使得 $\langle z \rangle \neq \langle y \rangle$。因为 $\langle x \rangle \notin \mathcal{M}_G$，所以 $\langle x \rangle \subset \langle z \rangle$。现在条件 (a) 蕴涵 $o(z) = p^k$ 或 pr，其中 $k \geqslant 2$ 且 r 是一个素数使得 $r \neq p$。注意

$y^p \notin \langle z \rangle$, 因为 $\langle z \rangle \neq \langle y \rangle$。于是 $\mathcal{P}(G)$ 有一个同构于 P_4 的诱导子图

$$z \sim x \sim y \sim y^p,$$

这矛盾于 $\mathcal{P}(G)$ 是一个余图。因此, 条件 (b) 成立。

接下来证明充分性, 假定对于有限群 G, 条件 (a) 和 (b) 均成立。利用反证法, 假设 $\mathcal{P}(G)$ 有一个同构于 P_4 的诱导子图 $a \sim b \sim c \sim d$。注意到 $\langle b \rangle \neq \langle c \rangle$ 且 b 和 c 在 $\mathcal{P}(G)$ 中是相邻的。易知 $o(b)$ 和 $o(c)$ 中的一个必定不是素数。根据条件 (a), 不失一般性, 设

$$o(b) = p^k \text{ 或 } pq, \quad k \geqslant 2,$$

其中 k 是一个正整数且 p, q 是两个不同的素数。

如果 $o(b) = p^k$, 因为在 $\mathcal{P}(G)$ 中 a 和 c 不是相邻的, 故 $\langle b \rangle \subseteq \langle a \rangle$ 且 $\langle b \rangle \subseteq \langle c \rangle$。此外, 由于在 $\mathcal{P}(G)$ 中 d 和 b 是非相邻的, 因此 $\langle d \rangle \subseteq \langle c \rangle$。现在结合条件 (a) 和 $k \geqslant 2$, 可知元素 c 的阶必定是素数 p 的一个方幂。考虑到引理 4.1.8, 可知在 $\mathcal{P}(G)$ 中 d 和 b 是相邻的, 这与 P_4 路 $a \sim b \sim c \sim d$ 矛盾。

现在设 b 的阶是 pq。因此, 条件 (a) 蕴涵 $a, c \in \langle b \rangle$ 且 $o(a)$ 和 $o(c)$ 都是素数。因此不失一般性, 可设 $o(a) = p$ 且 $o(c) = q$。现在由 $a \sim b \sim c \sim d$ 同构于诱导的 P_4 路, 可知 $\langle c \rangle \subset \langle d \rangle$。此外, 注意到 $\langle b \rangle$ 是包含元素 c 的一个极大循环子群, 于是根据条件 (b), 可得 $\langle b \rangle$ 是包含元素 c 的唯一一个极大循环子群。这意味着 $\langle d \rangle = \langle b \rangle$, 因此在 $\mathcal{P}(G)$ 中 d 和 b 是相邻的, 这与同构于 P_4 的路 $a \sim b \sim c \sim d$ 相矛盾。 □

为了证明我们的第二个定理, 我们继续证明下面几个引理。

引理 4.1.10 令 $\mathcal{P}(G)$ 是一个余图, 若 G 有两个元素 x, y 使得 $o(x) = p, o(y) = q$ 且 $xy = yx$, 其中 p 和 q 是两个不同的素数, 则

$$C_G(x) \subseteq N_G(\langle y \rangle), \quad C_G(y) \subseteq N_G(\langle x \rangle).$$

证明 注意到 $\langle x, y \rangle = \langle xy \rangle = \langle x \rangle \langle y \rangle$ 并且 $o(xy) = pq$, 于是 $x \in \langle xy \rangle$。通过定理 4.1.3 的条件 (a), 可知 $\langle xy \rangle$ 是 G 的一个极大循环子群。现在定理 4.1.3 的条件 (b) 意味着 $\langle xy \rangle$ 是包含素数阶元 x 的唯一的一个极大循环子群。现在取任意的 $w \in C_G(x)$, 有 $\langle xy \rangle^w = \langle x \rangle^w \langle y \rangle^w = \langle x \rangle \langle y \rangle^w$。因此 $\langle xy \rangle^w$ 是一个包含 x 的

阶为 pq 的循环子群, 于是

$$\langle x \rangle \langle y \rangle^w = \langle xy \rangle^w = \langle xy \rangle = \langle x \rangle \langle y \rangle.$$

因此 $\langle y \rangle^w = \langle y \rangle$, 故 $w \in N_G(\langle y \rangle)$, 即 $C_G(x) \subseteq N_G(\langle y \rangle)$。类似地, 我们可得 $C_G(y) \subseteq N_G(\langle x \rangle)$。 □

给定群 G, 令 p 是 G 的阶的某个素因子。本小节我们分别用 $\mathrm{Syl}_p(G)$ 和 $n_p(G)$ 表示 G 的所有 Sylow p-子群构成的集合及 G 的 Sylow p-子群的个数, 即 $n_p(G) = |\mathrm{Syl}_p(G)|$。

引理 4.1.11 令 $\mathcal{P}(G)$ 是一个余图。假设 G 有两个元素 x, y 使得 $o(x) = p, o(y) = q$ 且 $xy = yx$, 其中 p 和 q 是两个不同的素数, 则

$$C_G(x) = P\langle y \rangle, \quad C_G(y) = \langle x \rangle Q,$$

其中 $x \in P \in \mathrm{Syl}_p(C_G(x))$ 且 $y \in Q \in \mathrm{Syl}_q(C_G(y))$。特别地, $C_G(xy) = \langle xy \rangle$。

证明 如果 $r \notin \{p, q\}$ 是群 $C_G(x)$ 的阶的一个素因子, 取 $z \in C_G(x)$ 使得 $o(z) = r$, 则由定理 4.1.3 可知 $\langle xz \rangle$ 和 $\langle xy \rangle$ 是两个均包含素数阶元 x 的极大循环子群。然而 $\langle xy \rangle \neq \langle xz \rangle$, 这矛盾于定理 4.1.3 的条件 (b)。因此, $C_G(x)$ 是一个 $\{p, q\}$-群。在 $C_G(x)$ 中, 取 $P \in \mathrm{Syl}_p(C_G(x))$ 使得 $x \in P$, 且取 $Q' \in \mathrm{Syl}_p(C_G(x))$ 使得 $y \in Q'$。显然, $C_G(x) = PQ'$。注意 Q' 中的元素与 x 可以交换。因为定理 4.1.3 的条件 (a) 蕴涵 G 中不存在阶为 pq^2 的元素, 于是 Q' 中不存在阶为 q^2 的元。另外, 注意到定理 4.1.3 的条件 (b) 蕴涵着 Q' 中仅能存在一个阶为 q 的循环子群, 故 $Q' = \langle y \rangle$。因此 $C_G(x) = P\langle y \rangle$。通过类似的方法, 可知 $C_G(y) = \langle x \rangle Q$, 其中 Q 是包含 y 的 $C_G(y)$ 的一个 Sylow q-子群。

现在根据引理 4.1.7, 可知

$$C_G(xy) = C_G(x) \cap C_G(y) = P\langle y \rangle \cap \langle x \rangle Q = \langle x \rangle \langle y \rangle = \langle xy \rangle,$$

命题得证。 □

引理 4.1.12 假设 $\mathcal{P}(G)$ 是一个余图且 G 有两个元素 x, y 使得 $o(x) = p, o(y) = q$ 且 $xy = yx$, 其中 p 和 q 是两个不同的素数。若 $p \nmid (q-1)$, 则

$$\langle x \rangle \in \mathrm{Syl}_p(G), \quad C_G(x) = \langle xy \rangle.$$

证明 令 P 是 G 的一个 Sylow p-子群使得 $x \in P$, 则 $Z(P) \subseteq C_G(x)$。现在由引理 4.1.10 可知 $Z(P) \subseteq N_G(\langle y \rangle)$, 这意味着 $Z(P)\langle y \rangle$ 是 G 的一个 $\{p,q\}$-子群。令 $K = Z(P)\langle y \rangle$, 则根据 Sylow 定理, 容易知 $n_p(K) \equiv 1 \pmod{p}$ 且 $n_p(K) \mid |K|$, 于是 $n_p(K) \mid q$, 这意味着 $n_p(K) = 1$ 或 q。

如果 $n_p(K) = q$, 则由 $n_p(K) \equiv 1 \pmod{p}$ 可知 $p \mid (q-1)$, 矛盾于命题的假设。因此 $n_p(K) = 1$。注意到 $Z(P)$ 是 K 的一个 Sylow p-子群, 于是 $Z(P)$ 是 K 的一个正规子群。注意到 $Z(P) \subseteq N_G(\langle y \rangle)$, 于是 $\langle y \rangle$ 在 K 中是正规的, 这意味着 $K \cong Z(P) \times \langle y \rangle$。因此, $Z(P) \subseteq C_G(y)$。现在根据引理 4.1.7 和引理 4.1.11, 可知

$$Z(P) \subseteq C_G(y) \cap C_G(x) = C_G(xy) = \langle xy \rangle = \langle x \rangle \langle y \rangle。$$

因为 $Z(P) \neq \{e\}$ 且 $\langle x \rangle$ 是 $\langle xy \rangle$ 的唯一一个 p-子群, 所以 $Z(P) = \langle x \rangle$。此外, 由 $x \in Z(P)$ 可知 $P \subseteq C_G(x)$。现在引理 4.1.10 蕴涵 $P \subseteq N_G(\langle y \rangle)$。因此 $P\langle y \rangle$ 是 G 的一个 $\{p,q\}$-子群。令 $H = P\langle y \rangle$, 则根据 Sylow 定理可知 $n_p(H) = 1$ 或 q。类似于上面证明可知 $n_p(H) = 1$, 即 P 在 H 中是正规的且 $H = P \times \langle y \rangle$。因此, 根据引理 4.1.7 和引理 4.1.11, 可知

$$P \subseteq C_G(y) \cap C_G(x) = C_G(xy) = \langle xy \rangle,$$

即 $P = \langle x \rangle$。因此 $\langle x \rangle \in \mathrm{Syl}_p(G)$。此外, 根据引理 4.1.11, 我们可知

$$C_G(x) = P\langle y \rangle = \langle xy \rangle,$$

命题得证。 □

引理 4.1.13 设 $\mathcal{P}(G)$ 是一个余图并且 G 有两个元素 x, y 使得 $o(x) = p, o(y) = q$ 且 $xy = yx$, 其中 p 和 q 是不同的素数。如果对于某个正整数 k 有 $p^k \mid (q-1)$, 那么 $C_G(x)$ 必定满足下面的某个条件:

 I. $C_G(x) \cong H_{p^{k+1},q}$;
 II. $\langle x \rangle \in \mathrm{Syl}_p(G), C_G(x) = \langle xy \rangle$。

证明 取 $P \in \mathrm{Syl}_p(G)$ 使得 $x \in P$, 则 $Z(P) \subseteq C_G(x)$。于是引理 4.1.10 蕴涵 $Z(P) \subseteq N_G(\langle y \rangle)$。令 $K = Z(P)\langle y \rangle$, 则根据引理 4.1.12 的证明, 可知 $n_p(K) = 1$ 或 q。如果 $n_p(K) = 1$, 那么引理 4.1.12 的证明意味着 $Z(P) = \langle x \rangle$ 且 $P \subseteq N_G(\langle y \rangle)$。接下来考虑 $n_p(K) = q$, 注意到 $|Z(P) \cap Z(P)^y| > 1$。现在取 $w \in Z(P) \cap Z(P)^y$

使得 $w \neq e$, 则容易验证 $Z(P)^y \subseteq C_G(w)$。于是 $\langle Z(P), Z(P)^y \rangle \subseteq C_G(w)$。显然, $\langle Z(P), Z(P)^y \rangle \subseteq K$。另外, 由 $Z(P)^y \neq Z(P)$ 且 $|K| = |Z(P)|q$, 可知 $K = \langle Z(P), Z(P)^y \rangle$。于是 $K \subseteq C_G(w)$, 即 $w \in Z(K)$。现在定理 4.1.3 的条件 (a) 意味着 $o(w) = p$, 因此 $\langle w \rangle \langle y \rangle = \langle wy \rangle$ 是包含素数阶元 y 的极大循环子群。此外, 由于 $\langle xy \rangle$ 也是包含素数阶元 y 的极大循环子群, 因此, 根据定理 4.1.3 的条件 (b) 可知 $\langle w \rangle = \langle x \rangle$, 即 $x \in Z(P)$。于是引理 4.1.10 蕴涵 $P \subseteq N_G(\langle y \rangle)$。

现在无论 $n_p(K)$ 等于 1 还是等于 q, 都有 $P \subseteq N_G(\langle y \rangle)$。令 $H = P\langle y \rangle$, 则 H 是 G 的一个 $\{p, q\}$-子群。考虑到定理 4.1.3, 易知 $C_H(\langle y \rangle) = \langle x \rangle \langle y \rangle$。注意 $\langle y \rangle$ 在 H 中是正规的。因此, 根据 "N/C" 定理可知 $P/\langle x \rangle$ 同构于 $\mathbb{Z}_{q-1}$ 的一个子群。于是可以假设

$$P/\langle x \rangle = \langle w \langle x \rangle \rangle, \quad w \in P,$$

即 $P = \langle w \rangle \langle x \rangle$。因此, 对某个 $k \geqslant 0$ 可知 $w^{p^k} \in \langle x \rangle$, 进而有 $w^{p^{k+1}} = e$。于是如果 $w^{p^k} = e$, 那么 $P = \langle w \rangle \times \langle x \rangle$, 否则有 $P = \langle w \rangle$。注意 $P \subseteq C_G(x)$。现在, 我们根据引理 4.1.11, 可知 $C_G(x) = P\langle y \rangle$ 且 $\langle y \rangle$ 是 $C_G(x)$ 的正规子群。如果 $P = \langle w \rangle \times \langle x \rangle$, 则 $C_G(x) = (\langle y \rangle \rtimes \langle w \rangle) \times \langle x \rangle$。因此根据注 4.1.3 可知 $C_G(x) \cong H_{p^{k+1},q}$。如果 $P = \langle w \rangle$, 考虑到定理 4.1.3 中的条件 (b), 可知 $\langle w \rangle = \langle x \rangle$, 即 $\langle x \rangle = P$。于是 $\langle x \rangle \in \mathrm{Syl}_p(G)$ 且 $C_G(x) = \langle xy \rangle$。 □

接下来, 我们给出定理 4.1.4 的证明。

定理 4.1.4 的证明 首先证明必要性。假设 $\mathcal{P}(G)$ 是余图且 $x \in G$ 是一个非单位元, 则定理 4.1.3 蕴涵 $o(x) = p^m$ 或 pq, 其中 m 是正整数且 p, q 是不同的素数。如果 $o(x) = p^m$ 且 $m > 1$, 则根据定理 4.1.3, 不存在阶为 q 的元素使得该元素属于 $C_G(x)$, 其中 q 是不同于 p 的素数, 即 $C_G(x)$ 是一个 p-群。显然, 如果 $o(x) = p$, 则 $C_G(x)$ 要么是一个 p-群, 要么存在一个阶为 q 的元素 y 使得 $xy = yx$, 其中 q 是不同于 p 的素数。现在由引理 4.1.11、引理 4.1.12 和引理 4.1.13 可知必要性成立。

下面证明充分性。设对 G 的任一非单位元 x, $C_G(x)$ 满足该定理中的条件之一。注意 $\mathcal{P}(H_{p^{k+1},q})$ 是余图。考虑到定理 4.1.3 和 $o(x)$ 是 $|C_G(x)|$ 的一个因子, 可知对于任意的 $g \in G$, $o(g)$ 要么是一个素数幂, 要么是两个不同素数的乘积, 即定理 4.1.3 中的条件 (a) 成立。

现在假设 $a, b, c \in G$ 使得

$$o(a) = p, \quad o(b) = o(c) = q, \quad ab = ba, \quad ac = ca,$$

其中 p, q 是不同的素数。因此 $b, c \in C_G(a)$ 且 $a \in Z(C_G(a))$。考虑所有可能的情况，容易得到 $C_G(a)$ 的任一 Sylow q-子群具有阶 q, 此外也容易看出 $C_G(a)$ 的 Sylow q-子群是唯一的，即是正规的。于是 $\langle b \rangle = \langle c \rangle$, 这意味着

$$\langle a \rangle \langle b \rangle = \langle a \rangle \langle c \rangle = \langle ab \rangle = \langle a, b \rangle,$$

即包含 a 的阶为 pq 的极大循环子群仅有一个。下面证明不存在阶为 p^t 的极大循环子群包含 a, 其中 $t \geqslant 2$。通过反证法，假设 $\langle u \rangle \in \mathcal{M}_a$ 使得 $o(u) = p^t$, 其中 $t \geqslant 2$。于是 $\langle u \rangle \subseteq C_G(a)$ 且 $\langle b \rangle \subseteq C_G(a)$。现在根据假设条件，必定有 $C_G(a) \cong H_{p^{k+1},q}$, 即 $C_G(a) = (\langle b \rangle \rtimes \langle w \rangle) \times \langle a \rangle$, 其中 $o(w) = p^l, l \geqslant t$。然而，$u \in C_G(a)$ 且 $a \in \langle u \rangle$, 即 $a \in \langle w \rangle$, 矛盾于 $a \notin \langle w \rangle$。于是，对于 G 中的某个阶为素数 p 的元 a, 如果 $\langle ab \rangle \in \mathcal{M}_a$ 使得 $o(ab) = pq$, 那么 $\mathcal{M}_a = \{\langle ab \rangle\}$, 即定理 4.1.3 中的条件 (b) 成立。于是根据定理 4.1.3 可知 $\mathcal{P}(G)$ 是余图。 $\square$

推论 4.1.5 分类了所有的幂零群使得它们的幂图是余图，下面将给出幂图是余图的一些其他例子。注意二面体群 D_{2n} 是幂零的当且仅当 n 是 2 的方幂，且广义四元素群 Q_{4m} 是幂零的当且仅当 m 是 2 的方幂。

例 4.1.4 令 $n \geqslant 3$ 是正整数且 D_{2n} 是式 (2.1.2) 定义的二面体群，则 $\mathcal{P}(D_{2n})$ 是余图当且仅当

$$n = p^t \text{ 或 } pq,$$

其中 p, q 是不同的素数且 t 是正整数。

证明 根据定理 4.1.3 和式 (2.3.7), 可得必要性。接下来证明充分性。首先假设 $n = p^t$, 其中 p 是素数且 t 是正整数。如果 $p = 2$, 则根据推论 4.1.5 可知 $\mathcal{P}(D_{2n})$ 是余图。如果 $p \neq 2$, 则定理 4.1.4 和式 (2.3.8) 蕴涵 $\mathcal{P}(D_{2n})$ 是余图。最后假设 $n = pq$, 其中 p, q 是不同的素数。如果 p, q 都是奇素数，则根据定理 4.1.4 和式 (2.3.8), 可知 $\mathcal{P}(D_{2n})$ 是余图。如果 p, q 中有一个为 2, 不妨设 $p = 2$, 则定理 4.1.4 和式 (2.3.7) 蕴涵 $\mathcal{P}(D_{2n})$ 是余图。事实上，在这种情况下，$D_{2n} \cong (\mathbb{Z}_q \rtimes \mathbb{Z}_2) \times \mathbb{Z}_2$。 $\square$

4.1 被禁子图

注意 $Z(Q_{4m}) \neq \{e\}$, 且 Q_{4m} 中唯一的二阶元既包含在阶为 $2m$ 的循环子群中, 也包含在阶为 4 的循环子群中。因此, 根据式 (2.3.9)、定理 4.1.3 和定理 4.1.4, 下面的结论成立。

例 4.1.5 令 $m \geqslant 2$ 是正整数且 Q_{4m} 是式 (2.1.3) 中定义的广义四元素群, 则 $\mathcal{P}(Q_{4m})$ 是余图当且仅当 $m = 2^t$, 其中 q 是奇素数且 t 是正整数。

我们用 S_n 和 A_n 分别表示 n 次对称群和 n 次交错群。如果有限群的每一个非平凡元素的阶都是素数幂, 则称该群为一个 CP-群。例如, 交错群 A_4 是一个 CP-群。当然, 任何一个 p-群也是 CP-群, 其中 p 是素数。显然, 由定理 4.1.3 和定理 4.1.4 中的任何一个都能得到下面的结论。

例 4.1.6 令 G 是一个 CP-群, 则 $\mathcal{P}(G)$ 是余图。

显然, 如果 $n \geqslant 3, m \geqslant 4$, 那么 S_n 和 A_m 均是非幂零群。

例 4.1.7 下面的例子确定了哪些对称群和交错群的幂图是余图:
(1) $\mathcal{P}(S_n)$ 是余图当且仅当 $n \leqslant 5$;
(2) $\mathcal{P}(A_n)$ 是余图当且仅当 $n \leqslant 6$。

证明 (1) 观察元素的阶, 易得 S_3 和 S_4 都是 CP-群。因此, 根据例 4.1.6 可知 $\mathcal{P}(S_3)$ 和 $\mathcal{P}(S_4)$ 都是余图。注意在 S_5 中, 如果元素 x 的阶不是素数幂, 则可设 $x = (ijk)(lm)$, 其中 $\{i, j, k, l, m\} = \{1, 2, 3, 4, 5\}$。注意在 S_5 中, 不存在 9 阶元。易知 $\mathcal{M}_{(lm)} = \mathcal{M}_{(ijk)} = \{\langle x \rangle\}$。因此, 根据定理 4.1.3 可知 $\mathcal{P}(S_5)$ 是余图。现在注意在 $\mathbb{Z}_3 \times S_3$ 中存在一个三阶元属于两个不同的 6 阶极大循环子群。于是定理 4.1.3 蕴涵 $\mathcal{P}(\mathbb{Z}_3 \times S_3)$ 不是余图。因为 S_6 包含同构于 $\mathbb{Z}_3 \times S_3$ 的子群, 所以对于任意 $n \geqslant 6$, 根据注 4.1.3 可知 $\mathcal{P}(S_n)$ 不是余图。

(2) 对所有 $n \leqslant 6$, 容易验证 A_n 都是 CP-群。因此, 例 4.1.6 蕴涵着 $\mathcal{P}(A_n)$ 是余图, 其中 $n \leqslant 6$。另外, 注意 A_7 包含一个同构于 $\mathbb{Z}_3 \times A_4$ 的子群。在 $\mathbb{Z}_3 \times A_4$ 中, 若取 A_4 中的两个不同对合, 则这两个对合均可以跟 $\mathbb{Z}_3$ 的生成元生成 6 阶极大循环子群。于是在 $\mathbb{Z}_3 \times A_4$ 中, 存在一个三阶元属于两个不同的 6 阶极大循环子群。现在根据定理 4.1.3 可知 $\mathcal{P}(\mathbb{Z}_3 \times A_4)$ 不是余图。因此根据注 4.1.3 可知, 对于任意 $n \geqslant 7$, $\mathcal{P}(A_n)$ 不是余图。 □

4.2 度量维数

本节将得到计算群的增大幂图的度量维数的一个明确公式。作为应用, 我们将计算初等交换 p-群、二面体群和广义四元数群的增大幂图的度量维数。

设 G 是一个群, 为了给出计算群的增大幂图的度量维数的一个明确公式, 我们首先介绍 G 上的一个等价关系。对于 $x, y \in G$, 我们定义一个 G 上的关系如下:

$$x \equiv y \text{ 当且仅当在} \mathcal{P}_e(G) \text{ 中}, N[x] = N[y] \text{ 或者 } N(x) = N(y).$$

在一个图中, Hernando[85] 等定义了该关系。根据文献 [85] 中的引理 2.6, 容易看出 "$\equiv$" 是一个等价关系。我们记包含元素 $x \in G$ 的等价 $\equiv$-类为 $\overline{x}$, 且记 $\overline{G} = \{\overline{x} : x \in G\}$。本节的主要定理是下面的结果。

定理 4.2.1 令 G 是一个阶为 n 的群, 则 $\dim \mathcal{P}_e(G) = n - |\overline{G}|$。

4.2.1 预备引理

我们首先通过下面的规则在 G 上定义一个等价关系:

$$x \approx y \text{ 当且仅当在} \mathcal{P}_e(G) \text{ 中}, N[x] = N[y].$$

我们用 $[x]$ 表示包含元素 x 的等价类。下面的引理可直接由增大幂图的定义得到。

引理 4.2.1 令 G 是一个群且 $x \in G$, 则 $x^{-1} \in [x]$ 且 $[x]$ 是 $\mathcal{P}_e(G)$ 的一个团。

根据文献 [40] 中的引理 33, 增大幂图 $\mathcal{P}_e(G)$ 的一个极大团是 G 的一个循环子群。另外, $\mathcal{P}_e(G)$ 的被 G 的一个循环子群诱导的子图是一个团。因此, 我们有下面的引理。

引理 4.2.2 令 C 是非循环群 G 的一个子集, 则 C 是 $\mathcal{P}_e(G)$ 的一个极大团当且仅当 C 是 G 的一个极大循环子群。

根据上面的引理我们可知,如果 G 是循环的,则 $\mathcal{P}_e(G)$ 是一个完全图,于是对所有 $g \in G$, $[g] = G$。因此,下面我们将研究非循环群的增大幂图,我们总是假设 G 是一个非循环群。对于任意 $g \in G$,定义

$$\mathcal{M}_g := \{M \in \mathcal{M}_G : g \in M\}$$

且

$$\mathcal{C}(g) := \bigcap_{M \in \mathcal{M}_g} M \setminus \bigcup_{M \in \mathcal{M}_G \setminus \mathcal{M}_g} M。 \tag{4.2.1}$$

由于 $\mathcal{M}_e = \mathcal{M}_G$,故 $g \in \mathcal{C}(g)$ 且 $\mathcal{C}(e) = \bigcap_{M \in \mathcal{M}_G} M$。

命题 4.2.1 令 G 是一个非循环群且 $g \in G$,则 $[g] = \mathcal{C}(g)$。

证明 我们首先证明 $[g] \subseteq \mathcal{C}(g)$。令 $a \in [g]$,如果 $a = g$,则显然有 $a \in \mathcal{C}(g)$。因此,我们可以假设 $a \neq g$。令 $\langle x \rangle \in \mathcal{M}_g$,则 $x \in N[g] = N[a]$,于是 $\langle a, x \rangle$ 是循环的,这意味着 $a \in \langle x \rangle$。我们得到 $a \in \bigcap_{M \in \mathcal{M}_g} M$。根据反证法,假设存在 $\langle y \rangle \in \mathcal{M}_G \setminus \mathcal{M}_g$ 使得 $a \in \langle y \rangle$,则 $y \in N[a] = N[g]$,于是 $\langle y, g \rangle$ 是循环的。因为 $\langle y \rangle \in \mathcal{M}_G$ 意味着 $g \in \langle y \rangle$,则 $\langle y \rangle \in \mathcal{M}_g$,矛盾。于是 $a \notin \bigcup_{M \in \mathcal{M}_G \setminus \mathcal{M}_g} M$,故 $a \in \mathcal{C}(g)$。

我们接下来证明 $\mathcal{C}(g) = [g]$。令 $u \in \mathcal{C}(g)$,我们首先声明 $N[u] = \bigcup_{M \in \mathcal{M}_g} M$。根据式 (4.2.1),我们有 $\bigcup_{M \in \mathcal{M}_g} M \subseteq N[u]$。令 $v \in N[u]$,则 $\langle u, v \rangle$ 是循环的,因此对某个 $M \in \mathcal{M}_G$,有 $\langle u, v \rangle \subseteq M$。此外,根据式 (4.2.1),可知有 $M \in \mathcal{M}_g$ 使得 $v \in \bigcup_{M \in \mathcal{M}_g} M$。因为 $g \in \mathcal{C}(g)$,故 $N[u] = N[g]$,即 $u \in [g]$。 □

在 $\mathcal{P}_e(G)$ 中,如果 $N(x) = \{e\}$,因为 $x^{-1} \in N[x] = \{x, e\}$,则我们有 $x^{-1} = x$ 且 $\langle x \rangle \in \mathcal{M}_G$,这意味着 x 是 G 的一个极大对合。因此,对于一个群 G,在 $\mathcal{P}_e(G)$ 中有 $N(x) = \{e\}$ 当且仅当 x 是 G 的极大对合。

推论 4.2.1 设 G 是一个非循环群,则:

(i) 对每一个 $g \in G$, $[g] \subseteq \bigcap_{M \in \mathcal{M}_g} M$,此外,$[e] = \bigcap_{M \in \mathcal{M}_G} M$;

(ii) 如果 x 是 G 的一个极大对合,则 $[x] = \{x\}$。

证明 (i) 利用式 (4.2.1), 我们可知 $\mathcal{C}(e) = \bigcap_{M \in \mathcal{M}_G} M$ 且 $\mathcal{C}(g) \subseteq \bigcap_{M \in \mathcal{M}_g} M$. 因此, 根据命题 4.2.1, 需要的结论得证。

(ii) 因为 $\mathcal{M}_x = \{\langle x \rangle\}$, 通过命题 4.2.1 和式 (4.2.1), 我们有

$$[x] = \bigcap_{M \in \mathcal{M}_x} M \setminus \bigcup_{M \in \mathcal{M}_G \setminus \mathcal{M}_x} M = \langle x \rangle \setminus \{e\} = \{x\}. \qquad \square$$

引理 4.2.3 ([85, 引理 2.3]) 令 $u, v \in G$, 在 $\mathcal{P}_e(G)$ 中如果 $u \equiv v$, 则对任一 $x \in G \setminus \{u, v\}$, 我们有 $d(u, x) = d(v, x)$。

引理 4.2.4 令 G 是一个非循环群且令 x 和 y 是 G 的两个不同的元素, 则:
(i) $[x] \subseteq \overline{x}$;
(ii) $N(x) = N(y)$ 当且仅当 x 和 y 都是 G 的极大对合;
(iii) 每一个 $\equiv$-类都是一些 $\approx$-类的并。

证明 (i) 从 $\equiv$ 和 $\approx$ 的定义, 我们可立即得到该结论。

(ii) 如果 x 和 y 都是 G 的极大对合, 则 $N(x) = \{e\} = N(y)$。现在假设 $N(x) = N(y)$, 则 $\{x, y\} \notin E(\mathcal{P}_e(G))$, 因此 $o(x) \geqslant 2$ 且 $o(y) \geqslant 2$。如果 $o(x) \geqslant 3$, 则根据引理 4.2.1, 我们有 $x^{-1} \in N(x) = N(y)$。因此, $\langle x^{-1}, y \rangle$ 是循环的, 这意味着 $\langle x, y \rangle$ 是循环的, 于是 $\{x, y\} \in E(\mathcal{P}_e(G))$, 矛盾。于是我们可知 x 是一个对合。类似地, y 也是一个对合。如果存在 $w \in G$ 使得 $\langle x \rangle \lneq \langle w \rangle$, 因为 $w \in N(x) = N(y)$, 所以 $\langle y, w \rangle$ 是循环群且包含两个不同的对合 x 和 y, 矛盾。于是 x 是一个极大对合。类似地, 我们可以得到 y 也是一个极大对合。

(iii) 令 $y \in \overline{x}$, 根据 (i) 可知 $\overline{x} = \overline{y} \supseteq [y]$。因此, $\overline{x}$ 是一些 $\approx$-类的并。 $\qquad \square$

引理 4.2.5 令 G 是一个非循环群且 $x \in G$, 则 $\overline{x} = \{x\}$ 当且仅当下面的一个条件发生:

(a) $\bigcap_{M \in \mathcal{M}_G} M = \{x\}$ 且 $x = e$;

(b) x 是 G 的一个唯一的极大对合;

(c) x 是一个非极大对合且 $[x] = \{x\}$。

特别地, $\overline{x} = \{x\}$ 蕴涵 $[x] = \{x\}$ 且 $o(x) \leqslant 2$。

证明 我们首先证明如果条件 (a)~(c) 中的一个发生, 则 $\overline{x} = \{x\}$。假设 (a) 发生, 则 $x = e$。根据反证法, 假设存在 $y \in \overline{e}$ 使得 $y \neq e$。根据引

理 4.2.4 (ii), 因为 e 不是一个对合, 则我们有 $N(y) \neq N(e)$, 于是 $N[y] = N[e]$, 这意味着 $y \in [e]$。因此, 通过推论 4.2.1 (i), 我们有 $y \in \bigcap_{M \in \mathcal{M}_G} M$, 矛盾。

假设 (b) 发生, 则 $N[x] = \{e, x\}$。令 $z \in \overline{x}$, 如果 $N(z) = N(x)$, 则根据引理 4.2.4 (ii), 我们可知 z 是 G 的一个极大对合, 即 $z = x$。因此, 下面我们可以假设 $N[z] = N[x]$, 则 $z \in \{e, x\}$。现在不可能有 $z = e$; 否则, 因为 $N[e] = G$ 和 $N[x] = \{e, x\}$, 我们将推出 $|G| = 2$, 这矛盾于 G 是非循环的。

现在假设 (c) 发生, 则 $w \in \overline{x}$。这意味着我们不可能推出 $N(w) = N(x)$; 否则, 根据引理 4.2.4 (ii), 可知 x 是一个极大对合, 矛盾。因此, 我们可知 $N[w] = N[x]$, 于是根据命题 4.2.1, 我们可得 $w \in [x] = \mathcal{C}(x) = \{x\}$, 即 $w = x$。

我们接下来证明如果 $\overline{x} = \{x\}$, 则条件 (a)~(c) 中的一个将成立。令 $\overline{x} = \{x\}$, 则根据引理 4.2.4 (i), 我们也会得到 $[x] = \{x\}$, 因此根据命题 4.2.1, 可知 $\mathcal{C}(x) = \{x\}$。此外, 根据引理 4.2.1, 我们有 $x^{-1} = x$, 因此 $o(x) \leqslant 2$。如果 $x = e$, 根据引理 4.2.4 (i) 和推论 4.2.1 (i), 我们可知 $\bigcap_{M \in \mathcal{M}_G} M = \{x\}$, 于是 (a) 发生。

现在假设 $o(x) = 2$, 如果 x 是一个极大对合, 则它必定是唯一的。的确, 如果假设存在另一个极大对合 y, 则根据引理 4.2.4 (ii), 我们有 $\overline{y} = \overline{x} = \{x\}$, 于是 $y = x$, 矛盾。因此, (b) 成立。最后我们假设 x 不是一个极大对合。根据引理 4.2.4 (i) 和命题 4.2.1, 我们有

$$\{x\} \subseteq \mathcal{C}(x) \subseteq \overline{x} = \{x\}。$$

这意味着 $\{x\} = \mathcal{C}(x)$, 因此 (c) 发生。 □

命题 4.2.2 令 G 是一个非循环群, 则每一个 $\equiv$-类要么是一个 $\approx$-类, 要么是 G 的所有极大对合构成的集合。

证明 令 $\overline{x} \in \overline{G}$, 如果 $|\overline{x}| = 1$, 则根据引理 4.2.5, 可知 $\overline{x} = [x]$, 于是 $\overline{x}$ 是一个 $\approx$-类。现在假设 $|\overline{x}| \geqslant 2$。

首先假设存在 $y \in \overline{x}$ 使得 $N(x) = N(y)$, 则根据引理 4.2.4 (ii), x 和 y 都是 G 的极大对合。特别地, $N[x] = \{e, x\}$ 且 $N(x) = \{e\}$。如果存在 $z \in \overline{x} \setminus \{x\}$ 使得 $N[z] = N[x]$, 则 $N[z] = \{e, x\}$, 这意味着 $z = e$, 于是 $N[z] = N[e] = G = \{e, x\}$, 矛盾。因此, 如果 $z \in \overline{x} \setminus \{x\}$, 则通过引理 4.2.4 (ii), 我们必须有 $N(z) = N(x)$ 且 z 是一个极大对合。因此, 我们可知 $\overline{x}$ 恰好由所有极大对合构成。另外, 如果 z 是

一个极大对合, 则 $N(z) = \{e\} = N(x)$, 即 $z \in \overline{x}$.

接下来假设对每一个 $y \in \overline{x}$, 我们有 $N[x] = N[y]$. 因此对每一个 $y \in \overline{x}$, 我们有 $y \in [x]$, 于是 $\overline{x} \subseteq [x]$, 且根据引理 4.2.4 (i), 等号成立. □

推论 4.2.2 令 G 是一个非循环群且 $x, y \in G$ 使得它们不都是极大对合且 $\langle x \rangle, \langle y \rangle \in \mathcal{M}_G$, 如果 $\overline{x} = \overline{y}$, 则 $\langle x \rangle = \langle y \rangle$.

证明 因为 x, y 不都是极大对合, 从 $\overline{x} = \overline{y}$ 和命题 4.2.2, 我们可知 $[x] = [y]$. 因此, $N[x] = N[y]$, 于是 $y \in N[x]$ 使得 $\langle x, y \rangle$ 是一个包含极大循环子群 $\langle x \rangle$ 的循环子群. 进而, 我们有 $\langle x, y \rangle = \langle x \rangle$ 且 $y \in \langle x \rangle$. 于是 $\langle y \rangle \leqslant \langle x \rangle$ 且根据 $\langle y \rangle$ 的极大性, 我们有 $\langle x \rangle = \langle y \rangle$. □

引理 4.2.6 令 G 是一个群, 则

(i) $\overline{e} = [e] = \bigcap_{M \in \mathcal{M}_G} M$;

(ii) $|\overline{G}| = 1$ 当且仅当 G 是循环的;

(iii) $|\overline{G}| = 2$ 当且仅当对某一整数 $n \geqslant 2$, $G \cong \mathbb{Z}_2^n$.

证明 (i) 如果 G 是循环群, 则 $\mathcal{M}_G = \{G\}$ 且 $[e] = G = \overline{e}$. 如果 G 不是循环群, 因为 e 不是一个对合, 则从命题 4.2.2 和推论 4.2.1 可得期望的结果.

(ii) 充分性显然成立, 下面证明必要性. 现在假设 $|\overline{G}| = 1$, 则根据 (i), 我们可知 $G = \overline{e} = \bigcap_{M \in \mathcal{M}_G} M$. 于是 $\mathcal{M}_G = \{G\}$ 且 G 是循环的.

(iii) 对某个 $n \geqslant 2$, 令 $G = \mathbb{Z}_2^n$, 则 $G \setminus \{e\}$ 中的每一个元素均是一个极大对合, 因此通过命题 4.2.2, 我们有 $\overline{G} = \{\{e\}, G \setminus \{e\}\}$, 即 $|\overline{G}| = 2$. 对于逆命题, 假设 $|\overline{G}| = 2$. 根据反证法, 假设存在元素 $x \in G$ 使得 $o(x) \geqslant 3$. 令 $\langle g \rangle \in \mathcal{M}_x$ 且 $\langle y \rangle \in \mathcal{M}_G \setminus \{\langle g \rangle\}$. 因为 G 是非循环的, 所以子群 $\langle y \rangle$ 存在. 于是 g 不是一个对合且 $\langle g \rangle \neq \langle y \rangle$. 现在我们不可能得到 $\overline{g} = \overline{y}$; 否则, 根据推论 4.2.2, 我们将得到 $\langle g \rangle = \langle y \rangle$. 现在假设 $\overline{g} = \overline{e}$, 因为 e 和 g 不是对合, 通过命题 4.2.2, 我们有 $[g] = [e]$. 于是 $N[g] = N[e]$, 但是显然 $N[e] = G$ 使得 $N[g] = G$. 特别地, $y \in N[g]$, 因此 $\langle y, g \rangle$ 是包含极大循环子群 $\langle g \rangle$ 的循环子群. 于是, 我们可知 $y \in \langle g \rangle$, 故 $\langle y \rangle \leqslant \langle g \rangle$. 但是 $\langle y \rangle$ 也是一个极大循环子群, 所以 $\langle y \rangle = \langle g \rangle$, 矛盾. 于是我们可知 $\overline{g} \neq \overline{e}$. 类似地, 我们也能得到 $\overline{y} \neq \overline{e}$. 我们可以得到 $\overline{g}$、$\overline{y}$ 和 $\overline{e}$ 是成对不同的, 这矛盾于 $|\overline{G}| = 2$. 于是, G 的每一个元素的阶最多为 2, 故 G 是一个初等交换 2-群. □

4.2 度量维数

引理 4.2.7 令 G 是一个群, 满足 $|\overline{G}| \geqslant 3$, 则存在两个大小至少为 2 的不同的 $\equiv$-类。

证明 根据引理 4.2.6, G 不是循环的, 使得 $|\mathcal{M}_G| \geqslant 2$。此外, 存在 $\langle x \rangle \in \mathcal{M}_G$ 使得 $o(x) \geqslant 3$。根据引理 4.2.1, $|\overline{x}| \geqslant 2$。令 $\langle y \rangle \in \mathcal{M}_G \setminus \{\langle x \rangle\}$。首先假设 $o(y) \geqslant 3$, 我们不可能推出 $\overline{x} = \overline{y}$; 否则, 根据推论 4.2.2, 我们将有 $\langle x \rangle = \langle y \rangle$, 矛盾。于是 $\overline{x} \neq \overline{y}$ 且 $|\overline{y}| \geqslant 2$。对所有 $\langle y \rangle \in \mathcal{M}_G \setminus \{\langle x \rangle\}$, 接下来假设 $o(y) = 2$。特别地, $|G|$ 是偶数。我们将证明 G 中的每一个不包含在 $\langle x \rangle$ 中的对合是极大的。令 $u \notin \langle x \rangle$ 是 G 的一个对合且令 $\langle w \rangle \in \mathcal{M}_G$ 使得 $\langle u \rangle \leqslant \langle w \rangle$。由于 $u \notin \langle x \rangle$, 因此我们有 $\langle w \rangle \neq \langle x \rangle$, 故 $\langle w \rangle \in \mathcal{M}_G \setminus \{\langle x \rangle\}$。于是 $o(w) = 2$, 即 $\langle w \rangle = \langle u \rangle$。

根据反证法, 假设 G 有一个唯一的对合 y, 则 y 属于 G 的中心。如果 $o(x)$ 是奇数, 则 $\langle x, y \rangle$ 是循环的, 这矛盾于 $\langle x \rangle$ 的极大性。于是我们可得 $o(x)$ 是偶数。因为 $y \notin \langle x \rangle$, 所以 G 有另一个对合属于 $\langle x \rangle$, 矛盾。

现在回忆一个偶数阶的有限群具有奇数个对合, 于是 G 至少有 3 个对合。因此, 存在不同的对合 $y, z \in G$ 使得 $y, z \notin \langle x \rangle$。像之前证明的那样, 我们可知 y 和 z 均是极大的, 则根据引理 4.2.4 (ii), 我们可知 $y \in \overline{z}$, 于是 $|\overline{z}| \geqslant 2$。因为 x 不是极大对合, 所以 $\overline{x} \neq \overline{z}$。 □

引理 4.2.8 令 G 是一个群, 满足 $|\overline{G}| \geqslant 3$, 对于 $\overline{G}$ 中的每两个不同的等价类, 存在 $M \in \mathcal{M}_G$ 使得它们当中的一个包含于 M, 且另外一个与 M 的交为空集。

证明 令 $\overline{a}, \overline{b} \in \overline{G}$ 满足 $\overline{a} \neq \overline{b}$, 假设 $\overline{a}, \overline{b}$ 中的某一个包含一个极大对合。不失一般性, 假设 $\overline{a}$ 包含一个极大对合, 则根据命题 4.2.2, 可知 $\overline{a}$ 由 G 的所有对合构成, 然而在 $\mathcal{P}_e(G)$ 中, $\overline{b} = [b]$ 是一个团, 于是 b 不是一个极大对合。现在根据推论 4.2.1(i), 存在 $M' \in \mathcal{M}_G$ 使得 $\overline{b} \subseteq M'$。因为 $|\overline{G}| \geqslant 3$, 通过引理 4.2.6, 我们可知 G 有一个阶至少为 3 的极大循环子群 M''。如果 M' 有阶 2, 则 $b = e$。因此根据引理 4.2.6 (i), 我们可得

$$\overline{b} = \overline{e} = \bigcap_{M \in \mathcal{M}_G} M \subseteq M'',$$

且由于 $|M''| \geqslant 3$, 我们有 $\overline{a} \cap M'' = \varnothing$, 故 M'' 是需要的极大循环子群。如果 M' 的阶至少为 3, 则 $\overline{a} \cap M' = \varnothing$, 因此 M' 是需要的极大循环子群。

我们接下来证明 $\bar{a}$ 和 $\bar{b}$ 不包含极大对合。由命题 4.2.2，我们可知 $\bar{a} = [a]$ 且 $\bar{b} = [b]$。因此，根据命题 4.2.1，$\bar{a} = \mathcal{C}(a)$ 且 $\bar{b} = \mathcal{C}(b)$。因为 $\bar{a} \neq \bar{b}$，回忆定义 (4.2.1)，所以 $\mathcal{M}_a \neq \mathcal{M}_b$。因此，我们可以假设存在 $M \in \mathcal{M}_a$ 使得 $M \notin \mathcal{M}_b$。于是 $\bar{a} \subseteq M$ 且 $\bar{b} \cap M = \varnothing$。 □

对于 $x, y \in G$ 满足 $x \neq y$，令

$$R\{x,y\} = \{z \in G : d(x,z) \neq d(y,z)\}$$

是在 $\mathcal{P}_e(G)$ 中可解 x 和 y 的顶点构成的集合。注意当 G 是循环群时，$\mathcal{P}_e(G)$ 的直径是 1。如果 G 是非循环的，则因为 e 与其他任意一个顶点均相邻，可知 $\mathcal{P}_e(G)$ 的直径是 2。

命题 4.2.3 令 G 是一个满足 $|\overline{G}| = r \geqslant 3$ 的群且令 $x_1, \cdots, x_r \in G$ 是 G 的所有等价 $\equiv$-类的代表元构成的一个系统，则

$$S = G \setminus \{x_1, \cdots, x_r\}$$

是 $\mathcal{P}_e(G)$ 的一个可解集。

证明 首先根据引理 4.2.6 (ii)，我们可知 G 是非循环的。现在通过引理 4.2.7，我们有 $|S| \geqslant 2$。此外，注意 $x_i \neq x_j$，其中 $i \neq j \in \{1, \cdots, r\}$。利用文献 [85] 中的引理 2.1，我们只需要证明存在一个属于 S 的元素使得它能可解 $\{x_1, \cdots, x_r\}$ 中的每一对顶点即可。现在令 a 和 b 是 $\{x_1, \cdots, x_r\}$ 的两个不同的元素，对某个 $s \in S$，我们将证明 $s \in R\{a,b\}$。显然，我们有 $\bar{a} \neq \bar{b}$。根据引理 4.2.8，我们可以假设存在 $\langle w \rangle \in \mathcal{M}_G$ 使得

$$\bar{a} \subseteq \langle w \rangle, \quad \bar{b} \cap \langle w \rangle = \varnothing. \tag{4.2.2}$$

下面我们分两种情况证明。

情况 1 $|\bar{a}| \geqslant 2$。

如果 $|\langle w \rangle| = 2$，则根据式 (4.2.2)，$\bar{a} = \langle w \rangle = \{e, w\}$，鉴于命题 4.2.2，因为 w 是极大对合，然而 e 不是，矛盾。因此，我们可知 $o(w) \geqslant 3$，于是根据引理 4.4.5，可知

$$\bar{w} = [w] \supseteq \{w, w^{-1}\}, \quad w^{-1} \neq w.$$

现在根据 S 的定义，我们可知 w 和 w^{-1} 中至少有一个必须属于 S。假设 $w \in S$，则 $\langle w, b \rangle$ 不是循环群；否则，我们将得到 $b \in \langle w \rangle$，这矛盾于式 (4.2.2)。因此，$d(w, b) \geqslant 2$。此外，由于 G 不是循环群，故 $\mathcal{P}_e(G)$ 的直径是 2，因此 $d(w, b) = 2$。由 $d(w, a) = 1$，我们可得 $w \in R\{a, b\}$。类似地，如果 $w^{-1} \in S$，则 $w^{-1} \in R\{a, b\}$。

情况 2 $|\overline{a}| = 1$。

根据引理 4.2.5，我们需要考虑三种子情况。

子情况 2.1 引理 4.2.5 的 (a) 发生。

在这种情况下，有 $a = e$ 且 $\bigcap_{M \in \mathcal{M}_G} M = \{e\}$，因此 $b \neq e$。假设 G 有一个极大循环子群 $\langle u \rangle$ 满足 $o(u) \geqslant 3$ 且 $b \notin \langle u \rangle$，则 $\{u, u^{-1}\} \subseteq \mathcal{C}(u) = \overline{u}$。现在根据 S 的定义，我们可知 u 和 u^{-1} 中至少有一个属于 S。假设 $u \in S$，则因为 $b \notin \langle u \rangle$，我们可知 $d(b, u) \geqslant 2$。由于 $\mathcal{P}_e(G)$ 的直径是 2，因此 $d(b, u) = 2$。此外，显然，我们有 $d(a, u) = 1$，即 $u \in R\{a, b\}$。类似地，如果 $u^{-1} \in S$，则 $u^{-1} \in R\{a, b\}$。现在假设每一个 $M \in \mathcal{M}_G$ 都满足 $b \notin M$，我们有 $|M| \leqslant 2$，特别地，则有 $o(w) \leqslant 2$。但是由于 $G \neq 1$，因此 $\langle e \rangle = \{e\}$ 不是极大的。于是 $o(w) = 2$，即 w 是一个对合。

根据反证法，假设 $|\overline{w}| = 1$，则根据引理 4.2.5，可知 w 是 G 唯一的极大对合。现在 $\overline{b} \cap \langle w \rangle = \varnothing$ 和 $b \neq e$ 蕴涵 $bw \neq e$ 和 $bw \neq w$，于是 $bw \notin \langle w \rangle$。故存在 $M' \in \mathcal{M}_G \setminus \{\langle w \rangle\}$ 使得 $bw \in M'$。因为 w 是 G 唯一的极大对合，所以我们可知 $|M'| \geqslant 3$，于是 $b \in M'$。这意味着 $w \in M'$，矛盾于 $\langle w \rangle \in \mathcal{M}_G$。

综上，我们可得 $|\overline{w}| \geqslant 2$。根据命题 4.2.2，我们可得 G 有一个极大对合 v 满足 $v \neq w$ 和 $v \in \overline{w}$。现在根据 S 的定义，我们可知 S 至少包含 v 和 w 中的一个元素。假设 $v \in S$，如果 $\langle b, v \rangle$ 是循环的，则 $\langle b, v \rangle = \langle v \rangle$，于是 $b = e$ 或者 $b = v \in \overline{b} \cap \overline{w}$，矛盾。我们可得 $d(b, v) = 2$。现在 $d(a, v) = 1$ 蕴涵 $v \in R\{a, b\}$。类似地，如果 $w \in S$，则 $w \in R\{a, b\}$。

子情况 2.2 引理 4.2.5 的 (b) 发生。

在这种情况下，a 是 G 唯一的极大对合。由 $\overline{a} = \{a\} \subseteq \langle w \rangle$，我们可知 $w = a$。首先假设 $|\overline{b}| \geqslant 2$，取 $b' \in \overline{b} \setminus \{b\}$，则显然有 $b' \in S$。因为 b 不是极大对合，根据命题 4.2.2 和引理 4.2.4，我们有 $N[b] = N[b']$，于是 $d(b, b') = 1$。此外，如果

$\langle a, b' \rangle = \langle w, b' \rangle$ 是循环的, 则 $\langle w, b' \rangle = \langle w \rangle$, 于是 $b' \in \langle w \rangle$, 这矛盾于式 (4.2.2)。于是 $d(a, b') = 2$, 即 $b' \in R\{a, b\}$。

接下来假设 $|\overline{b}| = 1$, 因为 $b \neq a$, 我们可知 b 不是极大对合。令 $\langle x \rangle \in \mathcal{M}_b$, 则 $o(x) \geqslant 3$ 且 $\{x^{-1}, x\} \subseteq \overline{x}$。现在根据 S 的定义, 我们可知 x 和 x^{-1} 中至少有一个属于 S。假设 $x \in S$, 注意 $d(b, x) = 1$, 我们不能推导出 $\langle x, w \rangle$ 是循环的; 否则, 我们有 $\langle x, w \rangle = \langle w \rangle$, 因此 $o(x) \leqslant 2$, 这将矛盾于 $o(x) \geqslant 3$。于是 $d(a, x) = 2$ 且 $x \in R\{a, b\}$。类似地, 如果 $x^{-1} \in S$, 则有 $x^{-1} \in R\{a, b\}$。

子情况 2.3 引理 4.2.5 的 (c) 发生。

在这种情况下, a 不是一个极大对合。这种情况下, 我们不能推出 $o(w) = 2$; 否则, 由于 $a \neq e$ 和 $\overline{a} \subseteq \langle w \rangle$, 我们将推出 $a = w$ 的极大对合, 矛盾。于是 w 的阶至少为 3, 因此 $\{w, w^{-1}\} \subseteq \overline{w}$。故 w 和 w^{-1} 中至少有一个属于 S。假设 $w \in S$, 则我们不能推出 $\langle b, w \rangle$ 是循环的; 否则, 我们将得到 $b \in \langle b, w \rangle = \langle w \rangle$, 这矛盾于 $\overline{b} \cap \langle w \rangle = \varnothing$。于是 $d(b, w) = 2$。因为 $d(a, w) = 1$, 所以 $w \in R\{a, b\}$。类似地, 如果 $w^{-1} \in S$, 则有 $w^{-1} \in R\{a, b\}$。 $\square$

4.2.2 主要结果的证明

定理 4.2.1 的证明 我们首先假设 $|\overline{G}| = 1$, 则根据引理 4.2.6, G 是循环群, 于是 $\mathcal{P}_e(G)$ 是完全图。现在由文献 [95] 中的定理 3 可知 $\dim \mathcal{P}_e(G) = n - 1$。接下来我们假设 $|\overline{G}| = 2$, 根据引理 4.2.6 可知对某个正整数 $m \geqslant 2$, $G \cong \mathbb{Z}_2^m$。于是 $\mathcal{P}_e(G)$ 是一个星图, 根据文献 [95] 中的定理 4 可知 $\dim \mathcal{P}_e(G) = n - 2$。

最后我们假设 $|\overline{G}| \geqslant 3$, 于是由引理 4.2.7 可知 $n - |\overline{G}| \geqslant 2$。设 S 是 $\mathcal{P}_e(G)$ 的一个大小为 $\dim \mathcal{P}_e(G)$ 的可解集。通过反证法, 假设 $|S| < n - |\overline{G}|$, 则在某个 $\equiv$-类中, 存在两个不同的元素 x, y 使得 $\{x, y\} \cap S = \varnothing$。因为 $\overline{x} = \overline{y}$, 则根据引理 4.2.3, 对每一个 $s \in S$, 我们有 $d(x, s) = d(y, s)$。于是 S 中没有元素能可解 x 和 y, 矛盾。因此, 我们有 $\dim \mathcal{P}_e(G) \geqslant n - |\overline{G}|$。另外, 根据命题 4.2.3, $\mathcal{P}_e(G)$ 有一个大小为 $n - |\overline{G}|$ 的可解集。因此, $\dim \mathcal{P}_e(G) = n - |\overline{G}|$。 $\square$

令 $k \geqslant 2$ 是一个整数且 p 是一个素数, 则根据引理 4.2.6, 我们有 $|\overline{\mathbb{Z}_2^k}| = 2$。注意 $\mathbb{Z}_p^k$ 的两个不同的极大循环子群有平凡交。因此, 对任一非平凡元素 $g \in \mathbb{Z}_p^k$,

有 $C(g) = \langle g \rangle \setminus \{e\}$。于是，根据命题 4.2.2, 对每一素数 p, 我们能推导出

$$|\overline{\mathbb{Z}_p^k}| = \frac{p^k-1}{p-1} + 1。$$

此外，结合式 (2.1.5)、式 (2.1.8) 及命题 4.2.1 和命题 4.2.2, 可知

$$\overline{D}_{2n} = \{\{e\}, \{ab, a^2b, \cdots, a^nb\}, \langle a \rangle \setminus \{e\}\},$$

$$\overline{Q}_{4m} = \{\{xy, (xy)^{-1}\}, \{x^2y, (x^2y)^{-1}\}, \cdots, \{x^my, (x^my)^{-1}\}, \{e, x^m\}, \langle x \rangle \setminus \{e, x^m\}\}。$$

应用定理 4.2.1, 我们可得下面的例子。

例 4.2.1 根据本节的主要定理，我们有下面的结论。

(i) 令 $k \geqslant 2$ 且 p 是一个素数，则

$$\dim \mathcal{G}_e(\mathbb{Z}_p^k) = \begin{cases} 2^k - 2, & \text{如果 } p = 2; \\ p^k - \dfrac{p^k + p - 2}{p - 1}, & \text{其他。} \end{cases}$$

(ii) $\dim \mathcal{G}_e(D_{2n}) = 2n - 3$。

(iii) $\dim \mathcal{G}_e(Q_{4m}) = 3m - 2$。

在图 Γ 中，如果存在一个顶点 v 使得 $N[v] = V(\Gamma)$, 则 v 被称为图 Γ 的一个控制点。显然，对于任一群 G, e 是 $\mathcal{P}_e(G)$ 的一个控制点。Bera 和 Bhuniya[107] 介绍了可控的增大幂图，它是指拥有除了 e 以外的其他控制点的增大幂图。他们刻画了增大幂图是可控的所有有限交换群和非交换 p-群。文献 [107] 提出了下面的问题。

问题 4.2.1 ([107]) 刻画增大幂图是可控的所有有限非交换群。

对于 $x \in G$, x 在 G 中的循环化子[108] 被记作 $\mathrm{Cyc}(x)$ 且被定义为

$$\mathrm{Cyc}(x) := \{y \in G : \langle x, y \rangle \text{ 是循环的}\}。$$

回忆一下，群 G 的周期[105] 被记作 $K(G)$, 被定义为

$$K(G) := \bigcap_{x \in G} \mathrm{Cyc}(x)。 \tag{4.2.3}$$

根据文献 [105] 中的定理 2，我们可知

$$K(G) = \bigcap_{M \in \mathcal{M}_G} M 。 \tag{4.2.4}$$

特别地，$K(G)$ 是 G 的正规子群。Baishya[109] 分类了满足 $K(G) = 1$ 的一类有限群。

定理 4.2.2 令 G 是一个群，则 $\mathcal{P}_e(G)$ 是可控的当且仅当 $K(G)$ 是非平凡的。

证明 假设 $\mathcal{P}_e(G)$ 是可控的，则存在 $x \in G \setminus \{e\}$ 使得在 $\mathcal{P}_e(G)$ 中有 $N[x] = G$。因此，我们可得 $x \in \bar{e}$。根据引理 4.2.6(i) 和式 (4.2.4)，我们有

$$\bar{e} = \bigcap_{M \in \mathcal{M}_G} M = K(G) 。$$

因为 $|\bar{e}| \geqslant 2$，所以 $K(G)$ 是非平凡的。

反之，假设 $K(G)$ 是非平凡的，令 $y \in K(G) \setminus \{e\}$，则对任一 $g \in G \setminus \{y\}$，根据式 (4.2.3)，我们有 $y \in \mathrm{Cyc}(g)$。因此，$\langle g, y \rangle$ 是循环的，故在 $\mathcal{P}_e(G)$ 中，y 和 g 是相邻的。于是 y 是 $\mathcal{P}_e(G)$ 的一个可控点，故 $\mathcal{P}_e(G)$ 是可控的。□

根据定理 4.2.2，下面的推论是显然的。

推论 4.2.3 ([107, 定理 3.4]) 令 G 是一个非交换单群，则 $\mathcal{P}_e(G)$ 是不可控的。

利用引理 2.1.1，我们能刻画增大幂图是可控的所有幂零群，这推广了文献 [107] 中的定理 3.2 和定理 3.3。

命题 4.2.4 令 G 是一个幂零群，则 $\mathcal{P}_e(G)$ 是可控的当且仅当

$$G \cong Q_{4 \cdot 2^n} \times H \text{ 或 } \mathbb{Z}_{p^n} \times K, \tag{4.2.5}$$

其中 $n \geqslant 1$，p 是素数且 H 和 K 都是幂零群，满足 $2 \nmid |H|$ 且 $p \nmid |K|$。

证明 我们首先证明必要性，假设 $\mathcal{P}_e(G)$ 是可控的。令 $x \in G \setminus \{e\}$ 满足 $N[x] = G$，则 $x \in \bar{e}$。令 p 是 $o(x)$ 的一个素因子且令 $y \in G$ 满足 $o(y) = p$，如果 $y \notin \langle x \rangle$，因为 $y \in N[x]$，我们可知 $\langle x, y \rangle$ 是循环的，因此 $\langle x, y \rangle$ 有两个不同的 p 阶

子群, 矛盾。于是 G 有一个唯一的阶为 p 的子群。现在令 P 是 G 的唯一的 Sylow p-子群。根据引理 2.1.1, P 要么是循环的, 要么是广义四元数群。因为 G 是幂零的, 所以式 (4.2.5) 成立。

我们接下来证明充分性, 假设对某个素数 p 和某些幂零群 H 及 K 满足 $2 \nmid |H|$ 且 $p \nmid |K|$, $G \in \{Q_{4 \cdot 2^n} \times H, \mathbb{Z}_{p^n} \times K\}$, 如果 $G = Q_{4 \cdot 2^n} \times H$, 则 G 有一个唯一的 2 阶子群。如果 $G = \mathbb{Z}_{p^n} \times K$, 则 G 有一个唯一的 p 阶子群。因此, G 有一个唯一的阶为 2 或 p 的子群, 设为 Q。因为 G 是幂零的, 所以 Q 包含于 G 的每一个极大循环子群中。现在由式 (4.2.4) 可知 $Q \subseteq K(G)$, 于是 $K(G)$ 是非平凡的。因此, 通过定理 4.2.2, 我们可知 $\mathcal{P}_e(G)$ 是可控的。 $\square$

命题 4.2.4 蕴涵下面的结果。

推论 4.2.4 ([107, 定理 3.3])　令 G 是一个 p-群, 则 $\mathcal{P}_e(G)$ 是可控的当且仅当 G 是循环群或广义四元数群。

容易验证

$$\bigcap_{M \in \mathcal{M}_{D_{2n}}} M = \{e\}, \quad \bigcap_{M \in \mathcal{M}_{Q_{4m}}} M \cong \mathbb{Z}_2,$$

于是, 根据式 (4.2.4) 和定理 4.2.2, 我们有下面的推论。

推论 4.2.5　对于 $n \geqslant 3$, $\mathcal{P}_e(D_{2n})$ 是非可控的; 对于 $m \geqslant 2$, $\mathcal{P}_e(Q_{4m})$ 是可控的。

4.3　强度量维数

Panda 等[110] 计算了几类特殊群的增大幂图的强度量维数, 比如二面体群和半二面体群。本节我们将完整刻画群的增大幂图的强度量维数。作为应用, 我们也将计算几类特殊群的增大幂图的强度量维数。

设 G 是群, 对任意的 $g \in G$, 我们定义

$$[g] := \{x \in G : \langle x \rangle = \langle g \rangle\},$$

$$\mathcal{M}_g := \{M \in \mathcal{M}_G : g \in M\}$$

以及
$$\mathcal{C}(g) := \bigcap_{M \in \mathcal{M}_g} M \setminus \bigcup_{M \in \mathcal{M}_G \setminus \mathcal{M}_g} M, \tag{4.3.1}$$

其中 $\mathcal{M}_G$ 表示 G 的所有极大循环子群构成的集合 (即 $|\mathcal{M}_G| = 1$ 当且仅当 G 是循环的)。注意到因为 $\mathcal{M}_e = \mathcal{M}_G$，所以 $g \in \mathcal{C}(g)$ 和 $\mathcal{C}(e) = \bigcap_{M \in \mathcal{M}_G} M$ 成立。

设 $x, y \in G$，定义二元关系 $x \equiv y$ 当且仅当在图 $\mathcal{P}_e(G)$ 中 $N[x] = N[y]$。前文表明 $x \equiv y$ 是 G 上的等价关系。我们把包含元素 $x \in G$ 的等价类用符号 $\overline{x}$ 表示，并设 $\overline{G} = \{\overline{x} : x \in G\}$。

文献 [34] 中的结果表明 $\mathcal{P}_e(G)$ 是完全图当且仅当 G 是循环群。又因为 $\mathcal{M}_G = \{G\}$ 当且仅当 G 是循环群，所以如果 G 是循环群，那么对任意的 $g \in G$ 有 $\overline{g} = \mathcal{C}(g) = G$。现在根据文献 [111] 中的结果，我们有下面的结论，这刻画了等价类 $\equiv$。

引理 4.3.1 对任意的 $g \in G$，有 $\overline{g} = \mathcal{C}(g)$。特别地，$[g] \subseteq \overline{g}$。

引理 4.3.2 $\mathcal{R}_{\mathcal{P}_e(G)}$ 的极大团是 G 的某个极大循环子群的子集。

证明 根据 $\mathcal{R}_{\mathcal{P}_e(G)}$ 的定义，可以看出 $\mathcal{R}_{\mathcal{P}_e(G)}$ 中的极大团也是 $\mathcal{P}_e(G)$ 的团。根据文献 [40] 中的结果，增大幂图中的极大团是循环子群，因此 $\mathcal{R}_{\mathcal{P}_e(G)}$ 的极大团是 G 的某个循环子群的子集。 □

引理 4.3.3 如果 $\{x_1, x_2, \cdots, x_t\}$ 是 $\mathcal{R}_{\mathcal{P}_e(G)}$ 的极大团，那么 $\bigcup_{i=1}^{t} \overline{x_i}$ 是 G 的极大循环子群。

证明 根据引理 4.3.2，存在 $\langle x \rangle \in \mathcal{M}_G$ 满足 $\{x_1, x_2, \cdots, x_t\} \subseteq \langle x \rangle$。又因为对任意的 $1 \leqslant i \leqslant t$，有 $\langle x \rangle \in \mathcal{M}_{x_i}$。根据引理 4.3.1 和式 (4.3.1)，有 $\overline{x_i} \subseteq \langle x \rangle$，从而 $\bigcup_{i=1}^{t} \overline{x_i} \subseteq \langle x \rangle$。下面只需证明 $\langle x \rangle \subseteq \bigcup_{i=1}^{t} \overline{x_i}$。采用反证法，设存在 $y \in \langle x \rangle$ 且 $y \notin \bigcup_{i=1}^{t} \overline{x_i}$，那么类似地可得 $\overline{y} \subseteq \langle x \rangle$。因为在 $\mathcal{P}_e(G)$ 中 y 与 x_i 是邻接的，所以 $\{x_1, x_2, \cdots, x_t, y\}$ 是 $\mathcal{R}_{\mathcal{P}_e(G)}$ 的团。又因为 $\{x_1, x_2, \cdots, x_t\}$ 的 $\mathcal{R}_{\mathcal{P}_E(G)}$ 是极大团，得出矛盾。 □

引理 4.3.4 设 $x, y \in G$，则

(1) $N_{\mathcal{P}_e(G)}[x] = \bigcup\limits_{M \in \mathcal{M}_x} M$;

(2) $x \equiv y$ 当且仅当 $\mathcal{M}_x = \mathcal{M}_y$。

证明 (1) 取 $w \in N_{\mathcal{P}_e(G)}[x]$, 则 $\langle x, w \rangle$ 是循环群。因此, 存在极大循环子群 M 使得 $\langle x, w \rangle \subseteq M$。于是 $M \in \mathcal{M}_x$, 这说明了 $w \in M \subseteq \bigcup\limits_{M \in \mathcal{M}_x} M$。从而 $N_{\mathcal{P}_e(G)}[x] \subseteq \bigcup\limits_{M \in \mathcal{M}_x} M$。另外, 对任意的 $z \in \bigcup\limits_{M \in \mathcal{M}_x} M$, 有 $z \in N$ 对某个 $N \in \mathcal{M}_x$ 成立。这表明 $\langle x, z \rangle$ 是循环群, 从而 $z \in N_{\mathcal{P}_e(G)}[x]$。进一步有 $\bigcup\limits_{M \in \mathcal{M}_x} M \subseteq N_{\mathcal{P}_e(G)}[x]$, 得证。

(2) 如果 $\mathcal{M}_x = \mathcal{M}_y$, 那么 (1) 表明 $N_{\mathcal{P}_e(G)}[x] = N_{\mathcal{P}_e(G)}[y]$, 因此 $x \equiv y$, 充分性得证。反之, 如果 $x \equiv y$, 设 $\langle g \rangle \in \mathcal{M}_x$, 由 (1) 可得 $g \in N_{\mathcal{P}_e(G)}[x]$。因为 $N_{\mathcal{P}_e(G)}[x] = N_{\mathcal{P}_e(G)}[y]$, 所以 $\langle g, y \rangle$ 是循环群。又因为 $\langle g \rangle \in \mathcal{M}_G$, 所以 $\langle g, y \rangle = \langle g \rangle$, 故 $\langle g \rangle \in \mathcal{M}_y$。因此 $\mathcal{M}_x \subseteq \mathcal{M}_y$。同理可得 $\mathcal{M}_y \subseteq \mathcal{M}_x$。 □

现在根据引理 4.3.3 和引理 4.3.4, 我们得到本节的主要结果, 如下所示。

定理 4.3.1 设 G 为 n 阶群, 则

$$\begin{aligned} \mathrm{sdim}(\mathcal{P}_e(G)) &= n - \max\{|\overline{M}| : M \in \mathcal{M}_G\} \\ &= n - \max\{|S| : S \subseteq M \in \mathcal{M}_G \text{ 且对 } \forall x, y \in S \text{ 有 } \mathcal{M}_x \neq \mathcal{M}_y\}。 \end{aligned}$$

根据定理 4.3.1, 我们能立即得到下面的结果。

推论 4.3.1 设 G 为 n 阶群, 则

(a) $\mathrm{sdim}(\mathcal{P}_e(G)) = n - 1$ 当且仅当 G 是循环群;

(b) 如果 G 是非循环群 P-群, 那么 $\mathrm{sdim}(\mathcal{P}_e(G)) = n - 2$。

根据定理 4.3.1、式 (2.3.9) 和式 (2.3.10), 可得广义四元数群的增大幂图的强度量维数, 如下所示。

推论 4.3.2 设 Q_{4n} 为广义四元数群, 则 $\mathrm{sdim}(\mathcal{P}_e(Q_{4n})) = 4n - 2$。

为了应用定理 4.3.1, 下面我们计算交换 p-群的增大幂图的强度量维数。

定理 4.3.2 设 G 是 n 阶非循环交换 p-群且其指数为 p^m, 则

$$\mathrm{sdim}(\mathcal{P}_e(G)) = n - m - 1。$$

证明 注意 G 是非循环群。设 $G = A \times B$,其中 A 是交换 p-群,$B = \langle b \rangle$ 且 $o(b) = p^m$。于是 $\langle (e,b) \rangle \cong B$ 是 p^m 阶的极大循环子群。显然,

$$\langle (e,b) \rangle = [(e,b^{p^m})] \cup [(e,b^{p^{m-1}})] \cup [(e,b^{p^{m-2}})] \cup \cdots \cup [(e,b^p)] \cup [(e,b^{p^0})]. \quad (4.3.2)$$

设 $a \in A$ 且阶为 p,下面证明对任意 $0 \leqslant i < j \leqslant m$,

$$\overline{(e,b^{p^i})} \neq \overline{(e,b^{p^j})}. \quad (4.3.3)$$

注意到 $i \leqslant j - 1 \leqslant m - 1$,有 $o((a,b^{p^{j-1}})) = p^{m-j+1}$ 和 $(e,b^{p^j}) \in \langle (a,b^{p^{j-1}}) \rangle$ 成立。设 $M \in \mathcal{M}_G$ 且 $\langle (a,b^{p^{j-1}}) \rangle \subseteq M$,则 $M \in \mathcal{M}_{(e,b^{p^j})}$。

现在假设 $(e,b^{p^i}) \in M$,因为 $o((e,b^{p^i})) = p^{m-i}$ 且 M 是循环 p-群,如果 $m - i > m - j + 1$,那么 $\langle (a,b^{p^{j-1}}) \rangle \subseteq \langle (e,b^{p^i}) \rangle$,得到矛盾。由于 $0 \leqslant i < j \leqslant m$,故 $m - i = m - j + 1$。这表明 $\langle (a,b^{p^{j-1}}) \rangle$ 和 $\langle (e,b^{p^i}) \rangle$ 的阶相等。又根据 $(e,b^{p^i}) \in M$ 和 $(a,b^{p^{j-1}}) \in M$,得到矛盾,这是因为 $\langle (a,b^{p^{j-1}}) \rangle \neq \langle (e,b^{p^i}) \rangle$。

因此 $M \notin \mathcal{M}_{(e,b^{p^i})}$,从而 $\mathcal{M}_{(e,b^{p^i})} \neq \mathcal{M}_{(e,b^{p^j})}$。此时,由引理 4.3.4(2) 可以得出式 (4.3.3) 成立。再根据式 (4.3.2) 和引理 4.3.1 可知 $\overline{\langle (e,b) \rangle} = m + 1$。注意到 p^t 阶极大循环子群至多有 $t + 1$ 个 $\equiv$-类,因为 G 的指数为 p^m,根据定理 4.3.1 有 $\text{sdim}(\mathcal{P}_e(G)) = n - m - 1$。 $\square$

4.4 增大幂图的补

本节我们将研究增大幂图及幂图的补图,这将完整回答 Cameron[24] 提出的两个问题。

对于群 G 的一个循环子群 M,如果 G 中不存在真包含 M 的循环子群,则 M 被称为 G 的一个极大循环子群。注意循环群只有唯一一个极大循环子群,就是它本身。我们用 $\mathcal{M}(G)$ 表示 G 的所有极大循环子群构成的集合,故 $|\mathcal{M}(G)| = 1$ 当且仅当 G 是循环的。对于 G 的子集 S,定义

$$\mathcal{M}_S := \{M \in \mathcal{M}(G) : S \subseteq M\}.$$

如果 $S = \{s\}$,则我们简单地用 $\mathcal{M}_s$ 记 $\mathcal{M}_{\{s\}}$。

最近, Cameron[24] 研究了定义在群上的各种形式的图 (图的边能反映代数结构的性质), 如幂图、增大幂图、交换图、子群交图等, 并且提出了下面的问题。

问题 4.4.1 ([24, 问题 19])　群幂图补图的非平凡连通分支的直径的最好上界是多少? 哪些群能达到这个上界?

问题 4.4.2 ([24, 问题 20])　除孤立点以外, 群增大幂图的补图恰好有一个连通分支吗?

4.4.1　主要结果

在文献 [24] 中, Cameron 也证明了下面的结果。

定理 4.4.1 ([24, 定理 9.9])　令 G 是一个非 p-群, 则除孤立点以外, $\overline{\mathcal{P}(G)}$ 恰好有一个连通分支。

根据文献 [9] 中的定理 2.12, 如果 G 是循环 p-群, 则 $\mathcal{P}(G)$ 是完全的, 于是 $\overline{\mathcal{P}(G)}$ 没有边, 即每一个顶点均是孤立点。因此, 对于 $\overline{\mathcal{P}(G)}$, 我们考虑的有限群 G 总是非循环 p-群。此外, 鉴于定理 4.4.1, 如果 G 是非循环 p-群, 则 $\overline{\mathcal{P}(G)}$ 的所有非孤立顶点将诱导一个连通分支, 我们用 $\overline{\mathcal{P}(G)}^*$ 表示这个连通分支。

注意有限群 G 是循环的当且仅当 $\mathcal{P}_e(G)$ 是完全的[40]。因此, 如果 G 是循环的, 则 $\overline{\mathcal{P}_e(G)}$ 是一个空图, 即每一个顶点均是独立点。回忆群的周期[105]:

$$\mathrm{Cyc}(G) = \{g \in G : 对每一 x \in G, \langle g, x \rangle 是循环的\}。$$

显然, $\overline{\mathcal{P}_e(G)}$ 的顶点 g 是孤立的当且仅当 $g \in \mathrm{Cyc}(G)$[111]。我们用 $\overline{\mathcal{P}_e(G)}^*$ 表示 $\overline{\mathcal{P}_e(G)}$ 的被所有的非孤立顶点所诱导的子图, 则

$$V(\overline{\mathcal{P}_e(G)}^*) = G \setminus \mathrm{Cyc}(G)。$$

对于 $n \geqslant 3$, 阶为 2^n 的广义四元数 2-群 Q_{2^n} 为

$$Q_{2^n} = \langle x, y : x^{2^{n-2}} = y^2, x^{2^{n-1}} = e, y^{-1}xy = x^{-1} \rangle。 \tag{4.4.1}$$

根据式 (4.4.1), 容易验证

$$Q_{2^n} = \langle x \rangle \cup \{x^i y : 1 \leqslant i \leqslant 2^{n-1}\} \text{ 且对任一 } 1 \leqslant i \leqslant 2^{n-1}, o(x^i y) = 4。 \tag{4.4.2}$$

注意 Q_{2^n} 有一个唯一的对合 y^2，且根据文献 [26] 中的命题 4 或文献 [24] 中的定理 9.1(a)，我们有

$$V(\overline{\mathcal{P}(Q_{2^n})^*}) = Q_{2^n} \setminus \{e, y^2\}。 \tag{4.4.3}$$

为了叙述我们的主要定理，我们首先定义一类有限非 p-群。一个有限群 G 被称为一个 Ψ-群，如果下面的三个条件成立：

(a) $|G| = p_1^{\alpha_1} p_2^{\alpha_2} \cdots p_t^{\alpha_t}$，其中 $p_1, p_2, \cdots, p_t$ 是两两不同的素数且 $t \geqslant 2$；

(b) 对任一 $1 \leqslant i \leqslant t$，$G$ 有一个唯一的阶为 p_i 的子群；

(c) G 有一个阶为 $p_1^{\beta_1} p_2^{\alpha_2} \cdots p_t^{\alpha_t}$ 的元素满足 $1 \leqslant \beta_1 < \alpha_1$ 且对任一素数 $p \neq p_1$，G 的 Sylow p-子群是唯一的。

现在根据文献 [74] 中的定理 5.4.10(ii) 和 Ψ-群的定义，我们有下面的注记。

注 4.4.1 假设 G 是一个阶为 $p_1^{\alpha_1} p_2^{\alpha_2} \cdots p_t^{\alpha_t}$ 的 Ψ-群且 G 有一个阶为 $p_1^{\beta_1} p_2^{\alpha_2} \cdots p_t^{\alpha_t}$ 的元素，其中 $t \geqslant 2$ 且 $1 \leqslant \beta_1 < \alpha_1$，则 G 同构于下面的一个群：

$$H \rtimes \mathbb{Z}_{p_1^{\alpha_1}}, \quad H \rtimes Q_{2^n}, \quad H \times \mathbb{Z}_{p_1^{\alpha_1}}, \quad H \times Q_{2^n},$$

其中 $H = \mathbb{Z}_{p_2^{\alpha_2} p_3^{\alpha_3} \cdots p_t^{\alpha_t}}$ 且 $n \geqslant 3$。

下面我们再定义一类有限的非循环群。对于一个有限非循环群 G，如果存在 $x, y \in V(\overline{P_e(G)^*})$ 使得下面的条件成立，则 G 被称为一个 Φ-群：

(a) $\langle x, y \rangle$ 是循环的；

(b) $\langle x \rangle \notin \mathcal{M}(G)$ 且 $\langle y \rangle \notin \mathcal{M}(G)$；

(c) 对任一 $M \in \mathcal{M}(G) \setminus \mathcal{M}_{\{x,y\}}$，要么 $x \in M$ 要么 $y \in M$。

本节我们将完整地回答问题 4.4.1 和问题 4.4.2，我们的主要结果是下面的两个定理。

定理 4.4.2 设 G 是一个非循环 p-群，则

$$\mathrm{diam}(\overline{\mathcal{P}(G)^*}) = \begin{cases} 1, & \text{如果 } G \cong \mathbb{Z}_2^m，\text{其中 } m \text{ 是至少为 2 的正整数}；\\ 3, & \text{如果 } G \text{ 是一个 } \Psi\text{-群}；\\ 2, & \text{其他。} \end{cases}$$

定理 4.4.3 设 G 是一个有限非循环群, 则

$$\mathrm{diam}(\overline{\mathcal{P}_e(G)^*}) = \begin{cases} 1, & \text{如果 } G \cong \mathbb{Z}_2^m, \text{ 其中 } m \text{ 是至少为 2 的正整数}; \\ 3, & \text{如果 } G \text{ 是一个 } \Phi\text{-群}; \\ 2, & \text{其他}. \end{cases}$$

特别地, 除了孤立点以外, $\overline{\mathcal{P}_e(G)}$ 恰好有一个连通分支。

现在将定理 4.4.2 和定理 4.4.3 应用到 p-群和循环群, 可得下面的推论。

推论 4.4.1 假设 G 是一个非循环的有限 p-群, 则

$$\mathrm{diam}(\overline{\mathcal{P}_e(G)^*}) = \begin{cases} 1, & \text{如果 } G \cong \mathbb{Z}_2^m, \text{ 其中 } m \text{ 是至少为 2 的正整数}; \\ 2, & \text{其他}. \end{cases}$$

推论 4.4.2 假设 G 是一个有限循环群但不是 p-群, 则

$$\mathrm{diam}(\overline{\mathcal{P}(G)^*}) = \begin{cases} 2, & \text{如果 } |G| \text{ 是若干个不同素数的乘积}; \\ 3, & \text{其他}. \end{cases}$$

推论 4.4.3 假设 G 是一个有限非循环的幂零群, 则

$$\mathrm{diam}(\overline{\mathcal{P}(G)^*}) = \begin{cases} 1, & \text{如果 } G \cong \mathbb{Z}_2^m, \text{ 其中 } m \text{ 是至少为 2 的正整数}; \\ 3, & \text{如果 } G \cong Q_{2^m} \times \mathbb{Z}_n, \text{ 其中 } m \geqslant 3 \text{ 且 } n \geqslant 3 \text{ 满足 } 2 \nmid n; \\ 2, & \text{其他}. \end{cases}$$

4.4.2 主要定理的证明

本小节将证明我们的主要定理 (定理 4.4.2 和定理 4.4.3)。在证明主要定理之前, 我们首先证明一些引理。

首先我们回忆下面的初等结果。

引理 4.4.1 ([74, 定理 5.4.10(ii)]) 对于某个素数 p, 具有唯一的 p 阶子群的 p-群要么是循环群, 要么是广义四元素 2-群。特别地, 如果是广义四元素 2-群, 则 $p = 2$。

引理 4.4.2 令 G 不是一个循环 p-群, 其中 p 是一个素数。对于 $|G|$ 的某个素因子 p, 如果存在两个不同的 p 阶子群, 则 $\operatorname{diam}(\overline{\mathcal{P}(G)^*}) \leqslant 2$。

证明 令 $\langle a \rangle$ 和 $\langle b \rangle$ 是两个不同的 p 阶子群, 假设 x 和 y 在 $\overline{\mathcal{P}(G)^*}$ 中非相邻, 我们只需要证明 $d(x,y) = 2$ 即可。注意在这种情况下我们有 $\langle x \rangle \subseteq \langle y \rangle$ 或 $\langle y \rangle \subseteq \langle x \rangle$。不失一般性, 令 $\langle x \rangle \subseteq \langle y \rangle$, 如果 $p \mid o(x)$, 则 a 和 b 中必定有一个不属于 $\langle x \rangle$, 令 $a \notin \langle x \rangle$, 于是 $x \sim a \sim y$ 是一条路, 这意味着 $d(x,y) = 2$。接下来假设 $p \nmid o(x)$, 因为 a 和 b 中必定有一个不属于 $\langle y \rangle$, 设 $a \notin \langle y \rangle$, 于是 $x \sim a \sim y$ 是一条路, 这意味着 $d(x,y) = 2$。 □

引理 4.4.3 设 G 是一个非循环的 p-群, 则

$$\operatorname{diam}(\overline{\mathcal{P}(G)^*}) = \begin{cases} 1, & \text{如果 } G \cong \mathbb{Z}_2^m, \text{ 其中 } m \geqslant 2; \\ 2, & \text{其他。} \end{cases}$$

证明 显然, 如果 G 的每一个元素的阶最大为 2, 则对某个正整数 m, $G \cong \mathbb{Z}_2^m$, 于是 $\overline{\mathcal{P}(G)^*}$ 是完全图, 这意味着 $\operatorname{diam}(\overline{\mathcal{P}(G)^*}) = 1$。因此, 在下面我们可以假设 G 有一个阶至少为 3 的元素。鉴于引理 4.4.2, 我们可以假设 G 有一个唯一的 p 阶子群。故由引理 4.4.1 我们可知 G 是一个广义四元数群。假设 x 和 y 是 $\overline{\mathcal{P}(G)^*}$ 的两个非相邻的顶点。不失一般性, 令 $\langle x \rangle \subseteq \langle y \rangle$, 根据式 (4.4.3), 容易得到 $4 \mid o(x)$。现在结合式 (4.4.1) 和式 (4.4.2), 我们可知存在一个阶为 4 的元素 z 使得 $z \notin \langle x \rangle$。因此, $x \sim z \sim y$ 是一条路, 故 $d(x,y) = 2$。 □

我们接下来考虑非 p-群。对于一个正整数 n, 我们用 $\pi(n)$ 表示 n 的所有素因子构成的集合。

引理 4.4.4 令 $|G| = p_1^{\alpha_1} p_2^{\alpha_2} \cdots p_t^{\alpha_t}$, 其中 $t \geqslant 2$, 假设对任一素数 p_i, G 有一个唯一的 p_i 阶子群, 其中 $1 \leqslant i \leqslant t$。如果 x 和 y 是 $\overline{\mathcal{P}(G)^*}$ 的两个不同的顶点, 使得 $\langle x \rangle \subseteq \langle y \rangle$ 且 $|G|/o(y) \neq p_i^{\beta_i}$ 满足 $1 \leqslant \beta_i < \alpha_i$, 则 $d(x,y) = 2$。

证明 因为 $y \in V(\overline{\mathcal{P}(G)^*})$, 故 $o(y) \neq |G|$。如果 $\pi(o(y)) \neq \pi(|G|)$, 则我们可取 $p \in \pi(|G|) \setminus \pi(o(y))$, 可知 G 有一个阶为 p 的元素 z, 因此 $x \sim z \sim y$ 是一条路。

因此, 下面我们可以假设 $\pi(o(y)) = \pi(|G|)$。令

$$o(y) = p_1^{\gamma_1} p_2^{\gamma_2} \cdots p_t^{\gamma_t}, \quad 1 \leqslant \gamma_i \leqslant \alpha_i,$$

因为 $|G|/o(y) \neq p_i^{\beta_i}$ 满足 $1 \leqslant \beta_i < \alpha_i$, 于是存在两个不同的素数 p_i, p_j 使得 $\gamma_i < \alpha_i$ 和 $\gamma_j < \alpha_j$。注意 p_i 和 p_j 中的一个一定不会等于 2, 不失一般性, 设 $p_i \neq 2$。因此, 引理 4.4.1 蕴涵 G 有一个阶为 $p_i^{\alpha_i}$ 的循环 Sylow p_i-子群, 设为 $\langle w \rangle$。在这种情况下, 如果 $o(x)$ 不是 p_i 的方幂, 则显然 $x \sim w \sim y$ 是一条路, 于是 $d(x, y) = 2$。现在对某个正整数 l, 假设 $o(x) = p_i^l$。如果 G 有一个阶为 $p_j^{\alpha_j}$ 的循环 Sylow p_j-子群, 设为 $\langle u \rangle$, 则 $x \sim u \sim y$ 是一条路, 故 $d(x, y) = 2$。否则, 引理 4.4.1 蕴涵 $p_j = 2$ 且 G 的这个 Sylow p_j-子群是一个广义四元数群。根据式 (4.4.1) 和式 (4.4.2), 我们可知存在一个阶为 4 的元素 v 使得 $v \notin \langle y \rangle$。作为一个结论, $x \sim v \sim y$ 是一条路, 因此 $d(x, y) = 2$。 $\square$

引理 4.4.5 令 $|G| = p_1^{\alpha_1} p_2^{\alpha_2} \cdots p_t^{\alpha_t}$, 其中 $t \geqslant 2$。假设对任一素数 p_i, G 有一个唯一的阶为 p_i 的子群, 其中 $1 \leqslant i \leqslant t$。如果 G 有一个阶为

$$p_1^{\alpha_1} p_2^{\alpha_2} \cdots p_{k-1}^{\alpha_{k-1}} p_k^{\beta_k} p_{k+1}^{\alpha_{k+1}} \cdots p_t^{\alpha_t}$$

的元素, 其中 $1 \leqslant k \leqslant t$ 且 $1 \leqslant \beta_k < \alpha_k$, 则 $\mathrm{diam}(\overline{P(G)^*}) \leqslant 3$。

证明 令 x, y 是两个不同的顶点, 使得 x 和 y 在 $\overline{P(G)^*}$ 中是不相邻的, 不失一般性, 令 $\langle x \rangle \subseteq \langle y \rangle$。如果 $|G|/o(y) \neq p_i^{\beta_i}$, 其中 $1 \leqslant \beta_i < \alpha_i$, 则由引理 4.4.4 我们可知 $d(x, y) = 2$。因此, 在下面我们可以假设

$$o(y) = p_1^{\alpha_1} p_2^{\alpha_2} \cdots p_{k-1}^{\alpha_{k-1}} p_k^{\beta_k} p_{k+1}^{\alpha_{k+1}} \cdots p_t^{\alpha_t},$$

其中 $1 \leqslant k \leqslant t$ 且 $1 \leqslant \beta_k < \alpha_k$。令 $a \in G$ 满足 $o(a) = p_k$, 且令 $b \in G$ 使得 $o(b)$ 是一个满足 $o(b) \neq p_k$ 的素数。假设对某个素数 $p \neq p_k$, G 至少有两个不同的循环的 Sylow p-子群, 且令 $\langle u \rangle$ 是 G 的一个 Sylow p-子群, 满足 $\langle u \rangle \not\subseteq \langle y \rangle$。如果 $o(x) = p^l$, 则 $x \sim a \sim u \sim y$ 是一条路, 于是 $d(x, y) \leqslant 3$; 否则, $x \sim u \sim y$ 是一条路, 即 $d(x, y) = 2$。

因此, 我们现在可以假设对任一素数 $p \neq p_k$, G 的 Sylow p-子群都是唯一的。假设 G 的 Sylow p_k-子群是循环的, 令 $\langle c \rangle$ 是 G 的 Sylow p_k-子群。如果 $o(x) = p_k^l$, 其中 l 是正整数, 则 $x \sim b \sim c \sim y$ 是一条路, 于是 $d(x, y) \leqslant 3$。对于其他情况, 易知 $x \sim c \sim y$ 是一条路, 这意味着 $d(x, y) \leqslant 2$。

现在假设 G 的一个 Sylow p_k-子群 P_k 是非循环的, 则根据引理 4.4.1, P_k 同构于一个阶至少为 8 的广义四元数群。通过式 (4.4.1) 和式 (4.4.2), 我们可以选择

一个阶为 4 的元素 h 使得 $h \notin \langle y \rangle$。因此,对于 $o(x) = 2^l$,$x \sim b \sim h \sim y$ 是一条路,且对于其他情况,$x \sim h \sim y$ 是一条路。 □

引理 4.4.6 令 G 是一个 Ψ-群,则 $\mathrm{diam}(\overline{P(G)^*}) = 3$。

证明 根据 Ψ-群的定义,令 $|G| = p_1^{\alpha_1} p_2^{\alpha_2} \cdots p_t^{\alpha_t}$ 使得 $t \geqslant 2$,且令 $y \in G$ 使得

$$o(y) = p_1^{\alpha_1} p_2^{\alpha_2} \cdots p_{k-1}^{\alpha_{k-1}} p_k^{\beta_k} p_{k+1}^{\alpha_{k+1}} \cdots p_t^{\alpha_t},$$

其中 $1 \leqslant k \leqslant t$ 且 $1 \leqslant \beta_k < \alpha_k$。取 $x \in \langle y \rangle$ 满足 $o(x) = p_k$,根据引理 4.4.5,我们可以选择 $d(x, y) \leqslant 3$。显然,我们有 $d(x, y) \geqslant 2$。现在,我们只需要证明 $d(x, y) \neq 2$ 即可。

通过反证法,假设 $d(x, y) = 2$,令 z 是使得 $x \sim z \sim y$ 是一条路的一个元素。

情况 1 $p_k \nmid o(z)$。

因为对任一素数 $p \neq p_k$,G 的 Sylow p-子群都是唯一的,所以 $\langle z \rangle$ 的每一个 Sylow 子群都包含于 $\langle y \rangle$。因此,我们有 $\langle z \rangle \subseteq \langle y \rangle$,于是在 $\overline{P(G)^*}$ 中,z 和 y 是非相邻的,矛盾。

情况 2 $p_k \mid o(z)$。

注意对 $|G|$ 的任一素因子 p,G 有一个唯一的阶为 p 的子群,于是 $\langle x \rangle \subseteq \langle z \rangle$,这意味着在 $\overline{P(G)^*}$ 中,z 和 x 是非相邻的,矛盾。 □

现在我们开始证明定理 4.4.2。

定理 4.4.2 的证明 根据引理 4.4.3 和引理 4.4.6,我们仅需要证明如果 G 不是 p-群且不是一个 Ψ-群,则 $\mathrm{diam}(\overline{P(G)^*}) = 2$。

现在假设 G 不是一个 Ψ-群,满足 $|G| = p_1^{\alpha_1} p_2^{\alpha_2} \cdots p_t^{\alpha_t}$,其中 $t \geqslant 2$。显然,$\mathrm{diam}(\overline{P(G)^*}) \geqslant 2$。鉴于引理 4.4.2,对任一素因子 p,我们可以假设 G 有一个唯一的阶为 p 的子群。现在令 x, y 是两个不同的顶点使得 x 和 y 在 $\overline{P(G)^*}$ 中是非相邻的,不失一般性,我们设 $\langle x \rangle \subseteq \langle y \rangle$。于是,根据引理 4.4.4 我们可以假设

$$o(y) = p_1^{\alpha_1} p_2^{\alpha_2} \cdots p_{k-1}^{\alpha_{k-1}} p_k^{\beta_k} p_{k+1}^{\alpha_{k+1}} \cdots p_t^{\alpha_t},$$

其中 $1 \leqslant k \leqslant t$ 且 $1 \leqslant \beta_k < \alpha_k$。因为 G 不是一个 Ψ-群,所以至少存在一个素因子 $p \neq p_k$ 使得 G 有两个不同的 Sylow p-子群。因此,我们能选择 G 的一个 Sylow

p-子群 P 使得 $P \nsubseteq \langle y \rangle$。注意 $|P|$ 不是一个素数, 此外, 引理 4.4.1 蕴涵 P 要么是循环的, 要么是广义四元数群。因此, 存在一个元素 a 使得它的阶是 p 的一个方幂且 $a \notin \langle y \rangle$。

情况 1 $p_k \neq 2$。

令 $\langle w \rangle$ 是 G 的一个 Sylow p_k-子群, 如果 $o(x) = p^l$, 则 $x \sim w \sim y$ 是一条路。否则, 存在一个素数 $p' \neq p$ 使得 $p' \mid o(x)$, 这意味着 $x \sim a \sim y$ 是一条路。

情况 2 $p_k = 2$。

如果 G 的每一个 Sylow p_k-子群是循环的, 则类似于情况 1, 我们能得到需要的结论。现在假设 G 的每一个 Sylow p_k-子群是广义四元数群, 则根据式 (4.4.1) 和式 (4.4.2), 我们可以选择一个阶为 4 的元素 u 使得 $u \notin \langle y \rangle$。如果 $o(x) = p^l$, 则 $x \sim u \sim y$ 是一条路。否则, 存在一个素数 $p' \neq p$ 使得 $p' \mid o(x)$, 因此 $x \sim a \sim y$ 是一条路。

结合上面两种情况, 我们可知 $\mathrm{diam}(\overline{P(G)^*}) = 2$。 □

最后, 我们证明定理 4.4.3, 先证明几个引理。

引理 4.4.7 令 G 是一个有限非循环群, 则 $\mathrm{diam}(\overline{P_e(G)^*}) \leqslant 3$。

证明 如果 $\overline{P_e(G)^*}$ 是完全的, 则 $\mathrm{diam}(\overline{P_e(G)^*}) = 1$, 得证。因此, 下面我们可以假设 $\overline{P_e(G)^*}$ 不是完全的。在 $\overline{P_e(G)^*}$ 中, 令 x, y 是两个不同的非相邻顶点, 则 $\langle x, y \rangle$ 是循环群。假设 x 和 y 中的一个可以生成 G 的一个极大循环子群, 不失一般性, 设 $\langle y \rangle \in \mathcal{M}(G)$。因为 $\langle x, y \rangle$ 是循环的, 我们可得 $x \in \langle y \rangle$。注意 $x \notin \mathrm{Cyc}(G)$, 于是存在 $\langle z \rangle \in \mathcal{M}(G)$ 使得 $x \notin \langle z \rangle$。显然, $\langle z \rangle \neq \langle y \rangle$。于是 $x \sim z \sim y$ 是一条路, 故 $d(x, y) = 2$。

因此, 下面我们可以假设 $\langle x \rangle \notin \mathcal{M}(G)$ 且 $\langle y \rangle \notin \mathcal{M}(G)$, 注意

$$\mathcal{M}_x \neq \mathcal{M}(G), \quad \mathcal{M}_y \neq \mathcal{M}(G), \quad \mathcal{M}_{\{x,y\}} \neq \mathcal{M}(G).$$

如果存在 $\langle u \rangle \in \mathcal{M}(G) \setminus \mathcal{M}_{\{x,y\}}$ 使得 $\{x, y\} \cap \langle u \rangle = \varnothing$, 显然 $x \sim u \sim y$ 是一条路, 于是 $d(x, y) = 2$。

因此, 现在我们可以假设对任一 $M \in \mathcal{M}(G) \setminus \mathcal{M}_{\{x,y\}}$, 要么 $x \in M$, 要么 $y \in M$, 即 G 是一个 Φ-群。现在取 $\langle a \rangle \in \mathcal{M}(G) \setminus \mathcal{M}_{\{x,y\}}$, 不失一般性, 令 $x \in \langle a \rangle$,

则 $d(y,a) = 1$。因为 $\mathcal{M}_x \neq \mathcal{M}(G)$，所以存在 $\langle b \rangle \in \mathcal{M}(G)$ 使得 $x \notin \langle b \rangle$。于是，我们有 $d(b,x) = 1$。此外，显然 $\langle a \rangle \neq \langle b \rangle$，故 $d(a,b) = 1$，这意味着 $x \sim b \sim a \sim y$ 是一条路。因此，我们有 $d(x,y) \leqslant 3$。 □

根据引理 4.4.7 的证明，下面的结果成立。

引理 4.4.8　设 G 不是一个 Φ-群，则 $\mathrm{diam}(\overline{P_e(G)^*}) \leqslant 2$。

引理 4.4.9　设 G 是一个 Φ-群，则 $\mathrm{diam}(\overline{P_e(G)^*}) = 3$。

证明　令 $x,y \in V(\overline{P_e(G)^*})$ 使得在 Φ-群的定义中的三个条件成立，则 x 和 y 在 $\overline{P_e(G)^*}$ 中是非相邻的。通过引理 4.4.7，只需要证明 $d(x,y) = 3$ 即可。

通过反证法，假设 $d(x,y) = 2$，令 $x \sim z \sim y$ 是 $\overline{P_e(G)^*}$ 中的一条路，则 $\langle x,z \rangle$ 和 $\langle y,z \rangle$ 都是非循环的。现在令 $\langle w \rangle \in \mathcal{M}(G)$ 满足 $z \in \langle w \rangle$，于是 $\{x,y\} \cap \langle w \rangle = \varnothing$，故 $\langle w \rangle \in \mathcal{M}(G) \setminus \mathcal{M}_{\{x,y\}}$，这矛盾于条件：对任一 $M \in \mathcal{M}(G) \setminus \mathcal{M}_{\{x,y\}}$，要么 $x \in M$，要么 $y \in M$。 □

最后，我们证明定理 4.4.3。

定理 4.4.3 的证明　对于非循环群 G，显然我们有 $\mathrm{diam}(\overline{P_e(G)^*}) = 1$ 当且仅当 G 是初等交换 2-群。因此，由引理 4.4.7、引理 4.4.8 和引理 4.4.9 可得定理 4.4.3。 □

第 5 章 群的阶 (除) 图

一般地, 如果图的边数较多, 该图可能具有较好的对称性。设 G 是一个有限群, 在群 G 上定义阶图 $\mathcal{S}(G)$, 该图是一个以 G 为顶点集的简单图, 且两个不同的顶点 a 与 b 在图 $\mathcal{S}(G)$ 中邻接当且仅当 $o(a) \mid o(b)$ 或 $o(b) \mid o(a)$, 其中 $o(a)$ 和 $o(b)$ 分别为 a 和 b 在群 G 中的阶。因此, 幂图 $\mathcal{P}(G)$ 是 $\mathcal{S}(G)$ 的一个生成子图。

群的阶图首次出现是在文献 [44] 中, 学者们刻画了 $\mathcal{S}(G)$ 的全自同构群。接下来, 在文献 [45] 中, 同样的学者研究了 $\mathcal{S}(G)$ 的谱问题, 刻画了几类特殊群的阶图的谱。在文献 [46] 中, 学者们研究了阶图的各种各样的参数, 包括团数、色数及独立数。特别地, 文献 [46] 提出了完全刻画群阶图的独立数问题, 该问题在文献 [47] 中被马儇龙和苏华东解决了。

令 Γ 是图, 则 x 在 Γ 中的开邻域为

$$N_\Gamma(x) = \{y \in V(\Gamma) : d(y,x) = 1\}$$

且 x 在 Γ 中的闭邻域为

$$N_\Gamma[x] = \{y \in V(\Gamma) : d(y,x) \leqslant 1\}。$$

如果上下文情况是清楚的, 我们用 $N(x)$ 和 $N[x]$ 分别记 $N_\Gamma(x)$ 和 $N_\Gamma[x]$。

设 $x, y \in G$, 在图 $\mathcal{S}(G)$ 上定义二元关系 $x \sim y$ 当且仅当 $N[x] = N[y]$。通过前面的分析可知 $\sim$ 是 G 上的等价关系。

5.1 阶图的强度量维数

本节将刻画有限群阶图的强度量维数, 我们的结果如下。

第 5 章 群的阶 (除) 图

定理 5.1.1 设 G 为 n 阶群，则

$$\mathrm{sdim}(\mathcal{S}(G)) = \begin{cases} n-1, & G \text{ 是 } p\text{-群}; \\ n-\Omega(n), & G \text{ 是循环群且不是 } p\text{-群}; \\ n-2, & G \text{ 是 CP-群且不是 } p\text{-群}; \\ n-\lambda_G-1, & \text{其他}, \end{cases}$$

其中 $\lambda_G = \max\{\Omega(m) : m \in \pi_e(G)\}$ 且 m 不是素数幂。

注意，$\mathcal{S}(G)$ 是完全图当且仅当 G 是 p-群。因此 $\mathrm{sdim}(\mathcal{S}(G)) = |G|-1$ 当且仅当 G 是 p-群。定理 5.1.1 的推论表明，可对所有阶图的强度量维数为 $|G|-2$ 的群进行分类。

推论 5.1.1 如果 G 为 n 阶群，那么 $\mathrm{sdim}(\mathcal{S}(G)) = n-2$ 当且仅当 G 同构于 $\mathbb{Z}_{pq}$，或同构于阶至少有两个不同素因子的 CP-群，其中 p,q 是两个不同的素数。

由定理 5.1.1 和广义四元数群的表达式 (2.3.10)，可以得到广义四元数群的阶图的强度量维数。

推论 5.1.2 设 Q_{4n} 为广义四元数群，则

$$\mathrm{sdim}(\mathcal{S}(Q_{4n})) = \begin{cases} 4n-1, & n \text{ 是 2 的方幂}; \\ 4n-\Omega(2n)-1, & \text{其他}。 \end{cases}$$

下面我们将证明定理 5.1.1，我们首先证明几个引理。

引理 5.1.1 设 G 是群，并且 $|G|$ 至少有两个不同的素因子。设 x 和 y 为 G 的两个不同的元素，则在 $\mathcal{S}(G)$ 中 $x \sim y$ 当且仅当下列条件中的一个成立：

(1) $o(x) = o(y)$；

(2) $\{o(x), o(y)\} = \{1, \exp(G)\}$；

(3) $\{o(x), o(y)\} = \{p^m, p^n\}$ 且 $p^n q \notin \pi_e(G)$，其中 p, q 为两个不同的素数，且 m, n 为两个正整数，满足 $m > n$。

证明 根据阶图的定义，充分性显然成立。下证必要性，设在 $\mathcal{S}(G)$ 中 $x \sim y$ 并且 $o(x) \neq o(y)$，x 和 y 其中之一为 e。不失一般性，设 $x = e$，则 $N[y] = G$。因为

$|G|$ 可以被至少两个不同的素数整除, 所以 $o(y)$ 不是某个素数的幂。因为 $N[y] = G$, 所以 $\exp(G) \mid o(y)$。又因为 $o(y) \mid \exp(G)$, 所以 $\exp(G) = o(y)$。

设 $e \notin \{x, y\}$。可以断言, 如果 $o(x)$ 不是某个素数的幂, 那么 $o(x) \mid o(y)$。事实上, 设 $q^t \mid o(x)$ 且 $q^{t+1} \nmid o(x)$, 其中 q 是素数, 则存在 $a \in G$ 满足 $o(a) = q^t$, 因此 $a \in N[y]$。注意到 $o(x)$ 不是素数的幂。设 $r \neq q$ 是 $o(x)$ 的素因子, 这表明存在 r 阶元素属于 $N[x] = N[y]$, 从而 $o(y)$ 不是 q 的幂, 因此 $a \neq y$。进一步, $q^t \mid o(y)$, 于是 $o(x) \mid o(y)$, 故上述断言成立。

显然如果 $o(x)$ 不是素数的幂, 那么 $o(y)$ 也不是素数的幂, 由上面的断言可得 $o(y) = o(x)$, 得出矛盾。因此可设 $o(x) = p^m$ 和 $o(y) = p^n$, 其中 p 为某个素数, m 和 n 为两个不同的正整数。不失一般性, 设 $m > n$。考虑反面情况, 如果存在元素 z 属于 G 使得 $o(z) = p^n q$, 其中 $q \neq p$ 为某个素数, 那么 $z \in N[y]$, 因而 $z \in N[x]$, 得出 $p^m \mid p^n q$, 这与 $m > n$ 矛盾。必要性得证。 □

利用引理 5.1.1, 我们可以得到下面的结果。

推论 5.1.3 设 $x, y \in G$ 且 $\{o(x), o(y)\} = \{p^m, p^n\}$, 其中 p 为素数, m 和 n 为正整数且满足 $m > n$, 则 $x \sim y$ 当且仅当对于任意的素数 $q \neq p$ 有 $p^n q \notin \pi_e(G)$ 成立。

若群 G 中的元素 $a_1, a_2, \cdots, a_k$ 满足 $o(a_1) \mid o(a_2) \mid \cdots \mid o(a_k)$, 且对任意 $1 \leqslant i < j \leqslant k$ 有 $o(a_i) \neq o(a_j)$, 则称 $\{a_1, a_2, \cdots, a_k\}$ 为 G 的真阶链。

引理 5.1.2 如果 C 是 $\mathcal{R}_{\mathcal{S}(G)}$ 的一个团, 那么 C 是 G 的真阶链。

证明 容易得到对于任意两个不同的元素 $x, y \in C$ 有 $o(x) \neq o(y)$。对 C 的基数采用数学归纳法证明。当 $|C| = 2$ 时, 结论成立。设 $|C| = n$ 时, 结论成立。设 $C = \{a_1, a_2, \cdots, a_n, a_{n+1}\}$。不失一般性, 可设 $o(a_1) \mid o(a_2) \mid \cdots \mid o(a_n)$ 并且 $\{a_1, a_2, \cdots, a_n\}$ 是真阶链, 如果 $o(a_{n+1}) \mid o(a_1)$, 那么结论成立。因此可设 $o(a_1) \mid o(a_{n+1})$, 记

$$k = \max\{i : o(a_i) \mid o(a_{n+1})\}。$$

如果 $k = n$, 那么结论成立。否则有 $o(a_k) \mid o(a_{n+1}) \mid o(a_{k+1})$, 引理得证。 □

第 5 章 群的阶 (除) 图

定理 5.1.2 设 G 是 n 阶群，则

$$\omega(\mathcal{R}_{\mathcal{S}(G)}) = \begin{cases} 1, & G \text{ 是 } p\text{-群}; \\ \Omega(n), & G \text{ 是循环群且 } |G| \text{ 至少存在两个不同的素因子}; \\ 2, & G \text{ 是 CP-群且 } |G| \text{ 至少存在两个不同的素因子}; \\ \lambda_G + 1, & \text{其他}, \end{cases}$$

其中 $\lambda_G = \max\{\Omega(m) : m \in \pi_e(G)\}$ 且 m 不是素数幂。

证明 首先，$\mathcal{S}(G)$ 是完全图当且仅当 G 是 p-群。因此，如果 G 是 p-群，那么 $\mathcal{R}_{\mathcal{S}(G)}$ 的阶为 1。因此 $\omega(\mathcal{R}_{\mathcal{S}(G)}) = 1$，第一种情况得证。

其次，设 G 是循环群且 $|G|$ 至少存在两个不同的素因子，那么由文献 [46] 的定理 2.2 得 $\mathcal{S}(G) = \mathcal{P}(G)$。结合文献 [83] 的定理 3.1 得到 $\omega(\mathcal{R}_{\mathcal{S}(G)}) = \Omega(n)$，第二种情况得证。

再次，设 G 是 CP-群且 $|G|$ 至少存在两个不同的素因子，那么 G 不是循环群。根据引理 5.1.1，对于不同的 $x, y \in G$ 有 $x \sim y$ 当且仅当 $o(x) = p^m$ 和 $o(y) = p^n$，其中 p 是素数。这说明 $\mathcal{R}_{\mathcal{S}(G)}$ 是一个星图。因此，$\omega(\mathcal{R}_{\mathcal{S}(G)}) = 2$，第三种情况得证。

最后，设 G 是非循环群且 $|G|$ 至少存在两个不同的素因子，并且 G 不是 CP-群。设 $C = \{a_1, a_2, \cdots, a_t\}$ 是 $\mathcal{R}_{\mathcal{S}(G)}$ 的团且 $|C| = \omega(\mathcal{R}_{\mathcal{S}(G)})$。那么，由引理 5.1.2 可得，$C$ 是 G 的真阶链。不失一般性，设 $o(a_1) \mid o(a_2) \mid \cdots \mid o(a_t)$，注意到

$$\lambda_G = \max\{\Omega(m) : m \in \pi_e(G) \text{ 且 } m \text{ 不是素数的幂}\}。$$

下面证明

$$|C| \leqslant \lambda_G + 1。 \tag{5.1.1}$$

如果 $o(a_t)$ 不是素数的幂，容易看出 $|C| \leqslant \lambda_G + 1$ 成立。现在设存在某个素数 p 和正整数 k 使得 $o(a_t) = p^k$。如果 $a_{t-1} = e$，那么由 G 不是 CP-群，可得 $|C| = 2 < \lambda_G + 1$。因此，设 $o(a_{t-1}) = p^l$ 对某个 $1 \leqslant l < k$ 成立。注意到 $N[a_t] \neq N[a_{t-1}]$，由推论 5.1.3 可知，存在 $x \in G$ 使得 $o(x) = p^l q$ 对某个素数 $q \neq p$ 成立。因此 $\{a_1, a_2, \cdots, a_{t-1}, x\}$ 也是 $\mathcal{R}_{\mathcal{S}(G)}$ 的团，这表明 $|C| \leqslant \Omega(o(x)) + 1 \leqslant \lambda_G + 1$，因此式 (5.1.1) 成立。

另外，设

$$m = p_1^{r_1} p_2^{r_2} \cdots p_h^{r_h} \in \pi_e(G),$$

其中 $h \geqslant 2$, $p_1, p_2, \cdots, p_h$ 为两两不同的素数且对于任意 $1 \leqslant i \leqslant h$ 有 $r_i \geqslant 1$。取 $y \in G$ 且 $o(y) = m$, 设 $T = \{e, y_1, y_2, \cdots, y_{\Omega(m)}\}$ 是 $\langle y \rangle$ 的子集且满足

$$|y_1| = p_1, |y_2| = p_1 p_2, |y_3| = p_1^2 p_2, |y_4| = p_1^3 p_2, \cdots, |y_{r_1+1}| = p_1^{r_1} p_2,$$

$$|y_{r_1+2}| = p_1^{r_1} p_2^2, |y_{r_1+3}| = p_1^{r_1} p_2^3, \cdots, |y_{r_1+r_2}| = p_1^{r_1} p_2^{r_2},$$

$$|y_{r_1+r_2+1}| = p_1^{r_1} p_2^{r_2} p_3, |y_{r_1+r_2+2}| = p_1^{r_1} p_2^{r_2} p_3^2, \cdots, |y_{r_1+r_2+r_3}| = p_1^{r_1} p_2^{r_2} p_3^{r_3},$$

$\cdots$

$$|y_{r_1+r_2+\cdots+r_{h-1}+1}| = p_1^{r_1} p_2^{r_2} \cdots p_{h-1}^{r_{h-1}} p_h, |y_{r_1+r_2+\cdots+r_{h-1}+2}| = p_1^{r_1} p_2^{r_2} \cdots p_{h-1}^{r_{h-1}} p_h^2, \cdots,$$

$$|y_{r_1+r_2+\cdots+r_{h-1}+r_h-1}| = p_1^{r_1} p_2^{r_2} \cdots p_{h-1}^{r_{h-1}} p_h^{r_h-1}, |y_{\Omega(m)}| = m。$$

由于 G 既不是 p-群也不是循环群, 根据引理 5.1.1 可得 T 是 $\mathcal{R}_{\mathcal{S}(G)}$ 的团, 基数为 $\Omega(m) + 1$。于是, $\mathcal{R}_{\mathcal{S}(G)}$ 有基数为 $\lambda_G + 1$ 的团。根据式 (5.1.1) 可以得到 $\omega(\mathcal{R}_{\mathcal{S}(G)}) = \lambda_G + 1$, 最后一种情况得证。 □

现在结合定理 5.1.2 和定理 2.9.1, 便证明了定理 5.1.1。

5.2 阶 除 图

设 G 是有限群, 在群 G 上定义阶除图 $\mathcal{O}_G$, 即一个以 G 为顶点集合的简单图, 且两个不同的顶点 a 与 b 邻接当且仅当 $o(a) \neq o(b)$, 且 $o(a) \mid o(b)$ 或者 $o(b) \mid o(a)$。在 $\mathcal{O}_G$ 中删除单位元所到的图称为真阶除图, 记为 $\mathcal{O}_G^*$。显然, 对某个群 G, $\mathcal{O}_G$ 是 $\mathcal{S}(G)$ 的一个生成子图。事实上, $\mathcal{O}_G$ 是在 $\mathcal{S}(G)$ 中删除所有满足 $o(x) = o(y)$ 的边 $\{x, y\}$ 所得到的子图, 其中 x, y 为 $\mathcal{S}(G)$ 中不同的顶点。从上面的定义看出, 简化幂图是阶除图的一个生成子图, 也是幂图的一个生成子图。2018 年, Rehman 等[48] 引入了有限群的阶除图的概念, 他们研究了阶除图为星图时的群, 得出了一些循环群的阶除图的结构。刘秀和马偎龙[49] 推广了文献 [48] 中的一些结果, 刻画了阶除图等于其简化幂图或幂图时的有限群。

5.2.1 可控的阶除图

在本小节,我们将研究阶除图可控时所对应的有限群。设 Γ 是图且 $s \in V(\Gamma)$,如果对任意顶点 $v \in V(\Gamma)$ 有 $v \in N[s]$,那么称 s 为图 Γ 的一个可控点。图 Γ 的所有可控点构成的集合称为 X 的可控集。回忆一下,$\mathcal{O}_G$ 为有限群 G 上的阶除图,显然 G 的单位元 e 是 $\mathcal{O}_G$ 的一个可控点。若阶除图除 e 之外还有其他可控点,则称该阶除图为可控的阶除图。

本小节将有限群 G 的所有元素的阶构成的集合记为 $\pi_e(G)$。在 $\pi_e(G)$ 上定义二元关系 $|_p$,如下所示:

$$m \mid_p n \iff m \mid n \text{ 且 } m \neq n,$$

称此二元关系为真整除关系。

群 G 的阶可比图 $\mathcal{C}_G$ 需要满足如下条件: 顶点集为 $\pi_e(G)$,图中两个不同的顶点邻接当且仅当 $m \mid_p n$ 或者 $n \mid_p m$。对于任意的 $x, y \in G$,在 G 上定义二元关系,如下所示:

$$x \equiv y \iff o(x) = o(y)。$$

容易看出 $\equiv$ 是 G 上的等价关系,我们用记号 $\overline{x}$ 表示 G 中的元素 x 所在的等价类。显然,$\overline{x}$ 是 $\mathcal{O}_G$ 的一个独立集,记

$$\overline{G} = \{\overline{x} : x \in G\}。$$

为了研究 $\mathcal{O}_G$ 的结构,我们首先给出广义字典序积图的定义。给定图 $\mathcal{H}$ 和一族由 $V(\mathcal{H})$ 索引的图 $\mathbb{F} = \{\mathcal{F}_v : v \in V(\mathcal{H})\}$,它们的广义字典序积图是一个无向图且具有顶点集

$$\{(v, w) : v \in V(\mathcal{H}), w \in V(\mathcal{F}_v)\}$$

和边集

$$\{\{(v_1, w_1), (v_2, w_2)\} : \{v_1, v_2\} \in E(\mathcal{H}), \text{ 或 } v_1 = v_2 \text{ 且 } \{w_1, w_2\} \in E(\mathcal{F}_{v_1})\}。$$

我们用 $\mathcal{H}[\mathbb{F}]$ 表示上述广义字典序积图。设 $x \in G$ 且 $o(x) \in \pi_e(G)$,并设 $\overline{\mathcal{K}_{o(x)}}$ 是 $|\overline{x}|$ 阶完全图的补图,记 $\overline{\mathcal{K}_G} = \{\overline{\mathcal{K}_{o(x)}} : \overline{x} \in \overline{G}\}$。为了研究阶除图,我们首先引用下面的结论。

命题 5.2.1 ([49]) 群 G 的阶除图 $\mathcal{O}_G$ 同构于广义字典序积图 $\mathcal{C}_G[\overline{\mathbb{K}_G}]$。

下面我们研究图 $\mathcal{O}_G$ 的可控集。特别地，我们将给出可控阶除图对应的有限群的分类。

定理 5.2.1 设 S 是图 $\mathcal{O}_G$ 的可控集，则 $|S|>1$ 的充要条件是下列条件之一成立：

(1) $G\cong\mathbb{Z}_{2^k}$，其中 $k\geqslant 1$ 为某个整数且 $S=\{e,a\}$，a 为 G 唯一的对合；

(2) G 为广义四元数 2-群且 $S=\{e,a\}$，其中 a 为 G 唯一的对合。

证明 设 $a\in S\backslash\{e\}$，则 a 是对合。这是因为如果 a 不是对合，那么 $a\neq a^{-1}$，并且在 $\mathcal{O}_G$ 中 a 与 a^{-1} 不邻接，这与 $a\in S$ 矛盾。类似地，可得 G 是 2-群且 G 存在唯一的对合 a。现在根据定理 2.1.1，G 是循环 2-群或者广义四元数 2-群。

反过来，若 (1) 成立，那么 $G\backslash\{a\}$ 中的每个元素的阶是 1 或者 2^t，其中 t 是满足 $t\geqslant 2$ 的整数，从而 $a\in S$，因为阶数至少为 3 的元素不属于 S，所以 $S=\{e,a\}$。若 (2) 成立，根据广义四元数群 Q_{4n} 的定义，$o(x)$ 是 2 的方幂，从而 $S=\{e,x^m\}$。现在根据式 (2.3.10)，结果得证。 □

定理 5.2.1 表明了下面的结果。

推论 5.2.1 $\mathcal{O}_G$ 是可控的充要条件是 G 为循环 2-群或者广义四元数 2-群。

5.2.2 真阶除图的 (完全) 完备码

在 $\mathcal{O}_G$ 中，群 G 的单位元总是与非平凡元素邻接。为了获得关于阶除图的一些有意义的结论，下面研究群 G 的真阶除图，即将从 $\mathcal{O}_G$ 中把将单位元删除后所得到的子图称为群 G 的真阶因子图，记为 $\mathcal{O}_G^*$。本小节对真阶除图存在完全完备码的群进行分类，如交换群、二面体群、广义四元数群等。

根据阶除图的定义，容易得到 $\mathcal{P}$-群的一个刻画。

引理 5.2.1 设 G 是群，则下面的叙述等价：

(1) G 是 $\mathcal{P}$-群；

(2) $\mathcal{O}_G$ 是一棵树；

(3) $\mathcal{O}_G$ 是一个星图；

(4) $\mathcal{O}_G^*$ 是空图。

下面我们对存在完备码的真阶除图的群进行分类.

定理 5.2.2 $\mathcal{O}_G^*$ 存在完备码的充要条件是 G 同构于下面的群之一:

(1) $\mathcal{P}$-群;

(2) 循环 2-群;

(3) 广义四元数 2-群.

证明 如果 G 是 $\mathcal{P}$-群, 那么根据引理 5.2.1, $\mathcal{O}_G^*$ 是空图. 因此, $\mathcal{O}_G^*$ 存在唯一的完备码 $G \setminus \{e\}$. 另外, 如果 G 是循环 2-群或者广义四元数 2-群, 那么 $\mathcal{O}_G^*$ 有唯一的完备码, 完备码由 G 的对合组成.

下面证明必要性, 设 $\mathcal{O}_G^*$ 存在完备码 C. 设 G 不是 $\mathcal{P}$-群, 那么只需证明 G 是循环 2-群或者广义四元数 2-群. 因为 G 不是 $\mathcal{P}$-群, 所以存在 $\langle x \rangle \in \mathcal{M}_G$ 且 $o(x)$ 不是素数. 设 a 是 $\langle x \rangle$ 的 p 阶元素, 其中 p 为素数. 为了得出矛盾, 设 $x \in C$. 由于 $o(a) \mid o(x)$, 故 $a \notin C$. 根据完备码的定义, x^{-1} 必定不属于 C. 由在 $\mathcal{O}_G^*$ 中 x 和 x^{-1} 是不邻接的, 可以推出存在 $y \in C$ 使得 y 和 x^{-1} 邻接, 因此 $o(y)$ 是 $o(x)$ 的因子, 并且 $o(y) \neq o(x)$. 这表明 y 和 x 邻接, 得出矛盾. 于是 C 必由一些素数阶元素组成, 同时表明 C 恰好由所有的素数阶元素组成. 如果 $p \geqslant 3$, 那么 $a, a^{-1} \in C$. 又因为 $x \notin C$, 这与完备码的定义矛盾, 因此 $p = 2$.

如果群 G 的极大循环子群的阶数不是素数, 那么该极大循环子群是 2-群. 因此 $\langle x \rangle$ 为 2-群且阶数至少为 4. 若 G 有两个不同的对合 a, b, 则 $a, b \in C$. 由 $x \notin C$ 可以得出矛盾, 于是 G 存在唯一的对合, 因此 a 属于 G 的中心. 如果 G 存在奇素数阶的元素 u, 因为 u 和 a 可交换, 所以 ua 是 $2o(u)$ 阶元素. 因此 G 存在阶数既不是素数也不是 2 的方幂的极大循环子群, 得出矛盾. 于是 G 是 2-群, 又注意到 G 有唯一的对合, 则根据定理 2.1.1, G 是循环 2-群或者广义四元数 2-群. □

现在根据引理 5.2.1 和定理 5.2.2, 我们可得下面的推论.

推论 5.2.2 设 $\mathcal{O}_G^*$ 非空, 则 $\mathcal{O}_G^*$ 存在完备码的充要条件为 $\mathcal{O}_G$ 是可控的.

引理 5.2.2 设 $\mathcal{O}_G^*$ 存在完全完备码 T, 如果 $a, b \in T$ 且 $o(a) \mid o(b)$, 那么 $o(a)$ 是素数且 $\langle b \rangle \in \mathcal{M}_G$, 其中 $o(b) = o(a) \cdot p$ 对某个素数 p 成立.

证明 首先断言 $\langle b \rangle \in \mathcal{M}_G$; 否则, 若 $\langle b \rangle \subset \langle g \rangle$ 对某个 $\langle g \rangle \in \mathcal{M}_G$ 成立, 那

么在 $\mathcal{O}_G^*$ 中 a 和 b 均与 g 邻接, 这与完全完备码的定义矛盾。如果 $o(a)$ 不是素数, 那么在 $\langle a \rangle$ 中存在素阶数的元素 x 使得 a 和 b 均与 x 在 $\mathcal{O}_G^*$ 中邻接, 这与 $a, b \in T$ 矛盾。因此 $o(a)$ 是素数。

设 $o(b) = o(a) \cdot h$ 对某个整数 $h > 1$ 成立, 假设 h 不是素数。设 p 为 h 的素因子, 则 $\langle b \rangle$ 有阶数为 $o(a) \cdot p$ 的元素, 记为 y。因为 y 与 b 在 $\mathcal{O}_G^*$ 中邻接, T 是匹配, 所以 $y \notin T$。这说明在 $\mathcal{O}_G^*$ 中 a 和 b 都与 y 邻接, 得到矛盾。因而 h 为素数, 结论成立。 □

引理 5.2.3 设 $\mathcal{O}_G^*$ 存在完全完备码, 则 G 不存在阶数为 pqr 的元素, 其中 p, q, r 为三个不同的素数。特别地, 如果群 G 有 p^2q 阶元素, 那么 $\mathcal{O}_G^*$ 的任意完全完备码都有 p 阶元素。

证明 设 T 是 $\mathcal{O}_G^*$ 的完全完备码, 且设 G 有 pqr 阶元素, 其中 p, q, r 为三个不同的素数。由引理 5.2.2 可得 $x \notin T$, 因此恰好存在元素 a 满足 a 与 x 在 $\mathcal{O}_G^*$ 中邻接。又根据引理 5.2.2, 可以得出 $o(a)$ 必定为素数。不失一般性, 设 $o(a) = p$。若 y 是 qr 阶元素, 则 $y \notin T$。进而, 由引理 5.2.2 可得存在 $b \in T$ 使得 b 与 y 在 $\mathcal{O}_G^*$ 中邻接, 这也表明 $o(b)$ 是素数, 从而 $o(b) = q$ 或者 $o(b) = r$。因此, 在 $\mathcal{O}_G^*$ 中 a 和 b 都与 x 邻接, 这与完全完备码的定义矛盾。

类似地, 如果 G 有 p^2q 阶元素, 那么 $\mathcal{O}_G^*$ 的任意完全完备码必定包含 p 阶元素。 □

下面我们对存在完全完备码的阶除图的交换群进行分类。

定理 5.2.3 设 A 为交换群, 则 $\mathcal{O}_A^*$ 存在完全完备码的充要条件是 A 同构于

$$\mathbb{Z}_p^m \times \mathbb{Z}_{p^2}^n, \quad \mathbb{Z}_p^s \times \mathbb{Z}_q^t,$$

其中 p, q 为两个不同的素数, $m \geq 0$ 且 $n, s, t \geq 1$。

证明 首先证明充分性。如果 A 与 $\mathbb{Z}_p^m \times \mathbb{Z}_{p^2}^n$ 同构, 那么 A 有 p^2 阶的极大循环子群, 并且 $\pi_e(A) = \{1, p, p^2\}$。因此 $\{a, b\}$ 是 $\mathcal{O}_A^*$ 的完全完备码, 其中 a 和 b 分别是阶数为 p 和 p^2 的两个元素。同理, 如果 A 与 $\mathbb{Z}_p^s \times \mathbb{Z}_q^t$ 同构, 那么 A 有 pq 阶的极大循环子群且 $\pi_e(A) = \{1, p, q, pq\}$。因此 $\{a, b\}$ 是 $\mathcal{O}_A^*$ 的完全完备码, 其中 a 和 b 是阶数分别为 p 和 pq 的两个元素。

下面证明必要性。设 $\mathcal{O}_A^*$ 存在完全完备码 T, 由引理 5.2.3 可得 G 不含 pqr

阶的元素，其中 p,q,r 为三个不同的素数。因而 $|A|$ 至多有两个素因子，下面分两种情况来完成证明。

情况 1 A 为 p-群，其中 p 为某个素数。

设 $a,b \in T$ 且 $o(a) \mid o(b)$，引理 5.2.2 表明 $o(b) = p^2$ 且 $o(a) = p$，因此 A 有 p^2 阶极大循环子群，A 不含 p^3 阶元素。这说明 A 同构于 $\mathbb{Z}_p^m \times \mathbb{Z}_{p^2}^n$，其中 $m \geqslant 0$ 且 $n \geqslant 1$，得证。

情况 2 $|A|$ 恰好有两个素因子 p 和 q。

首先断言 A 不含 p^2 或者 q^2 阶元素。采用反证法，设 A 存在 p^2 阶元素 x，且设 y 是 q 阶元素，则 xy 是 p^2q 阶元素。同时，根据引理 5.2.2 可得，如果 $a,b \in T$ 且 $o(a) \mid o(b)$，那么 $o(b) = p^2$ 或者 $o(b) = pq$ 或者 $o(b) = q^2$。又因为 $o(xy) = p^2q$，所以 $o(b) = q^2$。此外，由引理 5.2.3 可得 $\mathcal{O}_A^*$ 的完全完备码 T 包含 p 阶元素 c。由 $o(b) = q^2$ 可得 $o(a) = q$，所以在 $\mathcal{O}_A^*$ 中 a 和 c 都与 xy 邻接，这与完全完备码的定义矛盾，从而 A 不含 p^2 阶元素。类似地，可得 A 不含 q^2 阶元素，这说明断言是成立的。

现在引理 5.2.2 意味着 A 中必包含 pq 阶的元素。结合上面的断言，可得 A 与 $\mathbb{Z}_p^s \times \mathbb{Z}_q^t$ 同构，其中 $s,t \geqslant 1$，必要性得证。 $\square$

将定理 5.2.3 应用于循环群，可得下面的推论。

推论 5.2.3 设 n 为正整数，则 $\mathcal{O}_{\mathbb{Z}_n}^*$ 存在完全完备码的充要条件为 $n = pq$，其中 p,q 为素数。特别地，$\mathcal{O}_{\mathbb{Z}_{pq}}^*$ 的每个完全完备码为 $\{a,b\}$，其中 b 是 $\mathbb{Z}_{pq}$ 的生成元且 a 是 p 或 q 阶元素。

我们前面已经介绍过二面体群、广义四元数群以及它们的生成元集。二面体群 D_{2n} 的全部极大循环子群为

$$\mathcal{M}_{D_{2n}} = \{\langle a \rangle, \langle b \rangle, \langle ab \rangle, \cdots, \langle a^{n-1}b \rangle\}. \tag{5.2.1}$$

下面我们研究阶除图存在完全完备码时的二面体群。

定理 5.2.4 设 D_{2n} 是二面体群，则 $\mathcal{O}_{D_{2n}}^*$ 存在完全完备码的充要条件是 $n = 2p$，其中 p 为某个素数。

证明 设 $n = 2p$，其中 p 是某个素数。取 $T = \{a, a^p\}$，则 $o(a) = 2p, o(a^p) = 2$。根据式 (2.3.8) 可得 $D_{2n} \backslash \langle a \rangle$ 中的每个顶点与 a 邻接且与 a^p 不邻接。因而 T

是 $\mathcal{O}^*_{D_{2n}}$ 的完全完备码, 充分性得证。

下面证明必要性。设 $\mathcal{O}^*_{D_{2n}}$ 存在完全完备码 T, 设 $x, y \in T$ 且 $o(x) \mid o(y)$。由引理 5.2.2 可得 $\langle y \rangle$ 是极大循环子群。再根据式 (2.3.8) 和式 (5.2.1) 可得 $\langle y \rangle = \langle a \rangle$。如果存在 $x', y' \in T$ 满足 $o(x') \mid o(y')$, 同理可得 $\langle y' \rangle = \langle a \rangle$。这表明 x 和 x' 都与 y 邻接, 这与完全完备码的定义矛盾。因此 $T = \{x, y\}$。再根据引理 5.2.2, 可得 $n = pq$, 其中 p, q 为素数。注意到 $o(x)$ 是素数, 因为在 $V(\mathcal{O}^*_{D_{2n}}) \setminus T$ 中存在 2 阶元素, 所以 T 中包含与此 2 阶元素邻接的顶点。这说明元素 y 在 $\mathcal{O}^*_{D_{2n}}$ 中与 2 阶元素邻接, 从而 2 是 n 的因子, 因此 $n = 2p$ 对某个素数 p 成立, 必要性得证。 □

在本节的最后, 我们给出广义四元数群的真阶除图存在完全完备码的充分必要条件。

定理 5.2.5 设 Q_{4m} 是广义四元数群, 则 $\mathcal{O}^*_{Q_{4m}}$ 存在完全完备码的充分必要条件是 m 为素数。

证明 先证明充分性。设 m 是素数, 且设 $T = \{x, x^m\}$, 则 $o(x) = 2m$, $o(x^m) = 2$。根据式 (2.3.9) 和式 (2.3.10), 可得 $Q_{4m} \setminus \langle x \rangle$ 的每个顶点都与 x^m 邻接, 但与 x 不邻接。因而, T 是 $\mathcal{O}^*_{Q_{4m}}$ 的完全完备码, 充分性得证。

下面证明必要性。设 $\mathcal{O}^*_{Q_{4m}}$ 存在完全完备码 T, 再设 $a, b \in T$ 且 $o(a) \mid o(b)$。根据引理 5.2.2 可得 $\langle b \rangle$ 是极大循环子群, $o(a)$ 是素数。又根据式 (2.3.10) 有 $o(b) = 2m$ 或者 $o(b) = 4$。如果 $o(b) = 2m$, 那么应用引理 5.2.2 可得 m 是素数, 结论成立。

下面考虑 $o(b) = 4$ 的情形。此时 $o(a) = 2$, 采用反证法, 设存在 $c, d \in T \setminus \{a, b\}$ 满足 $o(c) \mid o(d)$, 则 $o(d) \neq 4$。根据引理 5.2.2, 可以得出 $o(d) = 2m$, 这与 $o(a) \mid o(d)$ 矛盾。这表明 $T = \{a, b\}$, 所以 m 是 2 的方幂, 这是因为奇素数阶元素与 T 中的元素不可能邻接。同时, 容易看出 Q_{4m} 不存在 8 阶元素, 这是因为在 $\mathcal{O}^*_{Q_{4m}}$ 中 a 和 b 都与 8 阶元素邻接。因此根据式 (2.3.10) 可得 $m = 2$, 结论得证。 □

5.2.3 平面的阶除图

本小节将研究当有限群 G 的阶除图为平面图和外平面图时群 G 的分类。有关平面图和外平面图的概念可参考文献 [112], 著名的 Kuratowski 定理表明: 图是平面的充要条件是它不包含同胚于完全二部图 $K_{3,3}$ 或者完全图 K_5 的子图; 图是外平面的当且仅当它不包含同胚于二部图 $K_{2,3}$ 或者完全图 K_4 的子图。我们首先给出下面的引理。

引理 5.2.4 设 p 是素数, $k \geqslant 2$ 为正整数, 则

(1) 如果 $p^k \in \pi_e(G)$ 且 $p \geqslant 3$, 那么 $\mathcal{O}_G$ 存在与 $K_{3,3}$ 同构的子图;

(2) 如果 $2^k \in \pi_e(G)$ 且 $k \geqslant 3$, 那么 $\mathcal{O}_G$ 存在与 $K_{3,3}$ 同构的子图;

(3) 如果 $pq \in \pi_e(G)$ 且 p,q 为两个不同的素数, 那么 $\mathcal{O}_G$ 存在与 $K_{3,3}$ 同构的子图;

(4) 如果 G 有两个不同的 4 阶循环子群, 那么 $\mathcal{O}_G$ 存在与 $K_{2,3}$ 同构的子图。

证明 (1) 设 $x \in G$ 且 $o(x) = p^k$, 则由 $\{x, x^{-1}, x^2\} \cup \{e, x^p, x^{-p}\}$ 所诱导的 $\mathcal{O}_G$ 的子图同构于 $K_{3,3}$。

(2) 设 $y \in G$ 且 $o(y) = 2^k$, 则由 $\{y, y^{-1}, y^3\} \cup \{e, y^2, y^{-2}\}$ 所诱导的 $\mathcal{O}_G$ 的子图同构于 $K_{3,3}$。

(3) 设 $z \in G$ 且 $o(z) = pq, p < q$, 则由 $\{z, z^{-1}, e\} \cup \{z^p, z^{-p}, z^q\}$ 所诱导的 $\mathcal{O}_G$ 的子图同构于 $K_{3,3}$。

(4) 设 $\langle a \rangle$ 且 $\langle b \rangle$ 是两个不同的 4 阶循环子群, 则由 $\{e, a^2\} \cup \{a, a^{-1}, b\}$ 所诱导的 $\mathcal{O}_G$ 的子图同构于 $K_{2,3}$。 □

本小节用 $\mathbf{P}$ 表示所有素数构成的集合, 下面我们对平面的阶除图所对应的群进行分类。

定理 5.2.6 $\mathcal{O}_G$ 是平面图的充要条件是 G 同构于下面的群之一:

$$\mathbb{Z}_4, \quad Q_8, \quad \mathcal{P}\text{-群}。$$

证明 设 $\mathcal{O}_G$ 是平面图, 则 $\mathcal{O}_G$ 不存在同构于 $K_{3,3}$ 的子图。设 $p^k \in \pi_e(G)$, 其中 p 为某个素数, 则根据引理 5.2.4(1) 和引理 5.2.4(2) 可得 $k = 1$ 或 $k = 2, p = 2$。现在结合引理 5.2.4(3) 可得 $\pi_e(G) \subseteq \mathbf{P} \cup \{1, 4\}$。如果 G 不存在 4 阶的元素, 那么 G 是一个 $\mathcal{P}$-群。下面设 G 存在 4 阶的元素, 再设 S 是所有 4 阶元素所组成的集合, T 为所有对合组成的集合。容易得到由 $S \cup T \cup \{e\}$ 所诱导的 $\mathcal{O}_G$ 的子图同构于完全三部图 $K_{1,|S|,|T|}$。这说明 G 至少存在两个 4 阶的循环子群并且有唯一的对合 u, 或者说明 G 有唯一的 4 阶循环子群并且最多有两个对合。

若 $\pi_e(G) \subseteq \mathbf{P} \cup \{1, 4\}$, G 至少有两个 4 阶的循环子群并且有唯一的对合 u,

则 $u \in Z(G)$, 其中 $Z(G)$ 为 G 的中心。如果 G 存在奇素数阶元素 x, 那么 ux 的阶数为 $2o(x)$, 这与 $\pi_e(G) \subseteq \mathbf{P} \cup \{1,4\}$ 矛盾。因此, $\pi_e(G) \subseteq \{1,2,4\}$, 于是 G 是 2-群。再根据定理 2.1.1, 存在唯一的 2 阶子群的 2-群或者循环群, 或者广义四元数群, 因此 $G \cong Q_8$。

若 $\pi_e(G) \subseteq \mathbf{P} \cup \{1,4\}$, 则 G 有唯一的 4 阶的循环子群并且最多有两个对合。令 $H = \langle h \rangle$ 为唯一的 4 阶循环子群。因为 H 为 G 中的正规子群, 所以 $N_G(H) = G$。如果存在对合 $x \in G \backslash H$ 满足 $x \in C_G(H)$, 那么 $(xh^2)^2 = e$。又由于 G 至多有两个对合, 从而 $xh^2 = e$, 这说明 $x \in H$, 得到矛盾。如果存在奇素数阶元素 $y \in C_G(H)$, 那么 $o(yh^2) = 2o(y)$, 这与 $\pi_e(G) \subseteq \mathbf{P} \cup \{1,4\}$ 相矛盾。我们得到 $C_G(H) = H$。这样, 根据 "N/C" 定理得到 G/H 同构于 H 的自同构群的子群, 即 $|G| \leqslant 8$。因此 $\mathbb{Z}_4$ 是唯一满足上述条件的群。

综上可知, 必要性成立。下面我们证明充分性, 如果 G 是一个 $\mathcal{P}$-群, 则显然 $\mathcal{O}_G$ 是一个星图, 进而 $\mathcal{O}_G$ 是平面图。此外, 我们容易看出 $\mathcal{O}_{\mathbb{Z}_4}$ 是平面图。最后, 设 Q_8 为 8 阶四元数群, 由图 5.1 可知 $\mathcal{O}_{Q_8}$ 也是平面图。 □

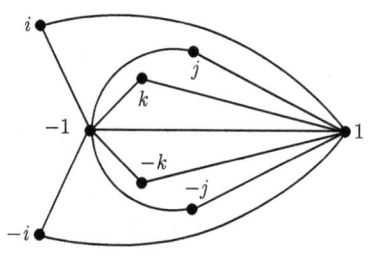

图 5.1 Q_8 的阶因子图

注意到外平面图必定是平面图, 结合定理 5.2.6 和引理 5.2.4(4), 我们可得下面的推论, 这个推论刻画了外平面的阶除图所对应的有限群。

推论 5.2.4 $\mathcal{O}_G$ 是外平面的充要条件是 G 同构于 $\mathbb{Z}_4$ 或一个 $\mathcal{P}$-群。

最后, 我们将定理 5.2.6 和推论 5.2.4 应用到交换群, 可得下面的结论。

推论 5.2.5 设 A 是交换群, 则下面三个条件等价:
(1) $\mathcal{O}_A$ 是平面图;
(2) $\mathcal{O}_A$ 是外平面图;
(3) A 同构于 $\mathbb{Z}_p^n$ 或 $\mathbb{Z}_4$, 其中 p 是素数且 n 是正整数。

第 6 章 群的交换图

设 G 是有限群且 G' 为 G 的某个子集。一般地,我们可以在 G' 上定义交换图,即一个以 G' 为顶点集合的简单图,其中两个不同的顶点 a 与 b 邻接当且仅当 a 与 b 在群 G 中交换,即 $ab = ba$。

Brauer 和 Fowler[50] 首次介绍了交换图的概念,且定义了交换图的诱导子图上距离的概念。许多学者通过选择不同的 G' 来研究交换图[113-115]。此外,Segev 等[116-118] 利用交换图的一些组合参数,解决了可除代数理论中的一个长期存在的猜想。在历史上,交换图的补图也被研究了[119]。

设 G 是一个有限群,用 $Z(G)$ 表示群 G 的中心,即

$$Z(G) = \{x \in G : gx = xg, \forall g \in G\}。$$

本章我们取 $G' = G$,定义群 G 上的交换图 $\Gamma(G)$ 具有顶点集 G,且两个不同的顶点 $x, y \in G$ 相邻当且仅当 $xy = yx$。显然 $\Gamma(G)$ 是一个简单图,即一个没有重边和自环的无向图。因此,幂图 $\mathcal{P}(G)$ 是交换图 $\Gamma(G)$ 的一个生成子图。

设 G 是群且 $H \leqslant G$。如果 H 是交换群,并且当 K 为交换群时,由 $H \leqslant K \leqslant G$ 可得出 $H = K$,那么称 H 称为 G 的极大交换子群。将群 G 的所有极大交换子群构成的集合记为 $\mathcal{MC}_G$。我们在这里标注,群 G 的任一交换子群必定包含于群 G 的某个极大交换子群之中。

设 $n \geqslant 3$ 是整数,回忆一下,$2n$ 阶二面体群如下:

$$D_{2n} = \langle a, b : a^n = b^2 = e, b^{-1}ab = a^{-1} \rangle。$$

二面体群 D_{2n} 的中心为

$$Z(D_{2n}) = \begin{cases} \{e\}, & n \text{ 是奇数}; \\ \{e, a^m\}, & n = 2m。 \end{cases}$$

二面体群 D_{2n} 的极大交换子群 $\mathcal{MC}_{D_{2n}}$ 如下：

$$\mathcal{MC}_{D_{2n}} = \begin{cases} \{\langle a\rangle, \langle ab\rangle, \langle a^2 b\rangle, \cdots, \langle a^n b\rangle\}, & n \text{ 是奇数}; \\ \{\langle a\rangle\} \cup \{C_{D_{2n}}(a^i b) : 0 \leqslant i \leqslant m-1\}, & n = 2m。 \end{cases} \quad (6.0.1)$$

其中, m 为某个正整数且

$$C_{D_{2n}}(a^i b) = \{e, a^m, a^i b, a^{m+i} b\} \cong \mathbb{Z}_2 \times \mathbb{Z}_2, \quad 0 \leqslant i \leqslant m-1。$$

设 $k \geqslant 2$ 是整数, $4k$ 阶的广义四元数群如下：

$$Q_{4k} = \langle x, y : x^k = y^2, x^{2k} = e, y^{-1}xy = x^{-1}\rangle。$$

注意到 $Z(Q_{4k}) = \{e, x^k\}$ 且 $Q_{4k} = \langle x\rangle \cup \{x^i y : 1 \leqslant i \leqslant 2k\}$。同时,

$$o(x^i y) = 4 \text{ 并且 } (x^i y)^2 = x^k, \text{ 其中 } 1 \leqslant i \leqslant k。$$

因此, 广义四元数群的极大交换子群如下：

$$\mathcal{MC}_{Q_{4k}} = \{\langle x\rangle, \langle x^i y\rangle : 1 \leqslant i \leqslant k\}, \quad (6.0.2)$$

其中 $\langle x^i y\rangle = \{x^i y, x^{k+i} y, x^k, e\}$。

设 $n \geqslant 2$ 是整数, 半二面体群 SD_{8n} 是 $8n$ 阶的群, 如下所示：

$$SD_{8n} = \langle a, b : a^{4n} = b^2 = e, bab = a^{2n-1}\rangle。 \quad (6.0.3)$$

事实上,

$$SD_{8n} = \langle a\rangle \cup \{ab, a^2 b, a^3 b, \cdots, a^{4n} b\},$$

其中当 i 为偶数时, $o(a^i b) = 2$; 当 i 为奇数时, $o(a^i b) = 4$。半二面体群的中心为

$$Z(SD_{8n}) = \begin{cases} \{e, a^{2n}\}, & \text{如果 } n \text{ 是偶数}; \\ \{e, a^n, a^{2n}, a^{3n}\}, & \text{如果 } n \text{ 是奇数}。 \end{cases}$$

因此, 当 n 为偶数时, 它的极大交换子群为

$$\mathcal{MC}_{SD_{8n}} = \{\langle a\rangle, Z(SD_{8n}) \cup \{a^i b, a^{2n+i} b\} : 1 \leqslant i \leqslant 2n\}; \quad (6.0.4)$$

当 n 为奇数时, 它的极大交换子群为

$$\mathcal{MC}_{SD_{8n}} = \{\langle a\rangle, Z(SD_{8n}) \cup \{a^i b, a^{n+i} b, a^{2n+i} b, a^{3n+i} b\} : 1 \leqslant i \leqslant n\}。 \quad (6.0.5)$$

6.1 强度量维数

Kumar[120] 给出了半二面体群的交换图的强度量维数。本节对一般有限群上交换图的强度量维数进行刻画, 并计算二面体群、半二面体群、四元数群的交换图的强度量维数。

令 Γ 是图, 则 x 在 Γ 中的开邻域为

$$N_\Gamma(x) = \{y \in V(\Gamma) : d(y,x) = 1\}$$

且 x 在 Γ 中的闭邻域为

$$N_\Gamma[x] = \{y \in V(\Gamma) : d(y,x) \leqslant 1\}.$$

如果上下文情况是清楚的, 我们用 $N(x)$ 和 $N[x]$ 分别记 $N_\Gamma(x)$ 和 $N_\Gamma[x]$。

设 $g \in G$, 定义

$$\mathcal{MC}_g := \{M \in \mathcal{MC}_G : g \in M\}$$

和

$$\mathcal{C}(g) := \bigcap_{M \in \mathcal{MC}_g} M \setminus \bigcup_{M \in \mathcal{MC}_G \setminus \mathcal{MC}_g} M. \tag{6.1.1}$$

因为 $g \in \mathcal{C}(g)$, 所以 $\mathcal{C}(g) \neq \varnothing$。另外,

$$\mathcal{C}(e) = \bigcap_{M \in \mathcal{MC}_G} M.$$

对任意的 $x, y \in G$, 在图 $\Gamma(G)$ 上定义二元关系, 用符号 $\curlywedge$ 表示, 即

$$x \curlywedge y \Leftrightarrow 在 \Gamma(G) 上有 N[x] = N[y].$$

容易看出, $\curlywedge$ 为 G 上的一个等价关系, 将包含元素 x 的等价类记为 $\hat{x}$。现在易得下面的引理。

引理 6.1.1 设 G 是群且 $g \in G$, 则

(1) $|\mathcal{MC}_G| = 1$ 当且仅当 $\mathcal{MC}_G = \{G\}$;

(2) $|\mathcal{MC}_G| = 1$ 当且仅当 G 是交换群;

(3) $N[g] = \bigcup\limits_{M \in \mathcal{MC}_g} M$;

(4) $g^{-1} \in \mathcal{C}(g)$;

(5) $\mathcal{C}(g)$ 是图 $\Gamma(G)$ 的一个团.

引理 6.1.2 设 G 是群且 $g \in G$, 则 $\widehat{g} = \mathcal{C}(g)$. 特别地, $\widehat{e} = Z(G)$ 且 $g^{-1} \in \widehat{g}$.

证明 根据引理 6.1.1(3) 和式 (6.1.1), 显然有 $\mathcal{C}(g) \subseteq \widehat{g}$. 现在设 x 为 G 中的某个元素且 $x \in \widehat{g}$, 只需证明 $x \in \mathcal{C}(g)$. 注意到

$$N[x] = N[g] = \bigcup_{M \in \mathcal{MC}_g} M. \tag{6.1.2}$$

对于任意 $M \in \mathcal{MC}_g$, 根据式 (6.1.2) 可得 $\langle x, M \rangle$ 是 G 的交换子群, 因此 $\langle x, M \rangle = M$. 这说明 $x \in M$, 所以 $x \in \bigcap\limits_{M \in \mathcal{MC}_g} M$. 考虑反面情况, 设存在 $M' \in \mathcal{MC}_G \setminus \mathcal{MC}_g$ 且 $x \in M'$, 则 $M' \subseteq N(g)$, 并且 $\langle g, M' \rangle$ 是群 G 的交换子群. 这表明 $\langle g, M' \rangle = M'$, 从而 $g \in M'$, 得出矛盾. 再根据式 (6.1.1) 可得 $x \in \mathcal{C}(g)$, 结论得证. □

引理 6.1.3 如果 $\{u_1, u_2, \cdots, u_t\}$ 是图 $\mathcal{R}_{\Gamma(G)}$ 的极大团, 那么 $\bigcup\limits_{i=1}^{t} \widehat{u_i}$ 是群 G 的极大交换子群.

证明 根据引理 6.1.1(5), 容易得到 $\bigcup\limits_{i=1}^{t} \widehat{u_i} \subseteq M$ 对某个 $M \in \mathcal{MC}_G$ 成立. 采用反证法, 假设存在 $x \in M \setminus \bigcup\limits_{i=1}^{t} \widehat{u_i}$, 则对任意的 $1 \leqslant i \leqslant t$ 有 $\widehat{x} \neq \widehat{u_i}$. 因此, 可设 x 是 $\mathcal{R}_{\Gamma(G)}$ 的顶点. 又因为 $\{x, u_1, u_2, \cdots, u_t\} \subseteq M$, 这表明 $\{x, u_1, u_2, \cdots, u_t\}$ 是 $\mathcal{R}_{\Gamma(G)}$ 的团. 这与 $\{u_1, u_2, \cdots, u_t\}$ 是极大团矛盾, 从而得到 $\bigcup\limits_{i=1}^{t} \widehat{u_i} = M$. □

取 $M \in \mathcal{MC}_G$, 对于任意的 $x \in M$, 根据引理 6.1.2 和式 (6.1.1) 可得

$$\widehat{x} \subseteq \bigcap_{N \in \mathcal{MC}_x} N \subseteq M.$$

因此, M 是一些 ⋏ 类的不相交的并. 用 $\widehat{M}$ 表示所有包含在 M 中的互不相同的 ⋏ 的全体. 因此, 根据引理 6.1.3 有下面的结论.

定理 6.1.1　设 G 是 n 阶群，则
$$\mathrm{sdim}(\Gamma(G)) = n - \max\{|\widehat{M}| : M \in \mathcal{MC}_G\}。$$

应用定理 6.1.1，可得下面的推论。

推论 6.1.1　设 G 为 n 阶群，则

(1) $\mathrm{sdim}(\Gamma(G)) = n - 1$ 当且仅当 G 是交换群；

(2) $\mathrm{sdim}(\Gamma(G)) = n - 2$ 当且仅当 G 是非交换群并且对每个 $M \in \mathcal{MC}_G$ 有 $N[x] = N[y] = M$ 成立，其中 $x, y \in M \setminus Z(G)$。

证明　(1) 如果 G 是交换群，那么根据引理 6.1.1(1)，可知 $\mathcal{MC}_G = \{G\}$，进而有 $\max\{|\widehat{M}| : M \in \mathcal{MC}_G\} = |\widehat{G}| = 1$。于是根据定理 6.1.1，充分性得证。

下面证明必要性，设 $\mathrm{sdim}(\Gamma(G)) = n-1$，$|\widehat{M}| = 1$ 对某个 $M \in \mathcal{MC}_G$ 成立。如果 $M = G$，那么结论成立。设 $M \neq G$，因为 $e \in M$ 且 $N[e] = G$，所以对任意 $x \in M$ 有 $N[x] = G$。这说明 $M \subseteq Z(G)$，其中 $Z(G)$ 表示 G 的中心。取 $y \in G \setminus M$，则 $M \subset \langle M, y \rangle$，并且 $\langle M, y \rangle$ 为交换群，这与 $M \in \mathcal{MC}_G$ 矛盾，必要性得证。

(2) 根据定理 6.1.1，充分性显然成立。下面证明必要性，设
$$\mathrm{sdim}(\Gamma(G)) = n - 2,$$

由 (1) 知道 G 是非交换的。如果 $M \in \mathcal{MC}_G$，那么 $Z(G) \subset M$ 且 $\widehat{e} = Z(G)$。取 $x, y \in M \setminus Z(G)$，根据定理 6.1.1 可得 $\widehat{x} = \widehat{y}$，因此 $M \subseteq N[x] = N[y]$。如果存在 $\omega \in N[x]$ 满足 $\omega \notin M$，那么 $\langle M, \omega \rangle$ 是可以交换的，这与 $M \subset \langle M, \omega \rangle$ 矛盾。所以 $N[x] = N[y] = M$，结论得证。 □

根据推论 6.1.1(2) 和引理 6.1.2，可得下面的结果。

推论 6.1.2　设 G 是有限非交换群，如果 G 的每极大交换子群的阶数为素数，那么 $\mathrm{sdim}(\Gamma(G)) = |G| - 2$。

最后，我们计算二面体群、广义四元数群及半二面体群的交换图的强度量维数。事实上，根据推论 6.1.1(2)、式(6.0.1)、式(6.0.2)、式(6.0.4)、式(6.0.5)，我们可以省略证明过程，得到下面的结果：
$$\mathrm{sdim}(\Gamma(D_{2n})) = 2n - 2;$$

$$\mathrm{sdim}(\Gamma(Q_{4k})) = 4k - 2;$$

$$\mathrm{sdim}(\Gamma(SD_{8n})) = 8n - 2。$$

6.2　度量维数

设 G 是有限群, $\Gamma(G)$ 是群 G 的交换图。本节将给出 $\Gamma(G)$ 的度量维数的上下界, 计算半二面体群、二面体群和广义四元数群的交换图的度量维数。

对任意的 $x, y \in G$, 我们在图 $\Gamma(G)$ 中, 定义如下的二元关系, 用符号 $\equiv$ 表示:

$$x \equiv y \Leftrightarrow N[x] = N[y] \text{ 或者 } N(x) = N(y)。$$

Hernando 和 Mora[85] 研究了上面的二元关系, 并指出这个二元关系是 G 上的等价关系。我们用符号 $\overline{x}$ 表示在等价关系 $\equiv$ 下包含元素 $x \in G$ 所在的等价类, 用符号 $\overline{G}$ 表示 G 的所有 $\equiv$-类, 即

$$\overline{G} = \{\overline{x} : x \in G\}。$$

设 G 是群, $x \in G$ 为一个对合。如果 $C_G(x) = \langle x \rangle$, 那么称 x 是 G 的一个极大交换对合。例如集合 $\{(1,2), (1,3), (2,3)\}$ 中的每个元素均是对称群 S_3 的极大交换对合。我们用符号 $\lambda(G)$ 表示满足 $|\overline{u}| = 1$ 的非极大交换对合元素 u 的全体, 即

$$\lambda(G) = \{u \in G : o(u) = 2, |\overline{u}| = 1, \{e, u\} \subsetneq C_G(u)\}。$$

本节的主要结论如下。

定理 6.2.1　设 G 是 n 阶群, 则

$$n - |\overline{G}| \leqslant \dim(\Gamma(G)) \leqslant n + |\lambda(G)| - |\overline{G}|。 \tag{6.2.1}$$

定理 6.2.1 直接蕴涵下面的两个结果。

推论 6.2.1　设 G 是群且 $\lambda(G) = \varnothing$, 则 $\dim(\Gamma(G)) = n - |\overline{G}|$。

推论 6.2.2　设 G 是奇数阶群, 则 $\dim(\Gamma(G)) = n - |\overline{G}|$。

下面我们应用本节的主要结论 (即定理 6.2.1), 分别计算二面体群、广义四元数群及半二面体群的交换图的度量维数。我们在这里标注, 文献 [114] 和文献 [120] 分别得到了二面体群和半二面体群的交换图的度量维数, 所采用的方法与本节所采用的方法不同。

例 6.2.1 设 $n \geqslant 3$, D_{2n} 为式 (2.1.2) 所表示的二面体群, 则

$$\dim(\Gamma(D_{2n})) = \begin{cases} 2n - 3, & n \text{ 是奇数}; \\ 3m - 2, & n = 2m, \text{ 其中 } m \text{ 为某个正整数}. \end{cases}$$

证明 根据式 (6.0.1), 容易看出如果 n 是奇数, 那么

$$\overline{D_{2n}} = \{\overline{a}, \overline{b}, \overline{e}\},$$

其中 $\overline{a} = \langle a \rangle \backslash \{e\}$, $\overline{b} = \{ab, a^2b, \cdots, a^nb\}$, 且 $\overline{e} = \{e\}$。

如果 $n = 2m$ 对某个正整数 m 成立, 那么

$$\overline{D_{2n}} = \{\overline{a}, \overline{e}, \overline{b}, \overline{ab}, \cdots, \overline{a^{m-1}b}\},$$

其中 $\overline{a} = \langle a \rangle \backslash \{e, a^m\}$, $\overline{e} = \{e, a^m\}$, 且对任意的 $0 \leqslant i \leqslant m-1$ 有 $\overline{a^ib} = \{a^ib, a^{m+i}b\}$。现在再利用推论 6.2.1, 结论成立。 □

例 6.2.2 设 $k \geqslant 2$ 为整数, Q_{4k} 为式 (2.1.3) 所表示的广义四元数群, 则

$$\dim(\Gamma(Q_{4k})) = 3k - 2.$$

证明 根据式 (6.0.2), 容易看出

$$\overline{Q_{4k}} = \{\overline{x}, \overline{e}, \overline{xy}, \overline{x^2y}, \cdots, \overline{x^ky}\},$$

其中 $\overline{x} = \langle x \rangle \backslash \{e, x^k\}$, $\overline{e} = \{e, x^k\}$, 且对任意的 $0 \leqslant i \leqslant k$ 有 $\overline{x^iy} = \{x^iy, x^{k+i}y\}$。现在利用推论 6.2.1, 结论成立。 □

例 6.2.3 设 $n \geqslant 2$ 且 SD_{8n} 为式 (6.0.3) 所表示的半二面体群, 则

$$\dim(\Gamma(SD_{8n})) = \begin{cases} 6n - 2, & n \text{ 是偶数}; \\ 7n - 2, & n \text{ 是奇数}. \end{cases}$$

证明 根据式 (6.0.4), 容易看出如果 n 是偶数, 那么

$$\overline{SD_{8n}} = \{\overline{a}, \overline{e}, \overline{a^i b} : 1 \leqslant i \leqslant 2n\},$$

其中 $\overline{a} = \langle a \rangle \setminus \{e, a^{2n}\}$, $\overline{e} = \{e, a^{2n}\}$, 且 $\overline{a^i b} = \{e, a^{2n}, a^i b, a^{2n+i} b\}$。根据式 (6.0.5), 容易看出如果 n 是奇数, 那么

$$\overline{SD_{8n}} = \{\overline{a}, \overline{e}, \overline{a^i b} : 1 \leqslant i \leqslant n\},$$

其中 $\overline{a} = \langle a \rangle \setminus \{e, a^n, a^{2n}, a^{3n}\}$, $\overline{e} = \{e, a^n, a^{2n}, a^{3n}\}$, 并且

$$\overline{a^i b} = \{a^i b, a^{n+i} b, a^{2n+i} b, a^{3n+i} b\}.$$

现在利用推论 6.2.1, 结论成立。 $\square$

下面我们将证明本节的主要定理, 即我们一开始叙述的定理 6.2.1, 我们首先从一系列引理的证明开始。

引理 6.2.1 设 G 是非交换群且 $x, y \in G$ 满足 $x \neq y$, 则有

(1) $\widehat{x} \subseteq \overline{x}$;

(2) $N(x) = N(y)$ 当且仅当 x 和 y 是 G 的极大交换对合。

证明 (1) 根据等价关系 $\equiv$ 和 $\curlywedge$ 的定义, 显然结论成立。

(2) 根据极大交换对合的定义, 充分性成立。下面证明必要性, 设 $N(x) = N(y)$, 则 x 与 y 不可以交换。假设存在元素 $z \in G \setminus \{x, y, e\}$ 满足 $zx = xz$, 则 $z \in N(y)$, 因而 $zy = yz$。现在考虑元素 zx, 如果 $zx = e$, 那么 $z = x^{-1} \neq x$, 从而 $x^{-1} y = y x^{-1}$, 这表明 $xy = yx$, 得出矛盾。这样, 我们设 $zx \neq e$, 显然 $zx \neq x$ 且顶点 zx 与顶点 x 在图 $\Gamma(G)$ 中邻接。这意味着 $zx \neq y$, 从而 $zx \in N(y)$, 进一步我们有

$$zxy = (yz)x = (zy)x = zyx.$$

因此 $xy = yx$, 得出矛盾。于是我们有 $N(x) = \{e, x\}$, 这说明 x 是对合, 并且 $C_G = \langle x \rangle$, 所以 x 是 G 的极大交换对合。类似地, 可得 y 是 G 的极大交换对合, 结论得证。 $\square$

引理 6.2.2 设 G 为有限非交换群并且 $x \in G$, 则 $\overline{x} = \{x\}$ 当且仅当下列条件之一成立:

(1) $Z(G) = \{x\} = \{e\}$;

(2) G 存在唯一的极大交换对合 x;

(3) x 是非极大交换的对合并且 $\widehat{x} = x$。

特别地, 如果 $\overline{x} = \{x\}$, 那么 $\widehat{x} = \{x\}$ 且 $o(x) \leqslant 2$。

证明 先证明充分性。如果 (1) 成立, 取 $a \in \overline{x}$, 那么 $N(a) = N(e) = G \setminus \{e\}$ 成立, 或者 $N[a] = N[e] = G$ 成立。这意味着 $a \in Z(G)$, 因此 $a = e$, 结论成立。

如果 (2) 成立, 那么 $N[x] = \{e, x\}$ 且 $N(x) = \{e\}$。设 $b \in \overline{x}$, 若 $N(b) = N(x) = \{e\}$, 则 b 是极大交换对合, 因此 $b = x$, 结论成立。进一步, 如果 $N[b] = N[x] = \{e, x\}$, 那么 $b \in \{e, x\}$。又因为 G 是非交换的, 所以必有 $b = x$, 从而 $|\overline{x}| = 1$, 结论成立。

如果 (3) 成立, 那么 $\widehat{x} = \{x\}$。考虑反面情况, 设存在 $c \in \overline{x} \setminus \{x\}$, 则 $N(c) = N(x)$。根据引理 6.2.1(2), 得到 x 是极大交换对合, 得到矛盾。因此 $|\overline{x}| = 1$, 结论成立。

再证明必要性。设 $\overline{x} = \{x\}$。由引理 6.2.1(1), 得到 $\widehat{x} \subseteq \overline{x}$, 所以 $\widehat{x} = \{x\}$。同时, 根据引理 6.2.1 有 $o(x) \leqslant 2$。如果 $x = e$, 那么由引理 6.1.2, 得到 $\widehat{e} = Z(G) = \{x\}$, 所以 (1) 成立。设 $o(x) = 2$, 如果 x 是极大交换对合, 那么 $\overline{x} = \{x\}$, 由引理 6.2.1(2), 可知 G 有唯一极大交换对合, 此极大交换对合即为 x, 所以 (2) 成立。此外, 如果 x 不是极大交换对合, 显然 (3) 成立。 $\square$

引理 6.2.3 设 G 是非交换群, 则在图 $\Gamma(G)$ 中任意的 $\equiv$-类是 人-类或者群 G 的极大交换对合的全体。特别地, 如果 $\equiv$-类包含群 G 的极大交换对合, 那么该 $\equiv$-类由群 G 的所有极大交换对合组成。

证明 设 $\overline{x}$ 是 G 上的一个 $\equiv$-类。如果 $\overline{x} = \{x\}$, 那么引理 6.2.2 表明了 $\overline{x} = \widehat{x}$, 结论成立。因此, 在下面的证明过程中设 $|\overline{x}| \geqslant 2$。现在取不同的 $a, b \in \overline{x}$, 分两种情况考虑。

情况 1 $N(a) = N(b)$。

根据引理 6.2.1(2), 可知 a 和 b 都是极大交换对合。如果 $\overline{x} = \{a, b\}$, 那么根据引理 6.2.1(1), 可得 $\overline{x} = \widehat{x}$, 结论成立。下面假设存在 $c \in \overline{x} \setminus \{a, b\}$, 如果 $N[c] = N[a]$, 那么 $c \in N[c] = \{e, a\}$, 从而 $c = a$, 得到矛盾。因此, 必有 $N(a) = N(c)$。再根据引理 6.2.1(2), 可以得出 c 也是极大交换对合。因此, $\overline{x}$ 的每

个元素是极大交换对合。进一步,如果 d 是 G 的极大交换对合,那么 $N(d) = N(a)$, 从而 $d \in \bar{x}$。在这种情况下, 我们得出了 $\bar{x}$ 由 G 的所有极大交换对合组成。

情况 2 $N[a] = N[b]$。

对任意两个不同的 $a, b \in \bar{x}$, 有 $N[a] = N[b]$, 这说明 $\bar{x} \subseteq \hat{x}$。再根据引理 6.2.1(1), 结论成立。 □

引理 6.2.4 设 G 是非交换群,如果 $\overline{G}$ 包含两个不同的元素 $\bar{a}$ 和 $\bar{b}$,那么存在 $M \in \mathcal{MC}_G$ 使得 $\bar{a}$ 和 $\bar{b}$ 中之一包含在 M 中,而另一个与 M 的交为空集。

证明 我们分两种情况证明该结论, 具体如下。

情况 1 $\bar{a}$ 和 $\bar{b}$ 中之一包含极大交换对合。

不失一般性, 假设 $\bar{a}$ 包含极大交换对合。根据引理 6.2.3, 可以得出 $\bar{a}$ 由 G 的所有极大交换对合组成,即 $\bar{b}$ 中不存在极大交换对合。再次应用引理 6.2.3, 可得 $\bar{b} = \hat{b}$。现在结合引理 6.1.1 和引理 6.1.2, 可知 $\bar{b}$ 是一个团。注意由 $\bar{b}$ 生成的子群为交换群。因此,可取 $M \in \mathcal{MC}_G$ 且 $\bar{b} \subseteq M$。如果 $M \cap \bar{a} = \varnothing$, 那么 M 便是我们要寻找的极大交换子群。这样,在下面的证明过程中,假设存在 $x \in M \cap \bar{a}$, 从而 $\bar{b} \subseteq M \subseteq N[x]$。在这种情况下,$b \neq x$ 和 $N[x] = \{e, x\}$ 成立,因此 $\bar{b} = \{e\}$。回顾初等结论: 如果群的每个元素的阶数至多为 2, 那么该群是交换群。因为 G 是非交换群, 所以 G 中至少存在元素 y 满足 $o(y) \geqslant 3$。设 $M' \in \mathcal{MC}_G$ 且 $y \in M'$, 显然有 $\bar{b} \subseteq M'$。同时,可以得出 M' 不包含极大交换对合; 否则, 存在极大交换对合使得它的邻域包含 y, 这与极大交换对合的定义相矛盾。故 $M' \cap \bar{a} = \varnothing$, 因此, M' 就是我们要寻找的极大交换子群。

情况 2 $\bar{a}$ 和 $\bar{b}$ 都不包含极大交换对合。

从引理 6.2.3 可以得出 $\bar{a} = \hat{a}$ 和 $\bar{b} = \hat{b}$。现在结合引理 6.1.1 和引理 6.1.2 可得 $\bar{a}$ 和 $\bar{b}$ 都是图 $\Gamma(G)$ 的团。因为 $\bar{a} \neq \bar{b}$, 所以有 $\mathcal{MC}_a \neq \mathcal{MC}_b$。不失一般性,假设存在 $M \in \mathcal{MC}_a$ 且 $M \notin \mathcal{MC}_b$。

现在我们断言 $M \cap \bar{b} = \varnothing$。若 $M \cap \bar{b} \neq \varnothing$, 取 $x \in M \cap \bar{b}$, 可以得出 $N[x] = N[b]$ 且 $M \subseteq N[x]$, 从而 $M \subseteq N[b]$, 所以 $\langle M, b \rangle$ 是可以交换的。又因为 $M \in \mathcal{MC}_G$, 所以 $\langle M, b \rangle = M$。这说明 $b \in M$, 从而 $M \in \mathcal{MC}_b$, 得出矛盾。于是上述断言成立,即 $M \cap \bar{b} = \varnothing$。现在根据式 (6.1.1) 可以推出 $\bar{a} \subseteq M$, 因此 M 就是我们要寻找的极大交换子群。 □

对不同的 $x, y \in G$, 设

$$R(x, y) := \{z \in G : d(x, z) \neq d(y, z)\}$$

为图 $\Gamma(G)$ 中可解顶点 x 和 y 的顶点的全体构成的集合。注意到 G 是交换群的充要条件是 $\Gamma(G)$ 为完全图。容易看出,如果 G 不是交换群,那么 $\Gamma(G)$ 的直径为 2。这是因为在图 $\Gamma(G)$ 中单位元 e 与任意其他顶点都是邻接的。

引理 6.2.5 设 G 是非交换群,$x_1, \cdots, x_r$ 是 G 在等价关系 $\equiv$ 下的所有等价类的一组代表元,则

$$S = \lambda(G) \cup (G \setminus \{x_1, \cdots, x_r\})$$

是图 $\Gamma(G)$ 的一个可解集。

证明 因为 G 是非交换群,根据群论知识可得 G 中存在元素 g 满足 $o(g) \geqslant 3$。再由引理 6.2.3 可得 $\overline{g} = \overline{g}$ 并且 $|\overline{g}| \geqslant 2$,因此 g 和 g^{-1} 中必有一个属于 S,这可推出 $S \neq \varnothing$。另外,取元素 $h \in G \setminus Z(G)$,可以推出 $\overline{h} \neq \overline{e}$,因此 $r \geqslant 2$。

注意到对于不同的下标 $i, j \in \{1, \cdots, r\}$ 有 $x_i \neq x_j$,我们只需要证明在 S 中存在顶点使得这个顶点可解 $\{x_1, \cdots, x_r\}$ 中的任意一对顶点。假设 a 和 b 是 $\{x_1, \cdots, x_r\}$ 中的两个不同的元素,接下来,我们将证明对于某个 $s \in S$ 有 $s \in R\{a, b\}$ 成立。由于 $\overline{a} \neq \overline{b}$,根据引理 6.2.4 可得存在 $M \in \mathcal{MC}_G$ 使得

$$\overline{a} \subseteq M, \ \overline{b} \cap M = \varnothing。 \tag{6.2.2}$$

这意味着 $\overline{a}$ 是一个团。同时,我们可以得出 $\langle M, b \rangle$ 是非交换的;否则,可得 $\langle M, b \rangle = M$,进而有 $b \in M$,这与式 (6.2.2) 矛盾。因此,至少存在元素 $x \in M$ 使得 x 和 b 不可以交换,即 $d(x, b) = 2$。又因为 $x \neq e$,如果 $x \in S$,那么 x 和 a 是可以交换的。因此 $d(x, a) = 1$,从而 $x \in S \cap R\{a, b\}$,结论得证。这样,在下面的证明过程中,可以假设 $x \notin S$,下面分两种情况完成证明。

情况 1 $|\overline{a}| \geqslant 2$。

设 $a' \in \overline{a} \setminus \{a\}$,则 $a' \in S$。因为 $\overline{a}$ 是一个团,根据引理 6.2.3,我们有 $N[a] = N[a']$。如果 $x = a$,由于 $d(a, b) = 2$,可得 $b \notin N[a]$,从而 $b \notin N[a']$。这说明

$a' \in R\{a,b\}$，得证。因此可设 $x \neq a$，由于 $\overline{a} \subseteq N(x)$，故 x 不是极大交换对合。又注意到 $x \notin S$ 和 $x \neq e$，因此根据引理 6.2.2 可得出 $|\overline{x}| \neq 1$，从而 $|\overline{x}| \geqslant 2$。下面取 $x' \in \overline{x} \cap S$，根据引理 6.2.3 可得出 $N[x] = N[x']$，因为 $d(x,a) = 1$ 和 $d(x,b) = 2$，所以 $d(x',b) = 2$ 和 $d(x',a) = 1$。这蕴涵 $x' \in S \cap R\{a,b\}$，于是在这种情况下结论成立。

情况 2 $|\overline{a}| = 1$。

由于 $a \notin S$，因此根据引理 6.2.2，下面我们再分两种情况完成证明。

子情况 2.1 $a = e$。

在此情况下，$Z(G) = \{e\}$。如果存在 $s \in S$ 满足 s 和 b 不可以交换，显然 $s \in R\{a,b\}$，结论成立。为了得出矛盾，假设对任意的 $s \in S$ 有 s 与 b 可以交换，这说明 $|\overline{x}| = 1$。故根据引理 6.2.2 可知 x 是唯一的极大交换对合，因此 $M = \{a,x\}$。

下面设 $y \in G \setminus \{a,x,b\}$。如果 $|\overline{y}| = 1$，那么由引理 6.2.2 可以得到 $y \in \lambda(G)$，所以 $y \in S$，即 $y \in N[b]$。设 $|\overline{y}| \geqslant 2$，那么 $|\overline{y}|$ 是一个团。取 $y' \in \overline{y} \cap S$，因为 $d(y',b) = 1$，所以 $b \in N[y] = N[y']$。结合两种情况可得 $y \in C_G(b)$，这说明 $|C_G(b)| = |G| - 1$，得到矛盾，这是因为 G 是非交换的，$C_G(b)$ 是 G 的子群。

子情况 2.2 a 是唯一极大交换对合。

在此情况下，有 $x = a$ 和 $M = \{a,e\}$。如果 $|\overline{b}| = 1$，由于 $b \notin S$ 和 $b \neq a$，再根据引理 6.2.2 得 $b = e$，这与式 (6.2.2) 相矛盾。故 $|\overline{b}| \geqslant 2$，因此存在 $b' \in \overline{b}$ 使得 $b' \in S$。此外，由引理 6.2.3 可得 $N[b] = N[b']$，从而 a 和 b 不交换，所以 a 和 b' 也不可以交换。因此 $b' \in R\{a,b\}$，结论得证。 □

将文献 [85] 中的结果应用到交换图，我们可得下面的命题。

命题 6.2.1 ([85]) 假设 G 是一个有限群，取任意的 $u,v \in G$。如果在 $\Gamma(G)$ 中 $u \equiv v$，那么对于任意的 $x \in G \setminus \{u,v\}$ 有 $d(u,x) = d(v,x)$。

下面我们完成本节的主要结论 (即定理 6.2.1) 的证明。

定理 6.2.1 的证明 如果 G 是交换的，那么 $\Gamma(G)$ 是完全图，因此 $|\overline{G}| = 1$。现在根据文献 [95] 中的定理 3，可以得出 $\dim(\Gamma(G)) = n-1$，此时满足式 (6.2.1)，结论成立。下面考虑 G 是非交换的情形。引理 6.2.5 表明

$$\dim(\varGamma(G)) \leqslant n + |\lambda(G)| - |\overline{G}|. \tag{6.2.3}$$

设 S 是图 $\varGamma(G)$ 的解析集并且满足 $|S| = \dim(\varGamma(G))$。为了得出矛盾, 设 $|S| < n - |\overline{G}|$。这说明至少有两个不同的 x,y 在某个 $\equiv$-类中且满足 $\{x,y\} \cap S = \varnothing$。注意到 $\overline{x} = \overline{y}$, 根据命题 6.2.1, 对任意的 $s \in S$ 有 $d(x,s) = d(y,s)$。因此, S 中的每元素不可解 x 和 y, 这与 S 是可解集矛盾。由此可得

$$n - |\overline{G}| \leqslant \dim(\varGamma(G))。 \tag{6.2.4}$$

现在结合式 (6.2.3) 和式 (6.2.4), 我们可得到式 (6.2.1) 成立, 结论得证。 □

6.3 对称群上交换图的完备码

设 G 是一个有限群, 用 $Z(G)$ 表示群 G 的中心, 即

$$Z(G) = \{x \in G : gx = xg, \forall g \in G\}。$$

本节我们考虑的交换图需要去掉群中心中的元素, 因此, 群中心里面的元素与其他任何元素均可以交换, 而在交换图上, 群中心里面的顶点与其他任何顶点均相邻。具体定义如下, 定义群 G 上的交换图 $\varGamma(G)$ 具有顶点集 $G \setminus Z(G)$, 且两个不同的顶点 $x,y \in G \setminus Z(G)$ 相邻当且仅当 $xy = yx$。显然 $\varGamma(G)$ 是一个简单图, 即一个没有重边和自环的无向图。

1955 年, 著名数学家 Brauer 和 Fowler[50] 为了证明仅有有限个偶数阶群具有规定的 Centraliser, 首次引入了群的交换图。从群与图的研究历史上看, 交换图在群论中有非常重要的应用。例如: Jerrum[51] 利用交换图研究了在阶数非常大的群中找到非常小的共轭类的表示方法; Abdollahi 等[54] 利用交换图识别有限非交换单群。

从研究信息论开始, 完备码就成了编码理论中重要的研究对象。大体来说, 如果一个码具有最大可能的纠错能力, 则称该码为一个完备码。在编码论中, 许多学者研究了在 Hamming 或 Lee 度量之下的完备码问题。例如在 20 世纪 70 年代, 学者们证明了著名的猜想: 在 Hamming 度量之下, Hamming 码和 Golay 码是仅

存的非平凡线性完备码。从数学的角度出发, 在任意有限的度量空间中可以定义完备码。特别地, 因为在通常的图距离之下, 任何图都能被看成一个度量空间, 所以在图中可以很自然地定义完备码, 参考文献 [65]。

本节所考虑的图均是有限简单图。令 Γ 是一个图, 用 $V(\Gamma)$ 和 $E(\Gamma)$ 分别表示 Γ 的顶点集和边集。如果对于 $V(\Gamma)$ 的一个子集, 该子集中的任意两个顶点之间均没有边, 则称该子集是 Γ 的一个独立集。设 C 是 $V(\Gamma)$ 的一个子集, 如果 C 是一个独立集且对集合 $V(\Gamma) \setminus C$ 中的任意一个顶点, 在 C 中恰好存在一个顶点与之相邻, 则称 C 是 Γ 的一个完美码。显然, 如果 C 是 Γ 的一个完美码, 则 $|C|$ 是 Γ 的独立数, 即 Γ 中最大独立集的大小。此外, 由于图的一个完备码也是该图的一个控制集, 因此在图论中, 完备码也被称为有效控制集[66] 或独立完备控制集[67]。

图的完备码问题主要是指: (1) 判断图是否具有完备码; (2) 如果图具有完备码, 那么应如何找到它的完备码。由于构造在群上的图的完备码问题与编码理论、群论及图论有密切的联系, 因此该问题近十几年来受到了国内外学者的广泛关注。

设 X 是一个 n-元集合, X 上的一个双射称为该集合上的一个置换。由 X 上的若干个置换关于映射的合成运算构成的群称为 X 上的置换群。特别地, 集合 X 上的所有置换关于映射的合成运算能构成一个群, 称该群为 n-次对称群, 记为 S_n。显然, 恒等映射是 S_n 的单位元, 本节记恒等映射为 (1)。众所周知, 任一有限群同构于某个有限集合上的一个置换群 (凯莱定理)。把集合 X 上的全体偶置换关于映射的合成构成的群称为 X 上的 n-次交错群, 记为 A_n。显然 A_n 是 S_n 的一个指数为 2 的子群。对于交错群, 众所周知对任一 $n \geqslant 5$, A_n 是一个单群。

本节主要研究了对称群和交错群上交换图的完备码问题。由于交换群的交换图是平凡的, 所有本节考虑非交换群。注意对称群 S_n 是非交换的当且仅当 $n \geqslant 3$, 并且 A_n 是非交换的当且仅当 $n \geqslant 4$。此外, 注意对任意 $n \geqslant 3$, $Z(S_n) = \{(1)\}$; 对任意 $n \geqslant 4$, $Z(A_n) = \{(1)\}$。本节主要证明了下面两个定理。

定理 6.3.1 设 $n \geqslant 3$, 则 $\Gamma(S_n)$ 存在完备码当且仅当 $n = 3$ 或 5。

定理 6.3.2 设 $n \geqslant 4$, 则 $\Gamma(A_n)$ 存在完备码当且仅当 $n \leqslant 6$。

此外, 在对称群及交错群上交换图有完备码的情况下, 本节也确定了这些交换图的所有完备码。

6.3.1 预备知识

设 G 是一个群, 对于任一子集 $U \subseteq G$, 用 U^* 表示 $U \setminus Z(G)$. 对于 $x \in G$, 用 $C_G(x)$ 表示 x 在 G 中的中心化子, 即

$$C_G(x) = \{g \in G : gx = xg\}.$$

注意在 $\Gamma(G)$ 中, 对任意 $x \in V(\Gamma(G))$, 可知 $C_G(x)^*$ 恰好是顶点 x 在图 $\Gamma(G)$ 中的闭邻域, 即

$$C_G(x)^* = \{v \in V(\Gamma(G) : x \text{ 和 } v \text{ 相邻}\} \cup \{x\}.$$

因此, 根据交换图及完备码的定义, 下面的结果是显然的.

引理 6.3.1 设 G 是一个群且 C 是 G^* 的一个子集, 则 C 是 $\Gamma(G)$ 的完备码的充分必要条件是 $\{C_G(x)^* : x \in C\}$ 是 G^* 的一个划分.

给定一个正整数 $n \geqslant 3$, 用 D_{2n} 表示阶为 $2n$ 的二面体群, 即

$$D_{2n} = \langle a, b : a^n = b^2 = e, bab = a^{-1}\rangle.$$

注意对任意 $1 \leqslant i \leqslant n$, 有 $o(a^i b) = 2$ 并且

$$D_{2n} = \langle a \rangle \cup \{b, ab, a^2 b, \cdots, a^{n-1} b\}.$$

如果 n 为偶数, 不妨设为 $n = 2m$, 则 $Z(D_{2n}) = \{e, a^m\}$. 于是对任意 $1 \leqslant i \leqslant n-1$ 且 $i \neq m$, 以及任意 $0 \leqslant j \leqslant m-1$, 容易验证

$$C_{D_{2n}}(a^i)^* = \langle a \rangle \setminus \{e, a^m\}, \quad C_{D_{2n}}(a^j b)^* = \{a^j b, a^{m+j} b\}. \tag{6.3.1}$$

如果 n 为奇数, 不妨设为 $n = 2m+1$, 则 $Z(D_{2n}) = \{e\}$. 此外, 对任意 $1 \leqslant i \leqslant n-1$ 和任意 $0 \leqslant j \leqslant m-1$, 容易验证

$$C_{D_{2n}}(a^i)^* = \langle a \rangle \setminus \{e\}, \quad C_{D_{2n}}(a^j b)^* = \{a^j b\}. \tag{6.3.2}$$

现在根据引理 6.3.1 以及式 (6.3.1) 和式 (6.3.2), 可得下面的例子.

例 6.3.1 假设 $n \geqslant 3$ 是一个正整数, 则 $\Gamma(D_{2n})$ 存在完备码. 特别地, 如果 $n = 2m$, 则 $\{a, b, ab, a^2 b, \cdots, a^{m-1} b\}$ 是 $\Gamma(D_{2n})$ 的一个完备码; 如果 $n = 2m+1$, 则 $\{a, b, ab, a^2 b, \cdots, a^{2m} b\}$ 是 $\Gamma(D_{2n})$ 的一个完备码.

给定一个正整数 $m \geqslant 2$, 用 Q_{4m} 表示阶为 $4m$ 的广义四元素群, 即

$$Q_{4m} = \langle x, y : x^m = y^2, x^{2m} = e, y^{-1}xy = x^{-1} \rangle.$$

注意 $Z(Q_{4m}) = \{e, x^m\}$ 且对任意 $1 \leqslant i \leqslant m$, 有 $o(x^i y) = 4$。此外

$$Q_{4m} = \langle x \rangle \cup \{x^i y : 1 \leqslant i \leqslant 2m\}$$

并且对任意 $1 \leqslant i < 2m$ 且 $i \neq m$, 以及 $1 \leqslant j \leqslant m$, 有

$$C_{Q_{4m}}(x^i)^* = \langle x \rangle \setminus \{e, x^m\}, \quad C_{Q_{4m}}(x^j y)^* = \{x^j y, x^{m+j} y\}. \tag{6.3.3}$$

于是, 根据引理 6.3.1 以及式 (6.3.3), 我们可得下面的例子。

例 6.3.2 假设 $m \geqslant 2$ 是一个正整数, 则 $\Gamma(Q_{4m})$ 存在完备码。特别地,

$$\{x, xy, x^2y, \cdots, x^m y\}$$

是 $\Gamma(Q_{4m})$ 的一个完备码。

下面的引理对本节主要结果的证明非常重要且被引用了多次。

引理 6.3.2 设 G 是一个群且 $a, x, y \in G \setminus Z(G)$, 如果 $\Gamma(G)$ 存在一个完备码 C 使得 $a \in C$, $xa = ax$ 且 $x \in \langle y \rangle$, 则 $ay = ya$。

证明 利用反证法证明, 假设 $ay \neq ya$。显然 $x \neq y$。注意 $x \in \langle y \rangle$ 蕴涵着 x 和 y 可以交换, 并且存在一个整数 t 使得 $x = y^t$, 因此, 根据完备码的定义可知 $y \notin C$。现在由于在 $\Gamma(G)$ 中, y 和 a 是不相邻的, 于是在 $C \setminus \{a\}$ 中必然存在一个元素 b 使得 $y \in C_G(b)$。于是可得 $xb = y^t b = b y^t = bx$, 这意味着在 $\Gamma(G)$ 中, x 和 b 是相邻的, 与 C 是一个完备码矛盾。 □

6.3.2 主要定理的证明

我们首先证明定理 6.3.1, 同时给出 $\Gamma(S_3)$ 和 $\Gamma(S_5)$ 的所有完备码的结构。

引理 6.3.3 设 $n \geqslant 4$ 是一个整数, 如果 $\Gamma(S_n)$ 有一个完备码 C, 则对任意两个不同的元素 $i, j \in \{1, 2, \cdots, n\}$, 有 $(ij) \notin C$。

证明 利用反证法证明，假设存在两个不同的元素 $i,j \in \{1,2,\cdots,n\}$ 使得 $(ij) \in C$。因为 $n \geqslant 4$，所以在集合 $\{1,2,\cdots,n\}\setminus\{i,j\}$ 中可以取到两个不同的元素，不妨设为 l,k。于是有 $(ij)(lk) \in C_{S_n}((ij))$。此外，注意到 $(iljk)^2 = (ij)(lk)$，可根据完备码定义得到 $(iljk) \notin C$。现在 $(iljk)(ij) = (il)(jk) \neq (ij)(iljk) = (ik)(jl)$ 蕴涵 $(iljk) \notin C_{S_n}((ij))$。注意 $(ij)(lk) \in \langle(iljk)\rangle$，于是根据引理 6.3.2 可得 $(iljk)(ij) = (ij)(iljk)$，这是一个矛盾。 □

引理 6.3.4 设 $n \geqslant 4$ 是一个整数，如果 C 是 $\Gamma(S_n)$ 的一个完备码，则 $(ij)(pq) \notin C$，其中 $(ij)(pq)$ 是两个不相交的 2-循环的乘积。

证明 利用反证法证明，假设存在两个不相交的 2-循环的乘积 $(ij)(pq)$ 使得该元素属于 C。因为 $(ij)(pq)$ 和 $(ip)(jq)$ 在群 S_n 中可以交换，所以根据完备码定义可知 $(ip)(jq) \notin C$。现在注意 $(ijpq)$ 是 S_n 中的一个元素并且 $(ip)(jq) \in \langle(ijpq)\rangle$。此外，容易验证 $(ijpq)$ 和 $(ij)(pq)$ 在群 S_n 中不可以交换，但引理 6.3.2 蕴涵 $(ijpq)$ 和 $(ij)(pq)$ 在群 S_n 中可以交换，这是一个矛盾。 □

引理 6.3.5 如果 $n \geqslant 4$ 且 $n \neq 5$，则 $\Gamma(S_n)$ 不存在完备码。

证明 利用反证法证明，假设 $\Gamma(S_n)$ 有一个完备码 C。首先考虑 $n=4$，根据引理 6.3.3 和引理 6.3.4，可知 (12)、(34)、$(12)(34)$ 均不属于 C。另外，容易验证

$$C_{S_4}((12)) = \{(1),(12),(34),(12)(34)\}.$$

于是在完备码 C 中没有元素可以与 (12) 相邻，这与完备码的定义矛盾。

下设 $n \geqslant 6$，令 $x = (12)(34)$ 且 $w = (13)(24)$。根据引理 6.3.4，可知 $x, w \notin C$。现在设 C 中存在元素 a 使得 a 和 x 在 $\Gamma(S_n)$ 中是相邻的，其中 a 是一些不相交的循环的乘积。于是 $(12)(34)a = a(12)(34)$。因此可以假设

$$a = \tau\sigma,$$

其中 $\tau \in \{(1),(12),(34),(13)(24),(12)(34),(14)(23),(1324),(1423)\}$，且 σ 是一些不相交循环的乘积使得它不包含数字 1、2、3、4。

假如 σ 至少包含三个两两不同的数字，不妨设这三个数字为 i,j,k 且使得 $i^\sigma = k$。注意 $i,j,k \notin \{1,2,3,4\}$。现在令 $y = (ij)(1324)$。显然 y 和 x 可以交换，

故根据完备码定义知 $y \notin C$。此外, 容易验证 y 和 σ 不能交换, 于是 y 和 a 不能交换。现在因为 $x = y^2$, 所以引理 6.3.2 蕴涵一个矛盾。

因此, 下面可以假设 $\sigma = (1)$ 或 (ij), 其中 $i \neq j$ 且 $i, j \notin \{1, 2, 3, 4\}$, 即 $a = \tau$ 或 $\tau(ij)$。于是结合引理 6.3.3 和引理 6.3.4 可知 $\tau \notin \{(1), (12), (34)\}$。

情况 1 $\tau \in \{(13)(24), (14)(23)\}$。

令 $z = (1324)$, 则容易验证 a 和 z 不可以交换。因为 $x = z^2$, 所以 z 和 x 可以交换。于是根据完备码定义可知 $z \notin C$。因此 $z \notin C_{S_n}(a) \cup C$。现在考虑 x, a, z 这三个元素, 可知这与引理 6.3.2 矛盾。

情况 2 $\tau = (12)(34)$。

注意 $w = (13)(24) \notin C$, 并且在该情况下 $a = (12)(34)(ij)$, 因此 $w \in C_{S_n}(a)$。现在令 $u = (1234)$, 则 u 与 w 可以交换, 于是根据完备码定义可知 $u \notin C$。此外, 容易验证 $w \in \langle u \rangle$。于是这与引理 6.3.2 相矛盾。

情况 3 $\tau \in \{(1324), (1423)\}$。

在该情况下, $a = (1324)$、(1423)、$(1423)(ij)$ 或 $(1324)(ij)$。现在令

$$g = (12)(34)(ij) \text{ 且 } h = (13i24j),$$

则容易验证 $g \in C_{S_n}(a)$ 且 $g = h^3$。注意到 C 是一个独立集, 于是 $g \notin C$ 且 $g \in \langle h \rangle$, 即 g 与 h 可以交换。另外, 由 C 是一个完备码, 可知 $h \notin C$。此外, 容易验证 $h \notin C_{S_n}(a)$。考虑元素 a, h, g, 这与引理 6.3.2 矛盾。 □

因为 $S_3 \cong D_6$, 所以根据例 6.3.1, 可知三次对称群 $\Gamma(S_3)$ 的完备码如下。

引理 6.3.6 $\Gamma(S_3)$ 的完备码是

$$\{(12), (13), (23), (123)\} \text{ 或者 } \{(12), (13), (23), (132)\}。$$

设 $\{1, 2, 3, 4, 5\} = \{i, j, p, q, r\}$, 则在 S_5 中有

$$C_{S_5}((ijpqr)) = \langle (ijpqr) \rangle, C_{S_5}((ijpq)) = \langle (ijpq) \rangle, C_{S_5}((ij)(pqr)) = \langle (ij)(pqr) \rangle, \tag{6.3.4}$$

$$C_{S_5}((ij))^* = \{(qr), (pq), (pr), (ij)(pq), (ij)(pr), (ij)(qr), (pqr), (prq), (ij)(pqr),$$

$$(ij)(prq),(ij)\}, \tag{6.3.5}$$

$$C_{S_5}((ij)(pq))^* = \{(ij),(pq),(ij)(pq),(ip)(jq),(iq)(jp),(ipjq),(iqjp)\}. \tag{6.3.6}$$

现在取

$$z_1 \in \{(1234),(1234)^{-1}\}, \quad z_2 \in \{(1324),(1324)^{-1}\}, \quad z_3 \in \{(1243),(1243)^{-1}\},$$
$$z_4 \in \{(2435),(2435)^{-1}\}, \quad z_5 \in \{(2345),(2345)^{-1}\}, \quad z_6 \in \{(2354),(2354)^{-1}\},$$
$$z_7 \in \{(1435),(1435)^{-1}\}, \quad z_8 \in \{(1354),(1354)^{-1}\}, \quad z_9 \in \{(1345),(1345)^{-1}\},$$
$$z_{10} \in \{(1425),(1425)^{-1}\}, \quad z_{11} \in \{(1245),(1245)^{-1}\}, \quad z_{12} \in \{(1254),(1254)^{-1}\},$$
$$z_{13} \in \{(1325),(1325)^{-1}\}, \quad z_{14} \in \{(1235),(1235)^{-1}\}, \quad z_{15} \in \{(1253),(1253)^{-1}\},$$

并且

$$y_1 \in \langle(12345)\rangle \setminus \{(1)\}, \quad y_2 \in \langle(12354)\rangle \setminus \{(1)\}, \quad y_3 \in \langle(12435)\rangle \setminus \{(1)\},$$
$$y_4 \in \langle(12453)\rangle \setminus \{(1)\}, \quad y_5 \in \langle(12534)\rangle \setminus \{(1)\}, \quad y_6 \in \langle(12543)\rangle \setminus \{(1)\}.$$

此外, 令

$$x_{ij} \in \{(ij)(pqr),(ij)(prq),(prq),(pqr)\}.$$

引理 6.3.7 设 C 是 S_5^* 的一个子集, 则 C 是 $\Gamma(S_5)$ 的一个完备码当且仅当

$$C = \{x_{kl} : 1 \leqslant k < l \leqslant 5\} \cup \{y_t : 1 \leqslant t \leqslant 6\} \cup \{z_t : 1 \leqslant t \leqslant 15\}.$$

证明 如果 $C = \{x_{kl} : 1 \leqslant k < l \leqslant 5\} \cup \{y_t : 1 \leqslant t \leqslant 6\} \cup \{z_t : 1 \leqslant t \leqslant 15\}$, 则根据式 (6.3.4)、式 (6.3.5) 和式 (6.3.6), 容易验证 $\{C_{S_5}(x)^* : x \in C\}$ 是 $V(\Gamma(S_5))$ 的一个划分。于是根据引理 6.3.1, 可知 C 是 $\Gamma(S_5)$ 的一个完备码。

对于逆命题, 现在假设 C 是 $\Gamma(S_5)$ 的一个完备码。首先根据引理 6.3.3, 可知 $(ij) \notin C$. 注意到在 C 中存在一个元素使得它与 (ij) 相邻。因此, 根据式 (6.3.5)、引理 6.3.3 和引理 6.3.4, 可得集合 $\{(ij)(pqr),(ij)(prq),(prq),(pqr)\}$ 中一定有一个元素属于 C, 不妨假设 $x_{ij} \in C$. 类似地, 考虑到 $(ij)(pq) \notin C$, 根据式 (6.3.6)、引理 6.3.3 和引理 6.3.4, 也可得集合 $\{(ipjq),(iqjp)\}$ 中必有一个元素属于 C。于

是可以设 $\{z_t : 1 \leqslant t \leqslant 15\} \subseteq C$。最后，注意 S_5 恰好有 6 个两两不同的 5 阶循环子群

$$\langle(12345)\rangle, \langle(12354)\rangle, \langle(12435)\rangle, \langle(12453)\rangle, \langle(12534)\rangle, \langle(12543)\rangle,$$

且每两个 5 阶循环子群有平凡的交。因此，根据式 (6.3.4)，不妨假设 $\{y_t : 1 \leqslant t \leqslant 6\} \subseteq C$。此外，考虑到 S_5 中所有的元素，易得 $C = \{x_{kl} : 1 \leqslant k < l \leqslant 5\} \cup \{y_t : 1 \leqslant t \leqslant 6\} \cup \{z_t : 1 \leqslant t \leqslant 15\}$。 □

例 6.3.3 下面的集合 C 是 $\Gamma(S_5)$ 的一个完备码:

$C = \{(1234), (1324), (1243), (2435), (2345), (2354), (1435), (1354), (1345), (1425),$

$(1245), (1254), (1325), (1235), (1253), (12)(345), (13)(245), (14)(235),$

$(15)(234), (23)(145), (24)(135), (25)(134), (34)(125), (35)(124), (45)(123),$

$(12345), (12354), (12435), (12453), (12534), (12543)\}$。

由引理 6.3.5、引理 6.3.6 及引理 6.3.7，可证定理 6.3.1。

接下来，我们证明定理 6.3.2，同时也给出 $\Gamma(A_4)$、$\Gamma(A_5)$ 和 $\Gamma(A_6)$ 的所有完备码的结构。

引理 6.3.8 设 $n \geqslant 6$ 是一个正整数，如果 C 是 $\Gamma(A_n)$ 的一个完备码，则 $(ij)(pq) \notin C$，其中 $(ij)(pq)$ 是两个不相交的 2-循环的乘积。

证明 利用反证法证明，假设 $(ij)(pq) \in C$。因为 $(ij)(pq)$ 和 $(ip)(jq)$ 可以交换，于是根据完备码的定义，可知 $(ip)(jq) \notin C$。注意到 $n \geqslant 6$，在群 A_n 中，可取两个不相交的循环的乘积 $(ijpq)(lk)$，于是可得 $(ip)(jq) \in \langle(ijpq)(lk)\rangle$。此外，由于 $(ijpq)(lk)$ 和 $(ij)(pq)$ 在 A_n 中不可以交换，于是根据引理 6.3.2，可得到矛盾。 □

引理 6.3.9 设 $n \geqslant 7$ 是一个正整数，则 $\Gamma(A_n)$ 没有完备码。

证明 通过反证法证明。对于 $n \geqslant 7$，假设 $\Gamma(A_n)$ 有一个完备码 C。由引理 6.3.8 可知 $x = (13)(24) \notin C$。现在令 a 是 C 中的一个元素，使得 a 是不相交循环的乘积并且 a 与 x 相邻。于是可以假设

$$a = \tau\sigma,$$

其中 $\tau \in \{(1),(13),(24),x,(12)(34),(14)(23),(1234),(1432)\}$,并且 σ 是一个不相交循环的乘积,使得它不包含数字 1、2、3、4。

如果 σ 包含至少三个两两不同的数字,不妨设为 i,j,k,并且满足 $i^\sigma = k$。注意到 $i,j,k \notin \{1,2,3,4\}$,现在考虑 $y = (1234)(ij) \in A_n$,则 $x = y^2$,且 y 和 a 不可以交换。因此,考虑元素 x,y,a,根据引理 6.3.2 可知这是不可能的。于是可得 $\sigma = (1)$ 或 (ij),其中 $i \neq j$ 并且 $i,j \notin \{1,2,3,4\}$。现在注意到 a 是一个偶置换,于是根据引理 6.3.8,一定有

$$\tau \in \{(1234),(1432)\}, \quad \sigma = (ij),$$

即 $a = (1234)(ij)$ 或者 $(1432)(ij)$。

现在考虑 $a = (1234)(ij)$。因为 $n \geqslant 7$,故可选择一个数字 k 使得 $k \notin \{1,2,3,4,i,j\}$。于是可得 $(1234)(ik) \in A_n$,容易验证 $(1234)(ik)$ 和 $(1234)(ij)$ 不可以交换。另外,也容易看到 $x \in \langle(1234)(ik)\rangle$。然而,这时从引理 6.3.2 中可得一个矛盾。类似地,如果 $a = (1432)(ij)$,则根据引理 6.3.2,可得矛盾。 □

引理 6.3.10 $\varGamma(A_4)$ 存在完备码。

证明 注意 A_4 恰好有三个 2 阶元 $(12)(34)$、$(13)(24)$ 和 $(14)(23)$,并且

$$\{(12)(34),(13)(24),(14)(23),(1)\}$$

是一个交换群。另外,对于两两不同的 $i,j,k \in \{1,2,3,4\}$,容易验证 $C_{A_4}((ijk)) = \langle(ijk)\rangle$。于是,易知 $\{C_{A_4}((123))^*, C_{A_4}((124))^*, C_{A_4}((134))^*, C_{A_4}((234))^*\}$ 是 A_4^* 的一个划分。故通过引理 6.3.1,可知 $\{(12)(34),(123),(124),(134),(234)\}$ 是 $\varGamma(A_4)$ 的一个完备码。 □

引理 6.3.11 $\varGamma(A_5)$ 存在完备码。

证明 注意在群 A_5 中,对两两不同的 $i,j,p,q,r \in \{1,2,3,4,5\}$,易验证

$$C_{A_5}((ij)(pq))^* = \{(ij)(pq),(ip)(jq),(iq)(jp)\},$$

$$C_{A_5}((ijp)) = \langle(ijp)\rangle,$$

$$C_{A_5}((ijpqr)) = \langle(ijpqr)\rangle。$$

因此, 根据引理 6.3.1, 可验证

$\{(123),(124),(125),(134),(135),(145),(234),(235),(245),(345),(23)(45),(13)(45),$
$(12)(45),(12)(35),(12)(34),(12345),(12354),(12435),(12453),(12534),(12543)\}$

是 $\varGamma(A_5)$ 的一个完备码。 □

注 6.3.1 (I) 在群 A_4 中, 如果取 $x \in \{(12)(34),(13)(24),(14)(23)\}$, $y_1 \in \{(123),(132)\}$, $y_2 \in \{(124),(142)\}$, $y_3 \in \{(134),(143)\}$, $y_4 \in \{(234),(243)\}$, 则容易得到, $\varGamma(A_4)$ 的任意一个完备码都能表示成集合 $\{x,y_1,y_2,y_3,y_4\}$。

(II) A_5 恰好有 10 个不同的 3 阶子群, 对任意一个 3 阶子群, 取出该 3 阶子群的一个生成元, 然后把这些生成元构成的集合记作 A。此外, A_5 恰好有 6 个不同的 5 阶子群, 然后对任意一个 5 阶子群, 取出该子群的一个生成元, 把这些生成元构成的集合记作 B。另外, A_5 恰好有 15 个不同的对合且每个对合具有型 $(ij)(pq)$。注意 $C_{A_5}((ij)(pq))^* = \{(ij)(pq),(ip)(jq),(iq)(jp)\}$, 容易验证

$\{C_{A_5}((23)(45))^*, C_{A_5}((13)(45))^*, C_{A_5}((12)(45))^*, C_{A_5}((12)(35))^*, C_{A_5}((12)(34))^*\}$

是这 15 个对合构成集合的一个划分。现在取

$$y_1 \in C_{A_5}((23)(45))^*, \quad y_2 \in C_{A_5}((13)(45))^*, \quad y_2 \in C_{A_5}((13)(45))^*,$$

$$y_3 \in C_{A_5}((12)(45))^*, \quad y_4 \in C_{A_5}((12)(35))^*, \quad y_5 \in C_{A_5}((12)(34))^*,$$

于是 $\varGamma(A_5)$ 的任意一个完备码都能表示成集合 $A \cup B \cup \{y_1,y_2,y_3,y_4,y_5\}$。

最后, 我们考虑 A_6。设 $\{i,j,p,q,r,s\} = \{1,2,3,4,5,6\}$, 则有

$$C^*_{A_6}((ijp)) = \{(ijp),(ipj),(qrs),(qsr),(ijp)(qrs),$$
$$(ijp)(qsr),(ipj)(qrs),(ipj)(qsr)\}, \tag{6.3.7}$$

$$C^*_{A_6}((ij)(pq)) = \{(ij)(rs),(pq)(rs),(ij)(pq),$$
$$(ip)(jq),(iq)(jp),(ipjq)(rs),(iqjp)(rs)\}, \tag{6.3.8}$$

$$C^*_{A_6}((ijp)(qrs)) = C^*_{A_6}((ijp)), \tag{6.3.9}$$

$$C_{A_6}((ijpqr)) = \langle (ijpqr) \rangle, \tag{6.3.10}$$

$$C_{A_6}((ijpq)(rs)) = \langle (ijpq)(rs) \rangle。 \tag{6.3.11}$$

现在设 $\{\mathcal{A}, \mathcal{B}\}$ 是 A_6 中所有具有型 $(ijpq)(rs)$ 的元素构成的集合的一个划分，该划分满足

$$\forall a \in \mathcal{A}, \quad a^{-1} \in \mathcal{B}。$$

因此 $|\mathcal{A}| = |\mathcal{B}|$。此外，$A_6$ 有 36 个 5 阶循环子群。注意每两个 5 阶循环子群有平凡交，现在在每一个 5 阶循环子群中取一个生成元，然后把这些取出来的生成元放到集合 $\mathcal{D}$ 中。另外，在 A_6 中，用集合 $\mathcal{E}$ 表示所有型为 (ijp) 和 $(ijp)(qrs)$ 的元素，易知 $|\mathcal{E}| = 80$。现在在集合 $\mathcal{E}$ 中，定义一个二元关系 $\equiv$:

$$x \equiv y \text{ 当且仅当 } xy = yx, \text{ 其中 } x, y \in \mathcal{E}。$$

根据式 (6.3.7) 和式 (6.3.9)，易知 $\equiv$ 是 $\mathcal{E}$ 上的一个等价关系。用 $[x]$ 表示 $\mathcal{E}$ 中元素 x 所在的等价类，则再次利用式 (6.3.7) 和式 (6.3.9)，可知对任意的 $x \in \mathcal{E}$，有 $|[x]| = 8$。因此，$\mathcal{E}$ 上总共有 10 个 $\equiv$-等价类。现在设集合 $\mathcal{F}$ 是 $\equiv$-等价类的一组代表元构成的集合，例如

$$\{(123), (124), (125), (126), (134), (135), (136), (145), (146), (156)\}$$

是 $\equiv$-等价类的一组代表元构成的集合。

引理 6.3.12 设 C 是 $A_6 \setminus \{(1)\}$ 的一个子集，则 C 是交换图 $\Gamma(A_6)$ 的完备码的充分必要条件是

$$C = \mathcal{B} \cup \mathcal{D} \cup \mathcal{F}。$$

证明 如果 $C = \mathcal{B} \cup \mathcal{D} \cup \mathcal{F}$，则根据式 (6.3.7)~式(6.3.11)，容易验证 $\{C_{A_6}(x)^* : x \in C\}$ 是 A_6^* 的一个划分，因此根据引理 6.3.1，可知 C 是 $\Gamma(A_6)$ 的一个完备码。

对于逆命题，下面假设 C 是 $\Gamma(A_6)$ 的完备码。对于元素 $(ij)(pq)$，根据引理 6.3.8，可知 $(ij)(pq) \notin C$。于是根据式 (6.3.8) 和 $(ijpq)(rs)(iqpj)(rs) = (1)$，可知要么 $(ijpq)(rs) \in C$，要么 $(iqpj)(rs) \in C$。现在结合式 (6.3.11)，可知 $\mathcal{A}$ 和 $\mathcal{B}$ 中必有一个包含于 C，由于 $\mathcal{A}$ 和 $\mathcal{B}$ 的地位一样，故不妨设 $\mathcal{B} \subseteq C$。此外，由于每两个 5 阶循环子群有平凡交，根据式 (6.3.7)~式(6.3.11)，易知每一个 5 阶循环子

群中恰好有一个生成元属于集合 C, 于是可以设 $\mathcal{D} \subseteq C$。下面只需考虑 $\mathcal{E}$ 中的元素即可。考虑到其上的等价关系 $\equiv$, 可知在图 $\Gamma(A_6)$ 中, 由集合 $\mathcal{E}$ 诱导的诱导子图同构于 10 个阶为 8 的完全图的不交并。于是只需要在每个 $\equiv$-等价类中取一个元素, 让其属于 C 即可。因此不妨让 $\mathcal{F} \subseteq C$。最后, 根据 A_6 中元素的构型可知 $C = \mathcal{B} \cup \mathcal{D} \cup \mathcal{F}$。 □

由引理 6.3.9、引理 6.3.10、引理 6.3.11 及引理 6.3.12, 可证定理 6.3.2。

参 考 文 献

[1] AKBARI S, MOHAMMADIAN A. On the zero-divisor graph of a commutative ring[J]. J. Algebra, 2004, 274(2): 847-855.

[2] ANDERSON D F, LIVINGSTON P S. The zero-divisor graph of a commutative ring[J]. J. Algebra, 1999, 217(2): 434-447.

[3] BECK I. Coloring of commutative rings[J]. J. Algebra, 1988, 116(1): 208-226.

[4] BERTRAM E A, HERZOG M, MANN A. On a graph related to conjugacy classes of groups[J]. Bull. London Math. Soc., 1990, 22(6): 569-575.

[5] KELAREV A V, QUINN S J. A combinatorial property and power graphs of groups[J]. Contrib. General Algebra, 2020, 12(2): 229-235.

[6] KELAREV A V, QUINN S J. Directed graph and combinatorial properties of semigroups[J]. J. Algebra, 2002, 251(1): 16-26.

[7] KELAREV A V, QUINN S J. A combinatorial property and power graphs of semigroups[J]. Comment. Math. Uni. Carolinae, 2004, 45(1): 1-7.

[8] KELAREV A V, QUINN S J, SMOLIKOVA R. Power graphs and semigroups of matrices[J]. Bull. Austral. Math. Soc., 2001, 63(2): 341-344.

[9] CHAKRABARTY I, GHOSH S, SEN M K. Undirected power graphs of semigroups[J]. Semigroup Forum, 2009, 78(3): 410-426.

[10] ABAWAJY J, KELAREV A, CHOWDHURY M. Power graphs: A survey[J]. Electron. J. Graph Theory Appl., 2013, 1(1): 125-147.

[11] DOOSTABADI A, ERFANIAN A, JAFARZADEH A. Some results on the power graphs of finite groups[J]. ScienceAsia, 2015, 41(1): 73-78.

[12] FENG M, MA X, WANG K. The structure and metric dimension of the power graph of a finite group[J]. European J. Combin., 2015, 43(1): 82-97.

[13] MIRZARGAR M, ASHRAFI A R, NADJAFI-ARANI M J. On the power graph of a finite group[J]. Filomat, 2012, 26(6): 1201-1208.

[14] MA X, FENG M. On the chromatic number of the power graph of a finite group[J]. Indag. Math., 2015, 26(4): 626-633.

[15] CURTIN B, POURGHOLI G R. Edge-maximality of power graphs of finite cyclic groups[J]. J. Algebraic Combin., 2014, 40(2): 313-330.

[16] CHELVAM T T, SATTANATHAN M. Power graph of finite abelian groups[J]. Algebra Discrete Math., 2013, 16(1): 33-41.

[17] CHATTOPADHYAY S, PANIGRAHI P. Connectivity and planarity of power graphs of finite cyclic, dihedral and dicyclic groups[J]. Algebra Discrete Math., 2014, 18(1): 42-49.

[18] CHATTOPADHYAY S, PANIGRAHI P. On Laplacian spectrum of power graphs of finite cyclic and dihedral groups[J]. Linear Multilinear Algebra, 2015, 63(7): 1345-1355.

[19] POURGHOLI G R, YOUSEFI-AZARI H, ASHRAFI A R. The undirected power graph of a finite group[J]. Bull. Malays. Math. Sci. Soc., 2015, 38(4): 1517-1525.

[20] MA X, FU R, LU X. On the independence number of the power graph of a finite group[J]. Indag. Math., 2018, 29(2): 794-806.

[21] MA X, WALLS G L, WANG K. Power graphs of (non)orientable genus two[J]. Commun. Algebra, 2019, 47(1): 276-288.

[22] MA X. Proper connection of power graphs of finite groups[J]. J. Algebra Appl., 2021, 20(3): 2150033.

[23] MA X, DOOSTABADI A, WANG K. Notes on the diameter of the complement of the power graph of a finite group[J]. ARS Math. Contemp., in press, doi:10.26493/1855-3974.3026.16a.

[24] CAMERON P J. Graphs defined on groups[J]. Int. J. Group Theory, 2022, 11(1): 53-107.

[25] CAMERON P J, GHOSH S. The power graph of a finite group[J]. Discrete Math., 2011, 311(13): 1220-1222.

[26] CAMERON P J. The power graph of a finite group, II[J]. J. Group Theory, 2010, 13(6): 779-783.

[27] DOOSTABADI A, ERFANIAN M, FARROKHI D G. On power graphs of finite groups with forbidden induced subgraphs[J]. Indag. Math., 2014, 25(3): 525-533.

[28] MOGHADDAMFAR A R, RAHBARIYAN S, SHI W J. Certain properties of the power graph associated with a finite group[J]. J. Algebra Appl., 2014, 13(7): 1450040.

参考文献

[29] SELVAGANESH L, CAMERON P J, CHELVAM T T. Recent developments on the power graph of finite groups - a survey[J]. AKCE Internat. J. Graphs Comb., 2021, 18(2): 65-94.

[30] SINGH G S, MANILAL K. Some generalities on power graphs and strong power graphs[J]. Int. J. Contemp. Math. Sciences, 2010, 5(5): 2723-2730.

[31] BHUNIYA A K, BERA S. On some characterizations of strong power graphs of finite groups[J]. Spec. Matrices, 2016, 4(1): 12.

[32] FU R, MA X. On the spectra of strong power graphs of finite groups[J]. J. Math. Res. Appl., 2019, 39(4): 453-458.

[33] CURTIN B, POURGHOLI G R, YOUSEFI-AZARI H. On the punctured power graph of a finite group[J]. Australas. J. Combin., 2015, 62(1): 1-7.

[34] BERA S. On the intersection power graph of a finite group[J]. Electron. J. Graph Theory Appl., 2018, 6(1): 178-189.

[35] LI H, MA X, FU R. Finite groups whose intersection power graphs are toroidal and projective-planar[J]. Open Math., 2021, 19(1): 850-862.

[36] MA X, LI L, ZHONG G. Perfect codes in proper intersection power graphs of finite groups[J]. Appl. Algebra Eng. Commun. Comput., in press, https://doi.org/10.1007/s00200-023-00626-2.

[37] RAJKUMAR R, ANITHA T. Reduced power graph of a group[J]. Electron. Notes Discrete Math., 2017, 63(1): 69-76.

[38] ANITHA T, RAJKUMAR R. Characterization of groups with planar, toroidal or projective planar (proper) reduced power graphs[J]. J. Algebra Appl., 2020, 19(5): 2050099.

[39] RAJKUMAR R, ANITHA T. Laplacian spectrum of reduced power graph of certain finite groups[J]. Linear Multilinear Algebra, 2021, 69(9): 1716-1733.

[40] AALIPOUR G, AKBARI S, CAMERON P J, et al. On the structure of the power graph and the enhanced power graph of a group[J]. Electron. J. Combin., 2017, 24(3): 16.

[41] ZAHIROVIĆ S, BOŠNJAK I, MADARÁSZ R. A study of enhanced power graphs of finite groups[J]. J. Algebra Appl., 2020, 19(4): 2050062.

[42] BOŠNJAK I, MADARÁSZ R, ZAHIROVIĆ S. Some new results concerning power graphs and enhanced power graphs of groups[J]. Discrete Appl. Math., 2024, 357(1): 86-93.

[43] MA X, KELAREV A V, LIN Y, et al. A survey on enhanced power graphs of finite groups[J]. Electron. J. Graph Theory Appl., 2022, 10(1): 89-111.

[44] HAMZEH A, ASHRAFI A R. Automorphism group of supergraphs of the power graph of a finite group[J]. Eur. J. Combin., 2017, 60(1): 82-88.

[45] HAMZEH A, ASHRAFI A R. Some remarks on the order supergraph of the power graph of a finite group[J]. Int. Electron. J. Algebra, 2019, 26(1): 1-12.

[46] HAMZEH A, ASHRAFI A R. The order supergraph of the power graph of a finite group[J]. Turkish J. Math., 2018, 42(4): 1978-1989.

[47] MA X, SU H. On the order supergraph of the power graph of a finite group[J]. Ric. Mat., 2022, 71(1): 381-390.

[48] REHMAN S U, BAIG A Q, IMRAN M. Order divisor graphs of finite groups[J]. An. Sti. U. Ovid. Co. Mat., 2018, 26(1): 29-40.

[49] LIU X, MA X. The order divisior graph of a finite group[J]. C. R. Acad. Bulg. Sci., 2020, 73(3): 339-347.

[50] BRAUER R, FOWLER K A. On groups of even order[J]. Ann. Math., 1955, 62(3): 565-583.

[51] JERRUM M. Computational Pólya Theory[M]. London: Cambridge University Press, 1995.

[52] EBERHARD S. Commuting probabilities of finite groups[J]. Bull. London Math. Soc., 2015, 47(5): 796-808.

[53] GURALNICK R M, ROBINSON G R. On the commuting probability in finite groups[J]. J. Algebra, 2006, 300(2): 509-528.

[54] ABDOLLAHI A, AKBARI S, MAIMANI H R. Noncommuting graph of a group[J]. J. Algebra, 2006, 298(2): 468-492.

[55] HARARY F, MELTER R A. On the metric dimension of a graph[J]. Ars Combinatoria, 1976, 2(1): 191-195.

[56] SLATER P J. Leaves of trees[J]. Congr. Numerantium, 1975, 14(4): 549-559.

[57] BAILEY R F, CAMERON P J. Base size, metric dimension and other invariants of groups and graphs[J]. Bull. Lond. Math. Soc., 2011, 43(2): 209-242.

[58] CÁCERES J, HERNANDO C, MORA M, et al. On the metric dimension of Cartesian products of graphs[J]. SIAM J. Discrete Math., 2007, 21(2): 423-441.

[59] SEBŐ A, TANNIER E. On metric generators of graphs[J]. Math. Oper. Res., 2004, 29(2): 383-393.

参考文献

[60] KUZIAK D, YERO I G, RODRÍGUEZ-VELÁZQUEZ J A. On the strong metric dimension of corona product graphs and join graphs[J]. Discrete Appl. Math., 2013, 161(7): 1022-1027.

[61] KUZIAK D, YERO I G, RODRÍGUEZ-VELÁZQUEZ J A. Strong metric dimension of rooted product graphs[J]. Int. J. Comput. Math., 2016, 93(8): 1265-1280.

[62] KUZIAK D, YERO I G, RODRÍGUEZ-VELÁZQUEZ J A. On the strong metric dimension of the strong products of graphs[J]. Open Math., 2015, 13(1): 64-74.

[63] KRATICA J, KOVAČEVIĆ-VUJČIĆ V, ČANGALOVIĆ M, et al. Minimal doubly resolving sets and the strong metric dimension of some convex polytopes[J]. Appl. Math. Comput., 2012, 218(19): 9790-9801.

[64] KRATICA J, KOVAČEVIĆ-VUJČIĆ V, ČANGALOVIĆ M, et al. Strong metric dimension: a survey[J]. Yugosl. J. Oper. Res., 2014, 24(1): 187-198.

[65] KRATOCHVÍL J. Perfect codes over graphs[J]. J. Combin. Theory Ser. B, 1986, 40(2): 224-228.

[66] DEJTER I J, SERRA O. Efficient dominating sets in Cayley graphs[J]. Discrete Appl. Math., 2003, 129(2): 319-328.

[67] LEE J. Independent perfect domination sets in Cayley graphs[J]. J. Graph Theory, 2001, 37(1): 213-219.

[68] HUANG H, XIA B, ZHOU S. Perfect codes in Cayley graphs[J]. SIAM J. Discrete Math., 2018, 32(1): 548-559.

[69] MA X, FENG M, WANG K. Subgroup perfect codes in Cayley sum graphs[J]. Designs, Codes Cryptogr., 2020, 88(7): 1447-1461.

[70] MA X, WALLS G L, WANG K, et al. Subgroup perfect codes in Cayley graphs[J]. SIAM J. Discrete Math., 2020, 34(3): 1909-1921.

[71] CHARTRAND G, JOHNS G L, MCKEON K A, et al. Rainbow connection in graphs[J]. Math. Bohem., 2008, 133(1): 85-98.

[72] BOROZAN V, FUJITA S, GEREK A, et al. Proper connection of graphs[J]. Discrete Math., 2012, 312(17): 2550-2560.

[73] LI X, MAGNANT C. Properly colored notations of connectivity-a dynamic survey[J]. Theory Appl. Graphs, 2015, 1(1): Article 2.

[74] GORENSTEIN D. Finite Groups[M]. New York: Chelsea Publishing Co., 1980.

[75] DEACONESCU M. Classification of finite groups with all elements of prime order[J]. Proc. Amer. Math. Soc., 1989, 106(3): 625-629.

[76] DELGADO A L, WU Y F. On locally finite groups in which every element has prime power order[J]. Illinois J. Math., 2002, 46(3): 885-891.

[77] 徐明曜. 有限群导引 [M]. 北京: 科学出版社, 2007.

[78] APROSE M A, FATHIMA S S A. Further results on intersection power graphs of f inite groups[J]. Punjab Univ. J. Math., 2020, 52(1): 47-53.

[79] JOHNSON D L. Topics in the Theory of Group Presentations[M]. London: Cambridge University Press, 1980.

[80] FOLDES S, HAMMER P L. Split graphs[C]// Proceedings of the 8th South-Eastern Conference on Combinatorics, Graph Theory and Computing, 1977: 311-315.

[81] CHVÁTAL V, HAMMER P L. Aggregations of inequalities in integer programming[J]. Ann. Discrete Math., 1977, 1(1): 145-162.

[82] HENDERSON P B, ZALCSTEIN Y. A graph-theoretic characterization of the PV class of synchronizing primitives[J]. SIAM J. Scientific Computing, 1977, 6(1): 88-108.

[83] MA X, FENG M, WANG K. The strong metric dimension of the power graph of a f inite group[J]. Discrete Appl. Math., 2018, 239(1): 159-164.

[84] LV W, MA X. The intersection power graph associated with a finite group[J]. ScienceAsia, 2021, 47(5): 657-664.

[85] HERNANDO C, MORA M, PELAYO I M, et al. Extremal graph theory for metric dimension and diameter[J]. Electron. J. Combin., 2010, 17(1): 30.

[86] THOMASSEN C. The graph genus problem is NP-complete[J]. J. Algorithms, 1989, 10(4): 568-576.

[87] BESCHE H U, EICK B, O'BRIEN E A. A millennium project: constructing small groups[J]. Internat. J. Algebra Comput., 2002, 12(5): 623-644.

[88] GAP-Groups, Algorithms, Programming-a System for Computational Discrete Algebra, Version 4.6.5[EB/OL]. (2013-12-20)[2024-12-13]. http://gap-system.org.

[89] WHITE T. Graphs, Groups and Surfaces[M]. Amsterdam: North-Holland Mathematics Studies, 1984.

[90] BATTLE J, HARARY F, KODAMA Y, et al. Additivity of the genus of a graph[J]. Bull. Amer. Math. Soc., 1962, 68(1): 565-568.

[91] HARARY F. Graph Theory[M]. Addison-Wesley: Cambridge University Press, 1994.

[92] STAHL S, BEINEKE L W. Blocks and the nonorientable genus of graphs[J]. J. Graph Theory, 1977, 1(1): 75-78.

参 考 文 献

[93] DOOSTABADI A, FARROKHI D G. Embeddings of (proper) power graphs of finite groups[J]. Algebra Discrete Math., 2017, 24(2): 221-234.

[94] ANITHA T, RAJKUMAR R. On the power graph and the reduced power graph of a finite group[J]. Commun. Algebra, 2019, 47(8): 3329-3339.

[95] CHARTRAND G, EROH L, JOHNSON M A, et al. Resolvability in graphs and the metric dimension of a graph[J]. Discrete Appl. Math., 2000, 105(1): 99-113.

[96] RAJKUMAR R, ANITHA T. Some results on the reduced power graph of a group[J]. Southeast Asian Bull. Math., 2021, 45(2): 241-262.

[97] ANDREWS E, LAFORGE E, LUMDUANHOM C, et al. On proper-path colorings in graphs[J]. J. Comb. Math. Comb. Comput., 2016, 97(1): 189-207.

[98] BOLLOBÁS B. Mordern Graph Theory[M]. New York: Springer, 1998.

[99] FULKERSON D R, GROSS O A. Incidence matrices and interval graphs[J]. Pacific J. Math., 1965, 15(3): 835-855.

[100] HIGMAN G. Finite groups in which every element has prime power order[J]. J. Lond. Math. Soc., 1957, 32(3): 335-342.

[101] SUZUKI M. Finite groups with nilpotent centralizers[J]. Trans. Amer. Math. Soc., 1961, 99(3): 425-470.

[102] SUZUKI M. On a class of doubly transitive groups[J]. Ann. Math., 1962, 75(1): 105-145.

[103] BRANDL R. Finite groups all of whose elements are of prime power order[J]. Boll. Un. Mat. Ital. A, 1981, 18(3): 491-493.

[104] CAMERON P J, MASLOVA N. Criterion of unrecognizability of a finite group by its Gruenberg-Kegel graph[J]. J. Algebra, 2022, 607(1): 186-213.

[105] OBRYANT K, PATRICK D, SMITHLINE L, et al. Some facts about cycles and tidy groups[J]. Tech. Rep., 1992, 75(1): 13-20.

[106] MANNA P, CAMERON P J, MEHATARI R. Forbidden subgraphs of power graphs[J]. Electron. J. Combin., 2021, 28(3): No. 3.4.

[107] BERA S, BHUNIYA A K. On enhanced power graphs of finite groups[J]. J. Algebra Appl., 2018, 17(8): 1850146.

[108] PATRICK D, WEPSIC E. Cyclicizers, centralizers and normalizers[J]. Tech. Rep., 1991, 74(1): 1-9.

[109] BAISHYA S J. A note on finite C-tidy groups[J]. Int. J. Group Theory, 2013, 2(1): 9-17.

[110] PANDA R P, DALAL S, KUMAR J. On the enhanced power graph of a finite group[J]. Comm. Algebra, 2021, 49(4): 1697-1716.

[111] MA X, SHE Y. The metric dimension of the enhanced power graph of a finite group[J]. J. Algebra Appl., 2020, 19(1): 2050020.

[112] 李建中, 骆吉洲. 图论导引 [M]. 北京: 机械工业出版社, 2012.

[113] BUNDY D. The connectivity of commuting graphs[J]. J. Combin. Theory, Ser. A, 2006, 113(6): 995-1007.

[114] ALI F, SALMAN M, HUANG S. On the commuting graph of dihedral group[J]. Commun. Algebra, 2016, 44(6): 2389-2401.

[115] CHENG T, DEHMER M, EMMERT-STREIB F, et al. Properties of commuting graphs over semidihedral groups[J]. Symmetry, 2021, 13(1): 103.

[116] SEGEV Y. On finite homomorphic images of the multiplicative group of a division algebra[J]. Ann. Math. (2), 1999, 149(1): 219-251.

[117] SEGEV Y. The commuting graph of minimal nonsolvable groups[J]. Geom. Dedic., 2001, 88(1): 55-66.

[118] SEGEV Y, SEITZ G M. Anisotropic groups of type A_n and the commuting graph of finite simple groups[J]. Pac. J. Math., 2002, 202(1): 125-225.

[119] ABDOLLAHI A, SHAHVERDI H. Characterization of the alternating group by its non-commuting graph[J]. J. Algebra, 2012, 357(1): 203-207.

[120] KUMAR J, DALAL S, BAGHEL V. On the commuting graph of semidihedral group[J]. B. Malays. Math. Sci. So., 2021, 44(5): 3319-3344.